H. Ley

Die Beziehungen zwischen Farbe und Konstitution bei organischen Verbindungen

Unter Berücksichtigung der Untersuchungsmethoden

dargestellt

bremen
university
press

H. Ley

Die Beziehungen zwischen Farbe und Konstitution bei organischen Verbindungen

Unter Berücksichtigung der Untersuchungsmethoden dargestellt

ISBN/EAN: 9783955621650

Auflage: 1

Erscheinungsjahr: 2013

Erscheinungsort: Bremen, Deutschland

Die Beziehungen zwischen

Farbe und Konstitution

bei organischen Verbindungen

Unter Berücksichtigung der Untersuchungsmethoden

dargestellt von

Dr. H. Ley

a. o. Professor an der Universität Leipzig

Mit 51 Figuren im Text und 2 Tafeln

Leipzig
Verlag von S. Hirzel
1911.

Vorwort.

Vorliegendes Buch soll den Leser in ein Gebiet einführen, das gleichzeitig der organischen und physikalischen Chemie angehört. Das Buch ist teils aus Vorlesungen entstanden, die ich seit einigen Semestern hier gehalten habe, teils aus Aufsätzen für die Zeitschrift für angewandte Chemie und das Jahrbuch für Radioaktivität und Elektronik; auf Anraten des Herrn Verlegers entschloß ich mich, diese Arbeiten in vorliegender Form zu veröffentlichen.

Die Beziehungen zwischen Farbe und chemischer Konstitution werden gegenwärtig von einer größeren Zahl von Chemikern studiert, so daß ein ausgedehntes, häufig schwer zu übersehendes experimentelles Material geschaffen ist. Es läßt sich aber nicht leugnen, daß man in manchen Fällen um eine befriedigende Deutung der Erscheinungen verlegen ist, da die theoretische Grundlage, der Valenzbegriff, sich hier wie in anderen Fällen als unzureichend erwiesen hat. Nach Ansicht des Verfassers hat die Valenzlehre aber von der modernen Elektrizitätstheorie, besonders der Elektronentheorie wesentliche Förderung zu erwarten, und es schien deshalb notwendig, den Valenzbegriff in der neuen elektroatomistischen Deutung in die Betrachtungen einzuführen, wie er neuerdings besonders von Stark entwickelt wurde. In diesem Zusammenhange waren auch die neueren Untersuchungen, die die Beziehungen zwischen Absorption und Fluoreszenz betreffen, nicht zu übergehen. Eine konsequente Durchführung jener Theorie scheint mir vorläufig noch nicht möglich, da sich gewisse Erweiterungen der Valenztheorie mit Hilfe der neuen Anschauungen noch nicht präzise genug darstellen lassen. Vielleicht werden aber die hie und da gegebenen Deutungen im Sinne der elektroatomistischen Theorie anregend wirken, zumal sie nach Ansicht des

Verfassers auch neue Fragestellungen auf experimentellem Gebiet erlauben.

Bei der Auswahl des Stoffes habe ich einfachen und gut untersuchten Beispielen besondere Aufmerksamkeit gewidmet und möglichst solche Arbeiten berücksichtigt, die auch quantitative Beiträge zu der Frage geliefert haben; auch glaubte ich bei der ganzen Anlage des Buches von einer eingehenden Behandlung der Farbstoffchemie absehen zu müssen, da diese Fragen in den Lehrbüchern über Farbstoffe, sowie den spektroskopischen Arbeiten Formaneks u. a. von berufenerer Seite dargestellt sind. Trotzdem bin ich überzeugt, daß auch der Farbstoffspezialist aus diesen Darlegungen wird Nutzen ziehen können, da er die Grundlagen seines Wissensgebietes hier behandelt findet.

Besondere Beachtung schenkte ich den Absorptionserscheinungen im Ultraviolett, da derartige Untersuchungen (unabhängig von jeder theoretischen Deutung) wichtige Hilfsmittel für die Bestimmung der Konstitution organischer Verbindungen bilden, und da die Darstellung dieses Gegenstandes von Hartley in Kaysers Handbuch durch neuere Arbeiten vielfach überholt ist.

Bei der gegenwärtigen Entwicklung der organischen Chemie läßt sich voraussehen, daß spektroskopische und spektrophotometrische Apparate sich mehr und mehr in den chemischen Laboratorien einbürgern werden; es werden deshalb manchen Lesern einige Bemerkungen über die Methodik willkommen sein, die in einem zweiten Teile des Buches Platz gefunden haben.

Herrn Priv.-Dozenten Dr. K. Schaefer bin ich für manche Anregungen und Ratschläge zu herzlichem Dank verpflichtet; auch Herrn Prof. Schaum habe ich für verschiedene Hinweise bestens zu danken.

Leipzig, Januar 1911.

H. Ley.

Inhaltsübersicht.

Erster Teil.

— VI —

Zweiter Teil.

Methodisches.

Erster Teil.

———

I. Allgemeines über Absorption. Entstehung der Farbe.

a) Absorption im sichtbaren Spektrum.

Wenn ein Strahl weißen Lichts auf die Schicht eines Stoffes fällt, so findet, falls man von einer Reflexion des Lichtstrahls absieht, eine Schwächung des hindurchgegangenen Lichtes statt, die im allgemeinen in den einzelnen Spektralgebieten verschieden ist, so daß das hindurchgegangene Licht auch eine andere Zusammensetzung hat als das auffallende, d. h. farbig erscheint. Ein Teil des Lichts ist in der Schicht absorbiert worden; die Farbe eines Stoffes kommt somit dadurch zustande, daß Lichtstrahlen bestimmter Wellenlänge von dem farbigen Stoff absorbiert werden.

Der gleiche Vorgang, d. h. Absorption bedingt auch in der Regel die Farbe des Stoffes im diffus reflektierten Licht.

Zu einer genaueren Untersuchung der Absorption betrachten wir den farbigen Stoff für sich oder in indifferenten Lösungsmitteln gelöst im durchfallenden Lichte. Unter diesen Umständen ist die Farbe des Stoffes in erster Linie durch das ihm eigene Absorptionsspektrum bestimmt, das erhalten wird, indem man weißes Licht durch eine Schicht bestimmter Dicke des Stoffes hindurchfallen läßt und das hindurchgegangene Licht spektralanalytisch zerlegt. Man unterscheidet dann in der Regel kontinuierliche und selektive Absorption. Bei ersterer ändert sich die Absorption beim Übergang von einer Spektralregion zur benachbarten nur langsam; bei der selektiven Absorption werden bestimmte Spektralgebiete erheblich mehr geschwächt als die Nachbargebiete. Allen Einteilungen der Spektren haftet eine gewisse Willkür an; man kann z. B. folgende Arten unterscheiden:

1. Einseitige Absorptionsspektra, bei denen nur die eine Hälfte, z. B. die blaue, absorbiert wird (Pikrinsäure, Eisenchlorid).

2. Zweiseitige Absorptionsspektra, bei denen nur Strahlen von mittlerer Wellenlänge, grüne oder grünblaue, durchgelassen werden (Lösungen von Kupferchlorid [konz.] oder Nickelchlorür).

3. Bandenspektra, bei denen innerhalb des sichtbaren Spektrums mehr oder weniger dunkle Banden auftreten (Kobaltchlorür).

4. Linienspektra, bei denen einzelne dunkle Absorptionslinien sichtbar sind (Joddampf).

In fast allen Fällen ist das Absorptionsspektrum nicht allein von der stofflichen Natur der gelösten Verbindung, sondern auch von äußeren Bedingungen abhängig; als solche sollen die Dicke der durchstrahlten Schicht, die Konzentration des gelösten Stoffes, die Natur des Lösungsmittels und die Temperatur genannt werden.

Wie später ausführlich gezeigt werden soll, besitzen viele, besonders aromatische Verbindungen, Absorptionsbanden im ultra-

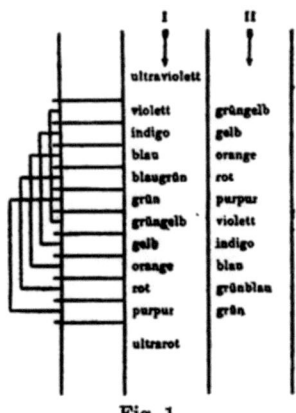

Fig. 1.

violetten Teile des Spektrums; durch Einführung bestimmter Atomgruppen erfolgt häufig eine Verschiebung dieser Banden in das Gebiet des sichtbaren Spektrums, also zunächst ins Violett, wodurch der Stoff in der Komplementärfarbe, d. h. grüngelb, erscheint. Bekanntlich wird die physiologische Empfindung des Weiß durch Mischung je zweier komplementärer Farben des Spektrums, z. B. von Violett und Grüngelb, Indigo und Gelb usw., hervorgebracht, wie das in dieser Skizze (Fig. 1) veranschaulicht werden soll. Da die Vereinigung sämtlicher Farben des Spektrums weiß ergibt, so muß nach Auslöschung einer Farbe im Spektrum dieses in der Komplementärfarbe erscheinen. Ist man nun imstande, durch sukzessive Einführung gewisser Gruppen in das Molekül des ursprünglich „farblosen Stoffes" das Absorptionsband aus dem ultravioletten gegen das rote Ende des Spektrums zu verschieben (→ I), so ändert sich die Farbe allmählich von grüngelb über blau bis grün, wie die beifolgende Skizze ergibt (→ II). Grüngelb erscheint somit als primitivste Farbe. Wir wollen mit Schütze[1]) den Übergang von Grüngelb nach Grün als Farbvertiefung, den entgegengesetzten als Farberhöhung bezeichnen. Gruppen, welche farbvertiefend wirken, sollen bathochrome, solche, die Farberhöhung verursachen, hypsochrome genannt werden. Schließlich sei noch erwähnt, daß die geschilderte Reihenfolge in der Farbänderung dadurch häufig gestört wird, daß mehrere Absorptionsbanden aus dem Ultraviolett heraustreten, und zwar die zweite Bande früher erscheint, ehe die erste über das sichtbare Rot hinweggeschritten ist.

b) Absorption im unsichtbaren Teile des Spektrums.

Früher beschränkten sich die Untersuchungen über Absorption lediglich auf den dem Auge sichtbaren Teil des Spektrums, was natürlich eine große Willkür bedeutet, da die sichtbare Strahlung nur einen kleinen Bruchteil der Gesamtstrahlung ausmacht. In den folgenden Diagrammen ist das Gebiet der gesamten Strahlung und zum Vergleich damit das der sichtbaren Strahlung dargestellt[2]).

Die verschiedenen Strahlen sind durch die Wellenlängen λ charakterisiert (vgl. S. 8).

In der Tat hat erst die Berücksichtigung der Absorption anderer Strahlen außer den sichtbaren, besonders der ultravioletten, einen tieferen Einblick in die Konstitution der Materie gestattet.

I. Das Studium der Absorptionserscheinungen ultravioletter Strahlen ist von A. Miller (1862) begonnen und besonders von W. N. Hartley (1879) fortgesetzt worden, dem man wertvolle Methoden für diese Untersuchungen verdankt. Durch diese Arbeiten wurde der Beweis geliefert, daß viele Stoffe im Ultraviolett teils kontinuierliche, teils selektive Absorption zeigen und somit im weiteren Sinne auch als „farbig" zu bezeichnen sind und von Wesen, die mit anderen Augen ausgestattet wären, auch als farbig empfunden werden müßten.

---

1) Ztschr. phys. Chem. 9, 109.
2) Siehe K. Schaum, Photochemie u. Photographie, S. 3.
3) Siehe Kayser, Handb. d. Spektroskopie, Bd. 3, 149 ff.

Hinsichtlich der Absorption im Ultraviolett teilt Hartley die Stoffe in drei Klassen ein:

1. Stoffe, die am ultravioletten Ende absorbieren, aber durch Verdünnung mit indifferenten Lösungsmitteln leicht durchlässiger gemacht werden können. (Verbindungen mit offener Kohlenstoff-

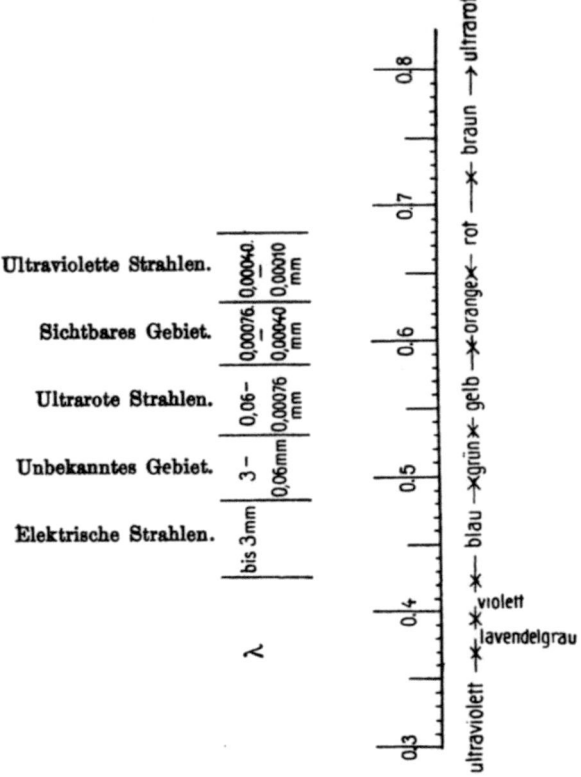

Fig. 2.

kette, Paraffine, Olefine, Azetylenkohlenwasserstoffe); Substitution eines oder mehrerer Wasserstoffatome durch (OH), (CO$_2$H), (OCH$_3$), (NH$_2$) ändert nicht den Charakter des Spektrums, sondern nur das Absorptionsvermögen.

2. Stoffe, die ähnlich wie unter 1 aber stärker absorbieren, und zwar so, daß Verdünnung geringeren Einfluß hat; hierhin

gehören Verbindungen mit geschlossener Kohlenstoffkette (Furfuran, Thiophen, Piperidin, hydrierte Benzole usw.).

3. Stoffe, die bei großem Absorptionsvermögen deutliche Absorptionsstreifen hervorrufen (Benzol, Naphthalin, Pyridin, Chinolin, Pyrazin usw.).

Wasser sowie die niederen Alkohole sind äußerst durchlässig für kurzwellige Strahlen, so daß diese Stoffe als Lösungsmittel für andere im Ultraviolett absorbierende benutzt werden können. Absorptionsmessungen im Ultraviolett, die uns eingehend interessieren werden, sind für die theoretische Behandlung des Absorptionsproblems von fundamentaler Bedeutung, wie besonders die eingehenden Untersuchungen bei Benzolderivaten gezeigt haben und worauf unlängst noch von v. Baeyer[1]) mit Nachdruck hingewiesen wurde.

II. Andererseits absorbieren die meisten Stoffe auch im Gebiete der langen Wellen, d. h. im Ultrarot, und zwar zeigen selbst Stoffe, die im Sichtbaren und Ultravioletten nicht absorbieren, wie aliphatische Kohlenwasserstoffe und Wasser im ultraroten Teile des Spektrums selektive Absorption und häufig sehr kompliziert gebaute Spektren[2]).

Diese Absorptionserscheinungen, sowie die Absorption elektrischer Wellen sollen in diesem Buche nicht behandelt werden[3]).

Bevor auf die speziellen Absorptionserscheinungen eingegangen werden soll, scheinen noch folgende allgemeine Erörterungen am Platze.

Absorptions- und Extinktionsvermögen. Fällt Licht bestimmter Wellenlänge von der Energie 1 auf die Trennungsflächen zweier Medien, so wird ein Teil vom zweiten Medium absorbiert (A), ein anderer Teil in das erste Medium reflektiert (R) und ein dritter hindurchgelassen (D). Es ist somit:

(1) $$A + R + D = 1;$$ man bezeichnet

A als Absorptionsvermögen, R als Reflexionsvermögen, D als Durch-

---

1) Zeitschr. f. angew. Chem. **19**, 1287.
2) Vgl. S. 74.
3) Über Absorption im Ultrarot siehe die Monographie von W. Coblentz, Jahrb. f. Rad. u. Elektr. **4**, 7, 1907, dem man die eingehendsten Untersuchungen auf diesem Gebiete verdankt.

lassungsvermögen des zweiten Mediums für die betreffende Wellenlänge.

Die Größe $\dfrac{A}{1-R}$ in die Gleichung:

(2)
$$1 = \frac{A}{1-R} + \frac{D}{1-R},$$

die das Verhältnis der im Medium 2 absorbierten zu der überhaupt eindringenden Energie darstellt, bezeichnet man nach einem
Vorschlage Schaums[1]) zweckmäßig als Extinktionsvermögen.

Ist die hindurchgelassene Energie gleich Null, was bei Metallen für fast alle Wellen, bei anderen Stoffen (mit sog. Oberflächenfarbe s. S. 18) für gewisse Wellensorten der Fall ist, so ist:
$\dfrac{A}{1-R} = 1$. Da bei Metallen R sehr groß ist, besitzen diese große
Extinktion bei kleinem Absorptionsvermögen, während man bei
farbigen Gläsern von großem Absorptionsvermögen sprechen muß.

Das Gesetz, nach dem die Schwächung der Intensität des
Lichtes (ohne Rücksicht auf den reflektierten Anteil) beim Ein-
dringen in das zweite Medium erfolgt und das zum Begriff des
Extinktionskoeffizienten führt, wird im nächsten Abschnitt
ausführlich besprochen.

Einheiten. In der Spektroskopie wird als Einheit für
Wellenlängen λ in der Regel die Ångström-Einheit $= 10^{-8}$ cm
(A.-E.) verwendet. Die Wellenlänge des Natriumlichts ist
0,0005892 mm, daher: 5892 A.-E.

Häufig werden Wellenlängen auch in tausendstel Millimeter
(μ) oder in millionstel Millimeter ($\mu\mu$) ausgedrückt; die Wellenlänge des Natriumlichtes kann daher auch als 589,2 $\mu\mu$ angegeben
werden.

Für manche graphische Darstellungen wird nach Hartley noch
eine andere Einheit benutzt, nämlich der reziproke Wert der
Wellenlängen in A.-E. multipliziert mit 10^7 als sog. Schwingungszahl, d. h. die Zahl der Wellen auf einen Zentimeter im luftleeren
Raume; diese Einheit sei im folgenden mit (r. A.-E.) bezeichnet.
Sie darf nicht mit der nach der Wellentheorie des Lichtes defi-
nierten Schwingungszahl verwechselt werden, die das Verhältnis
der Lichtgeschwindigkeit zur Wellenlänge darstellt.

---

[1]) Zeitschr. wiss. Photogr. 7, 406.

II. Definition der Farbe.

a) Extinktionskoeffizient. Gesetz von Beer.

Zur genauen Charakterisierung der Farbe eines Stoffes müssen wir angeben, welcher Bruchteil des in den Stoff eindringenden Lichtes bestimmter Farbe (Wellenlänge) unter den Versuchsbedingungen absorbiert wird. Ist man in möglichst vielen Spektralgebieten über diesen Bruchteil orientiert, so gibt seine Abhängigkeit von der Wellenlänge ein genaues Bild von der Schwächung des Lichtes beim Durchgang durch den Stoff.

Für die Lichtschwächung ist von Lambert[1]) (1760) die Hypothese aufgestellt worden, daß beim Durchgang von Licht bestimmter Wellenlänge durch eine Schicht jedes Schichtelement die Intensität des Lichtes um den gleichen Betrag schwächt. Erleidet homogenes Licht von der Intensität J beim Durchgang durch das Schichtelement dx eine Schwächung dJ, so folgt aus der obigen Hypothese:

$$dJ = - k \cdot J \cdot dx,$$

wo k ein Proportionalitätsfaktor ist. Wird diese Gleichung integriert zwischen den Grenzen $x = 0$, wo $J = J_0$ und $x = d$, wo die Intensität $= J$ ist, so folgt:

$$J = J_0 \cdot e^{-kd}. \tag{1}$$

J_0 ist die Intensität des einfallenden, J die des austretenden Lichtes, d die Dicke der durchstrahlten Schicht, e die Basis der natürlichen Logarithmen.

k ist lediglich abhängig von der chemischen Natur der absorbierenden Substanz sowie von der Wellenlänge.

Je größer k ist, desto geringer braucht die Schichtdicke d zu sein, damit die Intensität des eindringenden Lichtes um einen bestimmten Bruchteil abnimmt; sehr groß ist k für Metalle. Setzt man in der Gleichung:

$$\log \frac{J_0}{J} = k \cdot d,$$

die aus der Gleichung (1) durch eine einfache Umformung hervorgeht,

$$\frac{J}{J_0} = \frac{1}{10},$$

so wird:

$$k = \frac{1}{d} \cdot$$

---

1) Siehe Ostwalds Klassiker der exakten Wissenschaften, Nr. 32.

Nach dieser von Bunsen und Roscoe[1]) herrührenden sehr anschaulichen Definition ist k der Extinktionskoeffizient, „der reziproke Wert derjenigen Schichtdicke, welche eine Substanz haben muß, um das durch dieselbe fallende Licht bis auf ein Zehntel der Intensität des auffallenden Lichtes durch Absorption abschwächen zu können".

Bisher wurde angenommen, daß bei gleicher Konzentration der Lösung die Schichtdicke geändert wird; der gleiche Effekt läßt sich erzielen, wenn man bei gleichbleibender Schichtdicke die Konzentration ändert; für diesen Fall hat Beer die Annahme gemacht, daß die Schwächung des eintretenden Lichtes in jedem Schichtelement sowohl der Lichtstärke J als auch der Konzentration c proportional ist:

$$-\,\mathrm{d}\,J = k \cdot c \cdot J \cdot \mathrm{d}\,x,$$

woraus folgt:

$$\frac{J}{J_0} = e^{-k \cdot c \cdot d}.$$

Betrachten wir nun zwei Lösungen des Stoffes von den Konzentrationen c_1 und c_2 und finden, daß bei den Schichtdicken d_1 bzw. d_2 die Lichtschwächung, d. h. das Verhältnis $\frac{J}{J_0}$ in beiden Fällen das gleiche ist, so muß obiger Gleichung zufolge:

$$c_1 \cdot d_1 = c_2 \cdot d_2$$

sein; d. h. die Schichtdicken müssen umgekehrt proportional den Konzentrationen sein, damit die Lösungen gleich stark absorbieren (Beersches Gesetz).

In vielen Fällen hat sich die Gültigkeit dieses von Beer aufgefundenen Gesetzes experimentell erweisen lassen; auf der Anwendung dieses Gesetzes beruhen bekanntlich die Methoden der Kolorimetrie und Spektralphotometrie.

Unter der Annahme, daß die Moleküle des Lösungsmittels keine Absorption ausüben, läßt sich das Beersche Gesetz auch molekulartheoretisch plausibel machen. In den folgenden Skizzen bedeuten die schwarzen Punkte die Moleküle des absorbierenden gelösten Stoffes, die Moleküle des lediglich als Verdünnungsmittel dienenden Lösungsmittels sind nicht gezeichnet. Bei I sind die Zwischenräume zwischen den einzelnen Molekülen doppelt so groß als bei II, weshalb hier die Schichtdicke auch nur die Hälfte derjenigen

---

[1]) Pogg. Ann. **101**, 35.

bei I zu sein braucht, damit die Lösungen durchsetzende Lichtstrahlen gleiche Molekülzahlen treffen, d. h. in gleicher Weise geschwächt werden.

Für stöchiometrische Zwecke bezieht man den Extinktionskoeffizienten auf äquimolekulare Lösungen, d. h. man berechnet: $\frac{k}{c}$, wo c die Anzahl Mole pro Liter bedeutet,

$\frac{k}{c}$ kann als Molekularextinktion bezeichnet werden [1]).

Um die Änderung von k mit der Wellenlänge λ (k_{λ_1}, k_{λ_2}) zu erfahren, hat man für möglichst viele homogene Lichtarten den

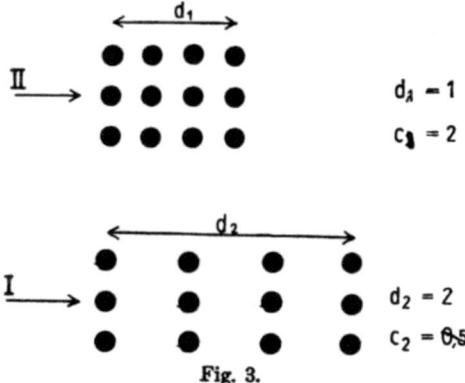

Fig. 3.

Extinktionskoeffizienten zu ermitteln, was mit Hilfe spektralphotometrischer Methoden geschieht [2]).

Die Werte k_λ sind für den betreffenden Stoff (bzw. die Lösung des Stoffes in einem bestimmten Lösungsmittel) Naturkonstanten, durch die die Absorptionsverhältnisse der Substanz eindeutig festgelegt sind. In der Regel wird die Abhängigkeit der k-Werte von der Wellenlänge durch ein rechtwinkliges Koordinatensystem ausgedrückt; die genaue Zeichnung der Kurve setzt natürlich voraus, daß die Extinktionen bei möglichst vielen Wellenlängen ermittelt sind.

---

1) Vgl. Ostwald-Luther, Handbuch, 2. Aufl., S. 252.
2) Vgl. Teil II.

b) Absorptionsspektren. Darstellung derselben nach Hartley.

Angenähert erfährt man die Abhängigkeit der k-Werte von der Wellenlänge durch Untersuchung des Absorptionsspektrums, dessen Methodik im Teil II genauer berücksichtigt werden soll. Im Prinzip besteht die Methode darin, daß man für verschiedene Schichtdicken und Konzentrationen die Grenzen der (kontinuierlichen oder selektiven) Absorption feststellt. In diesem Bericht werden die Absorptionsgrenzen innerhalb des Gebietes von ca. 0,7 μ bis ca. 0,23 μ berücksichtigt, doch ist es für chemische Zwecke von Wichtigkeit, später auch besonders das ultrarote Gebiet in den Kreis der Untersuchungen zu ziehen.

Zur Prüfung des Gesetzes von Beer vergleicht man die Spektra der Lösungen von der Konzentration c und der Schichtdicke d mit denen von der Konzentration c·n und der Schichtdicke $d \cdot \frac{1}{n}$; findet man Identität, so bedient man sich zur Darstellung der Versuchsergebnisse der von Hartley sowie von Baly und Desch[1]) angegebenen graphischen Methode: als Ordinaten werden die Logarithmen der Schichtdicken in Millimeter (bezogen auf die verdünnteste Lösung), als Abszissen die den Grenzen der Absorption entsprechenden Schwingungszahlen aufgetragen. Die so erhaltenen Kurven (Schwingungskurven) gestatten, die Absorptionsverhältnisse eines Stoffes innerhalb eines großen Konzentrationsgebietes sofort übersehen zu können (s. Fig. 4).

In Fig. 5 sind einige charakteristische Schwingungskurven gezeichnet; bei I (alkoholische Jodlösung) liegt der Boden des Bandes noch im Sichtbaren (2150 r. AE) in hoher Konzentration bzw. größeren Schichtdicken (oberhalb 50 mm 0,01 norm.) ist nur kontinuierliche Absorption, unterhalb jener Grenze zeigt sich eine mittlere durchlässige Partie (bei 40 mm 0,01 zwischen 2730 und 3000 r. AE), die sich nach geringeren Schichtdicken mehr und mehr verbreitert; bei ca. 40 mm 0,001 norm. macht die selektive Absorption wieder einer kontinuierlichen Platz, die im ferneren Ultraviolett von 3700 ab verläuft.

Bei II (Fig. 5) (Jodäthyl) sehen wir typische selektive Absorption im äußeren Ultraviolett mit einem Bande, dessen Boden bei 3950 liegt.

---

1) Journ. Chem. Soc. 85, 1029.

III (Jodbenzol) zeigt die Schwingungskurve eines kontinuierlich absorbierenden Stoffes; der Knick bei 3700 zeigt jedoch die

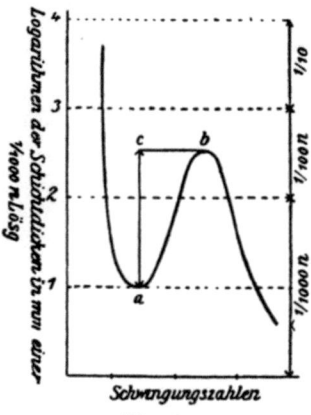

Fig. 4.

Andeutung eines Bandes von allerdings sehr geringer Ausdehnung an. Derartige Knicke in den Schwingungskurven stellen wahr-

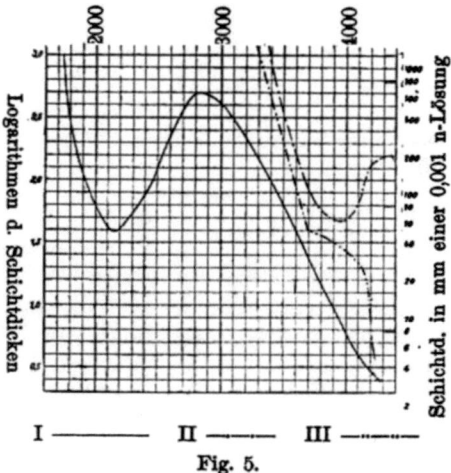

Fig. 5.

scheinlich stetige Übergänge von den selektiv zu den typisch kontinuierlich absorbierenden Verbindungen dar. Die „Tiefe" des

Bandes (a c, Fig. 4) wird von englischen Forschern vielfach „persistence" genannt [1]).

III. Veränderlichkeit der Absorptionsspektren.

Wie schon hervorgehoben, wird die subjektive Empfindung der Farbe nicht allein von der stofflichen Natur, sondern auch von verschiedenen anderen Umständen bedingt, was eine mehr oder weniger große Veränderlichkeit der Spektren ein und desselben Stoffes unter verschiedenen Versuchsbedingungen im Gefolge hat. Es sollen die wichtigsten Faktoren kurz besprochen werden unter besonderer Berücksichtigung der Lösungen absorbierender Stoffe.

a) Einfluß der Schichtdicke.

Die Abhängigkeit der Farbe von der Schichtdicke der Lösung äußert sich bei einigen typisch selektiv absorbierenden Stoffen häufig in sehr auffälliger Weise, indem mit Variation der Schichtdicke nicht nur eine Änderung der Farbintensität, sondern auch ein totaler Farbumschlag verbunden ist. Derartige mehrfarbige Stoffe [2]) sind von Pflüger [3]), Precht [4]) u. a. untersucht worden. So ist Kaliumchromisulfatlösung in dünner Schicht blaugrau, in dicker Schicht violettrot. Brillantsäure grün 6 B erscheint bei Glühlicht in dünner Schicht grün, wird bei wachsender Schichtdicke blaugrün, blau, dunkelblau, violett, purpur und rot. Diesen durch Betrachtung der Schwingungskurven der absorbierenden Stoffe ohne weiteres verständlichen Erscheinungen kommt natürlich ein weiteres chemisches Interesse nicht zu.

b) Einfluß der Konzentration.

Wie die Betrachtungen auf Seite 10 ergeben haben, muß das Beersche Gesetz, das den Einfluß der Konzentration auf die Lichtabsorption regelt, gültig sein, falls bei dem Verdünnungsvorgange keine Veränderung mit dem gelösten Stoffe vor sich geht. Umgekehrt ist man berechtigt, aus der Nichtgültigkeit dieses Gesetzes auf einen in Lösung stattfindenden chemischen Vorgang zu schließen;

---

1) Weiteres s. Teil II, S. Bei den späteren Angaben der Absorptionsgrenzen bedeuten die Zahlen stets (r. AE.), wenn nichts anderes bemerkt ist.
2) Kayser, Handbuch III, 19.
3) Phys. Ztschr. 4, 520.
4) Ebenda 4, 572.

als solche werden in Betracht kommen: Zerfall polymerer Moleküle, Änderungen im Assoziationszustande (Bildung verschiedener Hydrate bzw. Solvate), chemische Reaktionen. Eine etwas eingehendere Diskussion dieser Verhältnisse soll später vorgenommen werden. Ob übrigens auch bei Abwesenheit solcher chemischer Prozesse eine absolute Gültigkeit des Gesetzes von Beer vorausgesetzt werden darf, ist noch nicht sicher entschieden.

c) Einfluß der Lösungsmittel.

Für selektive Absorption hat Kundt[1]) eine Regel aufgestellt, wonach die Verschiebung der Absorptionsstreifen im Zusammenhange mit dem Brechungs- und Dispersionsvermögen des Lösungsmittels stehen soll. „Hat ein farbloses Lösungsmittel ein beträchtlich größeres Brechungs- und Dispersionsvermögen als ein anderes, so liegen die Absorptionsstreifen einer in den Medien gelösten Substanz bei Anwendung des ersten Mittels dem roten Ende des Spektrums näher als bei Benutzung des zweiten." In sehr vielen Fällen hat sich gezeigt, daß die Reihe der Lösungsmittel eine andere ist, als sie die Kundtsche Regel fordert[2]), so daß die obige Beziehung kaum den Namen einer Regel verdient. Die Ausnahmen dürften durch Wechselwirkungen zwischen gelöstem Stoff und Lösungsmittel bedingt sein, die von Kundt nicht angenommen werden, z. B. Assoziationsprodukten. Ob bei Anschluß derartiger chemischer Reaktionen der Regel strenge Gültigkeit zukommt, ist eine Frage von Bedeutung, die sich mit den bisherigen Mitteln experimentell jedoch schwer entscheiden lassen dürfte[3]).

d) Einfluß der Temperatur.

Bei festen farbigen Stoffen wirkt Temperaturerhöhung ganz allgemein so, daß die Absorption nach dem langwelligeren Ende des Spektrums verschoben wird, die Farbe vertieft sich: Zinkoxyd wird bei höherer Temperatur gelb, Schwefel beim Abkühlen auf —50° fast weiß, das gelbe Jodoform bei —70° weiß. Analoges scheint auch für viele gelöste Stoffe zuzutreffen, wobei scharfe Absorptionsbanden in der Regel anders durch Temperatur beeinflußt werden als breitere. Von Interesse ist ein neuerer Befund

---

1) Pogg. Ann. 1874, S. 615.
2) Siehe Kayser, Handb. III, S. 80.
3) Vgl. E. Baur, Spektroskopie, S. 62.

von K. Schaefer[1]), daß bei den im Ultraviolett absorbierenden Nitraten wohl die kontinuierliche Endabsorption, nicht aber die selektive Absorption durch die Temperatur beeinflußt wird.

Wie besonders Kayser[2]) bei der Diskussion dieser Fragen hervorhob, sind größere optische Effekte ausnahmslos auf chemische Änderungen zurückzuführen, die mit den Temperaturänderungen Hand in Hand gehen; als solche kommen Verschiebungen in den Hydratations- und Solvatationszuständen, ferner Komplexsalzbildungen und Hydrolysen in Betracht. Es sei hier an das bekannte Beispiel des Kupferchlorids erinnert, dessen konzentrierte blaue Lösungen bei Erwärmung grün werden; durch bestimmte Methoden kann der Nachweis erbracht werden, daß in der Lösung ein temperaturvariables Gleichgewicht zwischen normalem und komplexem Salz besteht:

$$2\,CuCl_2 \; \overset{\longrightarrow}{\longleftarrow} \; Cu(CuCl_4),$$
$$\text{blau} \qquad\qquad \text{grün}$$

das durch Temperaturerhöhung im Sinne des oberen Pfeils verschoben wird.

In manchen Fällen bleibt das Spektrum eines Stoffes unter den verschiedensten Umständen auffällig konstant[3]), trotzdem der Stoff erheblichen chemischen Veränderungen unterworfen ist: flüssiges Wasser besitzt im Ultrarot Absorptionsbanden, die auch im Eis und im Wasserdampf unverändert enthalten sind, d. h. unter Bedingungen, wo sich die Molekulargröße wesentlich geändert hat. Diese Beobachtungen beweisen wohl nur, daß in vielen Fällen rein chemische Betrachtungen zur Erklärung spektraler Beziehungen unzureichend sind und durch andere ersetzt werden müssen[4]).

e) Einfluß der elektrolytischen Dissoziation.

Bei wäßrigen Lösungen von Elektrolyten, z. B. MeX_2, muß sich die Lichtabsorption additiv aus der von den Ionen Me· und X′ sowie von den undissoziierten Molekülen MeX_2 herrührenden zusammensetzen. Kommt dem einen Ion keine Absorption im Sichtbaren zu (Cl′, SO_4″, NO_3′, K·, NH_4·, Al···) und sind die Lösungen sehr verdünnt und völlig dissoziiert, so zeigen die Lösungen sämtlicher Salze die gleiche Farbe, die somit dem farbigen Ion eigen

1) Ztschr. f. wiss. Photogr. 8, 229.
2) Handbuch III, S. 106.
3) Vgl. Baur, Spektroskopie, S. 59.
4) Vgl. S. 68 ff.

ist. So zeigen nach Ostwald, der zuerst den Begriff der Farbe des Ions einführte und damit die Dissoziationstheorie wesentlich stützte, die Permanganate (K, Na, Li, Cd, NH$_4$, Al) das gleiche dem Ion (MnO$_4$)' zukommende Absorptionsspektrum. Über die Farbe des undissoziierten Salzes hat Ostwald keine allgemeinen Angaben gemacht, sie kann gleich oder verschieden sein von der Farbe des Ions; ersteres ist z. B. der Fall bei CuSO$_4$; infolgedessen gilt bei diesem Salz nach E. Müller[1]) das Beersche Gesetz bis zu hohen Konzentrationen herauf; gleiches fand Pflüger[2]) für Kaliumpermanganat. Die Frage nach der Gleichheit bzw. Ungleichheit der Lichtabsorption der Ionen und undissoziierten Moleküle ist durch Arbeiten von Hantzsch[3]) in ein neues Stadium getreten. Hantzsch fand, daß die Farbe in allen Fällen durch den Vorgang der elektrolytischen Dissoziation nicht oder nur äußerst wenig beeinflußt wird, falls es sich um koordinativ gesättigte Verbindungen handelt[4]). Die Farbgleichheit bei Kupfersulfat und seinen Ionen erklärt sich so, daß das eigentlich Absorbierende der Komplex [Cu 4 H$_2$O] darstellt, der sowohl im undissoziierten Molekül als auch im Ion vorkommt.

Die Absorptionsspektren farbiger, koordinativ gesättigter Verbindungen werden nach Hantzsch auch durch Änderung der Temperatur, des Lösungsmittels, sowie des Aggregatzustandes wenig beeinflußt, falls nur der Komplex unter diesen Bedingungen chemisch unveränderlich bleibt.

f) Einfluß des Aggregatzustandes.

Es gilt hier durchwegs die Regel, daß die Absorptionsstreifen eines Stoffes in gelöstem Zustande weit unschärfer sind als in dampfförmigem Zustande, was z. B. für das im Ultraviolett absorbierende Benzol gilt. Hier möge noch die Bemerkung eingeschaltet werden, daß Dämpfe in der Regel Linienspektren geben; als Beispiele seien Natrium, Stickstoffdioxyd, Brom, Jod u. a. genannt. Letzterer Stoff kann auch als Beispiel für die obige Regel gelten, denn die Lösungen des Jods in organischen Flüssigkeiten besitzen durchwegs breite Absorptionsbanden und niemals ein Linienspektrum.

---

1) Ann. d. Phys. [4] 12, 778, 1903.
2) Ann. d. Phys. [4] 12, 430, 1903.
3) Berl. Ber. 41, 1216.
4) Vgl. Kap. XIII.

Bei dem Vergleich der Absorptionsspektren fester, kristall-
wasserhaltiger Salze und ihrer Lösungen ergaben sich in einigen
Fällen Verschiedenheiten wie bei Didymsulfat nach Bunsen,
während bei Kupfersulfat nach den Versuchen von A. Vogel, die
durch Messungen von Hantzsch bestätigt wurden, die Absorptionsspektren des festen und in Wasser gelösten Stoffes nahezu gleich
sind; eine bemerkenswerte Identität fand ferner Schaefer[1]) bei
Kaliumnitrat.

Auch die Farbe der festen Stoffe im diffus reflektierten Lichte
kommt in der Regel durch einen Absorptionsvorgang zustande.
Die Körper erscheinen unter diesen Umständen farbig, weil das
Licht teils an der Oberfläche zurückgeworfen, teils nach Eintritt
in das Innere aus einer gewissen Tiefe heraus reflektiert wird.
Ist die Reflexion an der Oberfläche nicht sehr groß, so ist die
Farbe des Körpers im durchgehenden und reflektierten Lichte ungefähr gleich. Besitzt der feste Körper (Kristall mit glatter Oberfläche) jedoch ein gutes Reflexionsvermögen, so kann der Körper
weiß erscheinen, während er im gelösten oder geschmolzenen Zustande farbig aussieht; das ist z. B., worauf Hartley[2]) hinwies,
für Triphenylmethan und p-Nitrophenol der Fall, die geschmolzen
von gelblicher Farbe sind, während die Kristalle rein weiß erscheinen[3]).

Von der bisher behandelten Farbe bei festen Stoffen ist zu
unterscheiden die sog. Oberflächenfarbe, die bei manchen organischen
und auch anorganischen Stoffen (Fuchsin, Helianthin, Kaliumpermanganat u. a.) angetroffen wird. Die Erscheinung tritt auf
bei Stoffen mit starker selektiver Absorption, bei denen die k-
Werte (S. 9) sehr groß sind, so daß schon die allerdünnsten
Schichten dem Licht betreffender Wellenlänge den Durchgang ver-
wehren. Da nun allgemein Stoffe, die eine Wellensorte metallisch
absorbieren, diese Wellensorte auch so gut wie vollständig, d. h.
metallisch reflektieren, muß die Farbe im reflektierten Lichte
komplementär zu der im durchfallenden Lichte sein. Die Erscheinung ist durchaus mit dem Metallglanz vergleichbar[4]).

---

1) Ztschr. f. wiss. Photogr. 8, 212.
2) Siehe Kayser, Handbuch III.
3) Hier kommt allerdings noch dazu, daß Temperaturerhöhung die Absorption an und für sich nach Rot verschiebt.
4) Näheres siehe Müller-Pouillet, Optik (bearbeitet von Lummer),
sowie Riecke, Physik I.

g) Mischungen zweier absorbierender Stoffe.

Nach dem Vorhergehenden ist es wahrscheinlich, daß die Mischung zweier farbiger Stoffe A und B eine Absorption ergeben muß, die annähernd gleich ist der Summe der Absorptionen der einzelnen Stoffe:

$$|A + B| = |A| + |B|,$$

vorausgesetzt, daß sich die beiden Stoffe nicht chemisch beeinflussen, eine Bedingung, die allerdings in den meisten Fällen schwer zu prüfen ist, da außer groben chemischen Reaktionen auch feinere Beeinflussungen, wie Änderungen im Hydratationszustand usw., auszuschließen sind.

Die häufig zu beobachtende Verschiebung von Absorptionsstreifen bei der Mischung selektiv absorbierender Stoffe erklärt sich auch ohne Annahme chemischer Vorgänge durch additive Übereinanderlagerung der beiden Spektren.

Die Abweichungen vom additiven Verhalten bei gelösten Stoffen sind leicht zu untersuchen, indem man 1. die gemischten Lösungen: $|A + B|$, 2. die Lösungen einzeln hintereinander geschaltet: $|A| + |B|$ spektroskopisch untersucht, wobei natürlich Sorge zu tragen ist, daß der Lichtstrahl in beiden Fällen gleichviel farbige Moleküle durchsetzt.

Ist in einem Salz A K Kation und Anion farbig, so wird sich das Spektrum in der Regel ebenfalls nach dem additiven Schema zusammensetzen. Abweichungen hiervon kann man ebenfalls durch eine Differenzmethode[1]) feststellen, indem man das farbige Anion A mit dem für den betr. Spektralbereich farblosen Kation K_1 und das farbige Kation K mit dem farblosen Anion A_1 kombiniert, man hat dann folgende Systeme (wie oben) zu vergleichen:

1. AK,
2. $AK_1 + KA_1$.

(Genaueres über den sog. Melde-Effekt muß bei Kayser[2]) nachgelesen werden.)

IV. Chromophortheorie.

Nach diesen Vorbemerkungen allgemeineren Inhalts gehen wir zu unserer eigentlichen Aufgabe über, den Einfluß der stofflichen

---

1) A. Byk, Ztschr. f. phys. Chem. **61**, 1; K. Schaefer, Ztschr. f. wiss. Photogr. 8, 212.

2) Handbuch III, S. 91.

Natur auf die Farbe von chemischen Gesichtspunkten aus zu ergründen. Bei der größeren Mannigfaltigkeit, die die organischen Verbindungen aufweisen, ist es begreiflich, daß hier auf Grund eines sehr großen Beobachtungsmaterials und infolge der höher entwickelten Systematik die Beziehungen zwischen Konstitution und Farbigkeit relativ am besten erkannt sind. Es sollen deshalb vorwiegend die rein organischen Verbindungen berücksichtigt werden; daneben werden aber auch die wichtigsten organischen Metallverbindungen, speziell innere Komplexsalze, soweit hier die Beziehungen zwischen Lichtabsorption und Farbe erkannt sind, zu untersuchen sein. Andererseits muß aber bisweilen auch auf gut untersuchte Fälle eingegangen werden, die der anorganischen Chemie entstammen.

Schon frühe hatte man erkannt, daß zwischen Absorptionsspektrum und chemischer Konstitution gewisse Beziehungen bestehen. Die ersten Versuche nach dieser Richtung rühren von Graebe und Liebermann[1]) her und erreichten in der von Witt[2]) aufgestellten Chromophortheorie einen vorläufigen Abschluß. Diese Theorie macht bekanntlich für die Absorption eines farbigen Stoffes gewisse Atomgruppen verantwortlich, die Chromophore genannt werden und deren Einführung in farblose Moleküle Absorption im sichtbaren Spektrum erzeugt. Wenn von weniger wichtigen abgesehen wird, so sind folgende Atomgruppierungen als Chromophore erkannt[3]):

1. Äthylengruppen $>C=C<$ (in bestimmter Zahl und Lagerung).
2. Carbonylgruppen $C=O$.
3. Stickstoffkohlenstoffgruppierungen
   $$>C=NH \text{ bzw. } -CH=N.$$
4. Azogruppen $-N=N-$.
5. An Kohlenstoff gebundene Nitrosogruppen $>C-NO$.
6. Nitrogruppen $-NO_2$.
7. Schwefelhaltige Gruppen wie $>C=S$, $-C-S_2-C-$ usw.
8. Schließlich können auch einige metalloide Elemente wie Jod als Chromophore wirken.

Es ist ohne weiteres verständlich, daß die mehrmalige Ein-

---

1) Berl. Ber. **1**, 104.

2) Berl. Ber. **9**, 522; Journ. Chem. Soc. **35**, Abstr. 179, 356 (1876).

3) Im wesentlichen folgen wir hier der ausführlichen Zusammenstellung von H. Kauffmann, „Über den Zusammenhang zwischen Farbe und Konstitution"; Ahrens, Sammlung chem. und chem.-techn. Vorträge, Bd. IX.

führung chromophorer Gruppen im allgemeinen den Effekt verstärken, d. h. die Farbe vertiefen und daß auch die gegenseitige Lage der Chromophore einen Einfluß ausüben wird. Ferner werden wir a priori annehmen dürfen, daß die Nähe der Chromophore bzw. ihre dichte Gruppierung die Farbigkeit günstig beeinflussen wird; schließlich wird sich aus dem Folgenden ergeben, daß eine Kombination verschiedener Chromophore in demselben Moleküle zu neuen, z. B. chinoiden Gruppen häufig kräftig farberregend wirkt. Wie später gezeigt werden soll, handelt es sich bei den meisten farbigen Verbindungen in der Tat um ein Zusammenwirken mehrerer Chromophore im Molekül der absorbierenden Substanz.

Die folgende Zusammenstellung soll zunächst eine orientierende Übersicht über die wichtigsten Verbindungen bringen, die Chromophore enthalten und die Chromogene genannt werden; es sollen vorwiegend sichtbar absorbierende Verbindungen berücksichtigt, auch soll vorläufig von einer exakteren spektralen Definition der Farbigkeit Abstand genommen werden.

1. Die Äthylengruppe: $>C=C<$.

Beispiele einfacher farbiger Äthylenderivate, etwa von dem Typus $R_2C:CR_2$, sind nicht bekannt. Farbe tritt erst auf, wenn mehrere Äthylenbindungen in zyklischer Anordnung vorhanden sind. Die prägnantesten Beispiele sind das von Thiele[1]) entdeckte Fulven (I) sowie die substituierten Fulvene, z. B. Diphenylfulven (II)

$$
\begin{array}{cc}
\begin{array}{l} CH=CH \\ | \qquad\quad >C=CH_2 \\ CH=CH \end{array} &
\begin{array}{l} CH=CH \\ | \qquad\quad >C=C(C_6H_5)_2. \\ CH=CH \end{array} \\
\text{I} & \text{II}
\end{array}
$$

Das mit dem farblosen Benzol (III) isomere Fulven ist orangegelb,

$$
\begin{array}{c}
CH=CH\diagdown CH \\
| \qquad\qquad || \\
CH=CH-CH \\
\text{III}
\end{array}
$$

eine Tatsache, die plausibel erscheint, da, die Gültigkeit der Kekuléschen Formel des Benzols vorausgesetzt, in diesem die Äthylenbindungen weniger dicht gelagert sind als im Fulven, wie die Betrachtung der Schemata I und III sofort ergibt; auch könnte

---

1) Berl. Ber. **33**, 666.

die weniger symmetrische Anordnung der Doppelbindungen im Fulven in gewissem Grade mitbestimmend für dessen Farbigkeit sein. Dennoch ist Benzol, wie schon erwähnt, im weiteren Sinne farbig zu nennen, da dieser Stoff im Ultraviolett stark absorbiert. Die Gegenwart der drei Äthylenbindungen im Benzol bedingt es, daß die Einführung dieses Ringsystems in farblose Verbindungen häufig das Auftreten von Absorption im Violett und Blau hervorruft, wie u. a. die Beobachtungen von Stobbe[1]) an den Fulgensäuren sowie deren Anhydriden beweisen. Die noch nicht isolierte Stammsubstanz (I), Butadiendicarbonsäure, ist nach Analogien farblos, da auch

$$H_2C=C-COOH$$
$$|$$
$$H_2C=C-COOH$$
I

$$(CH_3)_2C=C-COOH$$
$$|$$
$$(CH_3)_2C=C-COOH$$
II

$$(C_6H_5)_2C=C-COOH$$
$$|$$
$$(C_6H_5)HC=C-COOH$$
III

$$(C_6H_5)_2C=C-COOH$$
$$|$$
$$(C_6H_5)_2C=C-COOH$$
IV

die tetramethylierte Säure farblos ist, während Triphenylfulgensäure (III) gelb und Tetraphenylfulgensäure (IV) orange ist. Eine noch stärkere Farbvertiefung erleiden die Anhydride der Fulgensäuren, die Fulgide, durch sukzessive Einführung von Phenylresten.

Auch andere äthylengruppenhaltige Ringsysteme vermögen in gewissen Kombinationen Farbe hervorzurufen. Hierzu gehört u. a. die Furylgruppe: C_4H_3O-

$$-C=CH$$
$$|\quad >O \quad bzw.$$
$$HC=CH$$

$$CH=C-$$
$$|\quad >O,$$
$$CH=CH$$

die der Phenylgruppe an chromophorer Wirkung noch überlegen ist, wie die Beobachtungen Stobbes[2]) an den Fulgiden dartun.

$$(CH_3)_2C:C\cdot CO$$
$$|\quad >O$$
$$(C_4H_3O)CH:C\cdot CO$$
α-, Furyl-δ, δ-dimethylfulgid
hellorange

$$(CH_3)_2C:C\cdot CO$$
$$|\quad >O$$
$$C_6H_5\cdot CH:C\cdot CO$$
Phenyl-dimethylfulgid
hellgelb

$$(C_6H_5)_2C:C\cdot CO$$
$$|\quad >O$$
$$(C_4H_3O)CH:C\cdot CO$$
α-, Furyl-δ, δ-diphenylfulgid
bichromatrot

$$(C_6H_5)_2C:C\cdot CO$$
$$|\quad >O$$
$$C_6H_5\cdot CH:C\cdot CO$$
Triphenylfulgid
orangerot

---

1) Siehe besonders Lieb. Ann. **849**, 333.
2) Berl. Ber. **88**, 4075, 1905.

$$(C_4H_3O)CH:C \cdot CO$$
$$\mid \qquad >O$$
$$(C_4H_3O)CH:C \cdot CO$$

α-, δ-Difurylfulgid rotbraun

$$C_6H_5 \cdot CH:C \cdot CO$$
$$\mid \qquad >O$$
$$C_6H_5 \cdot CH:C \cdot CO$$

α, δ-Diphenylfulgid zitronengelb.

Auch das mehrmalige Vorkommen der Phenyl- (bzw. Naphtyl-) Gruppe zugleich mit der Äthylengruppe ruft Farbigkeit hervor, falls die Gruppe gewissermaßen zyklisch in das Molekül eingebaut ist, wie die Existenz der interessanten farbigen Kohlenwasserstoffe beweist:

C=CHCH₃   Biphenylenpropylen [1]), gelb.

C=C   Bibisphenylenäthen [2]), rot

$$C_{10}H_6 \diagdown \qquad \diagup C_6H_4$$
$$\qquad C=C$$
$$C_{10}H_6 \diagup \qquad \diagdown C_6H_4$$

Dinaphtylendiphenylenäthen [3]) violettrot.

Schließlich ist zu erwähnen, daß auch die Anwesenheit mehrerer Äthylengruppen mit zwei Phenylgruppen gelbe Kohlenwasserstoffe entstehen läßt; als Beispiel sei das gelbe Diphenylhexatriën [4]) genannt:

$$C_6H_5 \cdot CH=CH-CH=CH-CH=CH \cdot C_6H_5.$$

2. Die Carbonylgruppe =C=O

besitzt deutlich chromophoren Charakter; zwar sind die einfachsten Aldehyde und Ketone R·CO·H und R·CO·R farblos, jedoch schon die aliphatischen α-Diketone und mehr noch die Triketone lebhaft farbig, z. B.

$$CH_3 \cdot CO \cdot CO \cdot CH_3: \text{gelb,}$$
$$CH_3 \cdot CO \cdot CO \cdot CO \cdot CH_3: \text{orange [5]),}$$
$$C_6H_5 \cdot CO \cdot CO \cdot C_6H_5: \text{gelb.}$$

1) Daufresne, Bull. soc. chim. (4) 1, 1233.
2) Graebe, Berl. Ber. 25, 3146.
3) Graebe, Ann. 335, 134.
4) Journ. Chem. Soc. 93, 372.
5) Sachs und Barschall, Berl. Ber. 34, 3047.

Die nochmalige Einführung einer Carbonylgruppe hat eine weitere Farbvertiefung im Gefolge: $C_6H_5 \cdot CO \cdot CO \cdot CO \cdot CO \cdot C_6H_5$ ist wasserfrei rot und bildet ein gelbes Hydrat[1]).

Als weitere Beispiele seien genannt:

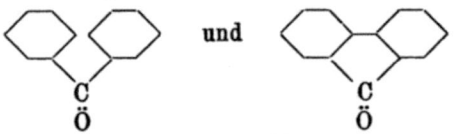

CO—CO
Benzil, gelb,

CO—CO
Phenanthrenchinon, orange,

Sie beweisen, daß die gleichzeitige Ausbildung eines isozyklischen Ringes (z. B. des mittleren Sechsringes im Phenanthrenchinon) die chromophoren Wirkungen der —CO—CO-Gruppe wesentlich verstärkt, worauf von Kauffmann und neuerdings von Stobbe aufmerksam gemacht wurde. Als weitere Belege für diese schon aus früher genannten Beispielen einleuchtende Tatsache seien

und

C
Ö
Benzophenon, farblos,

C
Ö
Fluorenon, orange,

aufgeführt.

Der Carbonylgruppe verwandt ist die

3. Gruppe C=N—

die im Benzylidenanilin $C_6H_5CH:NC_6H_5$,
Benzophenonphenylimin: $(C_6H_5)_2C:NC_6H_5$,
Diacetyldianil: $CH_3C(:NC_6H_5)C(:NC_6H_5)CH_3$ u. a.
die gelbe Farbe dieser Verbindungen bedingt.

Wird in der Gruppe —CR=N—R der Kohlenwasserstoffrest —CR= durch ein äquivalentes Stickstoffatom ersetzt, so resultiert

4. die Azogruppe —N=N—

mit stark chromophorem Charakter, der somit in der Reihe:

$\cdot CR{=}CR\cdot, \quad \cdot CR{=}NR, \quad \cdot N{=}N\cdot,$

also mit steigendem Stickstoffgehalt meist sehr erheblich zunimmt, denn schon fette Azoverbindungen wie

---

1) Näheres s. Beilstein, Handbuch.

$$CH_2 \diagdown \begin{matrix} N \\ \| \\ N \end{matrix} \qquad \text{und} \qquad \begin{matrix} N \cdot COOC_2H_5 \\ \| \\ N \cdot COOC_2H_5 \end{matrix}$$

Diazomethan   Azodicarbonsäureester

sind stark gelb. Azobenzol C_6H_5—N=N—C_6H_5 und Homologe, sowie deren einfache Substitutionsprodukte, die Grundsubstanzen des ungeheuren Heeres der Azofarbstoffe, sind orange bis rot. Merkwürdigerweise sind manche echte aliphatische Azoverbindungen der Isobuttersäurereihe farblos. Nach Thiele und Heuser[1]), den Entdeckern dieser Verbindungen, treten die chromophoren Wirkungen der Azogruppe dann besonders in die Erscheinung, wenn mit derselben negative Gruppen in direkter Bindung stehen:

$$\begin{matrix} N \cdot COOH \\ \| \\ N \cdot COOH \end{matrix}, \quad \begin{matrix} N \cdot CO \cdot NH_2 \\ \| \\ N \cdot CO \cdot NH_2 \end{matrix} : \text{gelb},$$

$$\begin{matrix} N \cdot C(CH_3)_2 CN \\ \| \\ N \cdot C(CH_3)_2 CN \end{matrix}, \quad \begin{matrix} N \cdot C(CH_3)_2 \cdot COOH \\ \| \\ N \cdot C(CH_3)_2 . COOH \end{matrix} : \text{farblos}.$$

Es hätte großes Interesse, diese Verbindungen auf Absorption im äußersten Violett und im Ultraviolett zu untersuchen.

Ferner dürfte erwähnenswert sein, daß manche Diazoverbindungen, die die N_2-Gruppe im Ring enthalten, wie:

Diazoacetessigesteranhydrid   Diazoacetylacetonanhydrid

Diazobenzoylacetonanhydrid,

ferner die Thiodiazole:

farblos bzw. von schwach gelblicher Farbe sind[2]).

Auch die Azimide[3]) und Diazosulfide[4]) z. B.

1) Lieb. Ann. **290**, 6.
2) Wolff, **325**, 129.
3) Ladenburg, Berl. Ber. 9, 222.
4) Jacobson, Ann. **277**, 209.

sind farblose Verbindungen.

Wesentlich schwächer scheint der chromophore Charakter

5. der Azoxygruppe —N—N— bzw. —N=N—
$$\underset{O}{\diagdown}\qquad\underset{O}{\parallel}$$

zu sein, denn die Verbindungen mit diesem Chromophor scheinen durchwegs hellere Farbe zu besitzen als die Azokörper; so ist p·p′-Dichlorazoxybenzol: $ClC_6H_4 \cdot N_2O \cdot C_6H_4Cl$: blaßgelb, mm′-Dijodazoxybenzol: $(JC_6H_4)_2N_2O$: gelb, pp′-Azoxyphenetol: $CH_3O \cdot C_6H_4 \cdot N_2O \cdot C_6H_4 \cdot OCH_3$: farblos.

6. Die Nitrosogruppe —N=O

übt äußerst starke chromophore Wirkungen aus, falls sie direkt an Kohlenstoff gebunden ist. Schon die aliphatischen echten Nitrosoverbindungen wie Nitrosotertiärbutan $ON \cdot C(CH_3)_3$ [1]) sind in Lösung oder in geschmolzenem Zustande, wo sie in monomolekularer Form vorhanden sind, tiefblau; Nitrosobenzol $ON \cdot C_6H_5$ ist unter gleichen Bedingungen grün, hier vereinigen sich die Wirkungen der Nitrosogruppe und der drei Äthylenverbindungen des Benzols, um die weitere Farbvertiefung nach Grün zu erzeugen.

Ferner sind hier die von Wallach[2]) und neuerdings von J. Schmidt[3]) untersuchten Alkylennitrosite und -nitrosate, z. B.

$$\underset{\text{NO} \quad \text{O·NO}}{CH_3—CH—C(CH_3)_2} \qquad \underset{\text{NO} \quad \text{O·NO}_2,}{CH_3 \cdot CH—C(CH_3)_2}$$

zu nennen, die ebenfalls von tiefblauer Farbe sind. Von komplizierteren Nitrosoverbindungen seien

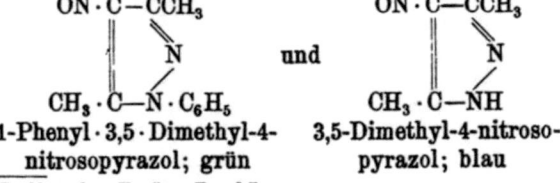

1-Phenyl·3,5·Dimethyl-4-nitrosopyrazol; grün   und   3,5-Dimethyl-4-nitrosopyrazol; blau

1) Beilstein, Ergänz.-Band I.
2) Ann. 241, 288; 322, 305.
3) Berl. Ber. 35, 2323; 35, 3721; 36, 1768.

aufgeführt[1]). Träger der Farbe sind in allen Fällen die C—N-Bindung sowie die Doppelbindung zwischen Stickstoff und Sauerstoff. Bekanntlich neigen manche aliphatische Nitrosokörper: R—N=O zur Polymerisation; in den bimolekularen farblosen Gebilden (RNO)$_2$ ist wahrscheinlich die Atomgruppierung:

$$R—N \overset{O}{\underset{O}{\diamond}} N—R$$

enthalten, die nicht mehr als Chromophor wirkt.

Die an Stickstoff gebundene Nitrosogruppe, z. B. in C$_6$H$_5$N · NO · CH$_3$, hat nur geringe farbgebende Eigenschaften. Verhältnismäßig gering ist ferner der Effekt der

7. Nitrogruppe NO$_2$,

der die Konstitution: $-N\overset{O}{\underset{O}{<}}$ bzw. $-N\overset{O}{\underset{O}{<}}|$ zukommt. Nitrobenzol absorbiert im Violett, Nitronaphtalin ist schwach gelblich und kann als Schulbeispiel für das Auftreten von Farbe gelten: Naphtalin absorbiert, wie früher erwähnt, im Ultraviolett, durch Einführung der Nitrogruppe rückt die Absorption ins Violett und Blau, die Substanz erscheint gelblich.

Neuerdings hat Stobbe[2]) den Einfluß der Nitrogruppe in der Fulgidreihe untersucht:

$$\begin{array}{c} (C_6H_5)_2C:C\cdot CO \\ | \qquad \qquad >O \\ C_6H_5\cdot HC:C\cdot CO \end{array} \qquad \begin{array}{c} (C_6H_5)_2C:C\cdot CO \\ | \qquad \qquad >O \\ NO_2\cdot C_6H_4\cdot CH,C\cdot CO \end{array}$$

α, δ, δ-Triphenylfulgid α-Nitrophenyl-δ, δ-diphenylfulgid.

In Lösung zeigt das p-Nitrotriphenylfulgid tiefrote Farbe, während die o- und m-Verbindungen schwächer farbig und ungefähr von gleicher Nuance sind wie die nichtnitrierte Verbindung.

Der chromophore Charakter der Nitrogruppe ist früher stark überschätzt worden; die schwach chromophore Wirkung der NO$_2$-Gruppe wird auch angesichts der Tatsache plausibel, daß die aliphatischen Nitrokörper wie CH$_3$NO$_2$, C$_2$H$_5$NO$_2$ im sichtbaren Spektrum keine Absorption zeigen. Die Farbigkeit des Nitrobenzols kommt somit eigentlich erst durch Zusammenwirken zweier Chromophore, des Benzolkernes und der Nitrogruppe, zustande.

---

1) Wolff, Ann. 825, 192.
2) Berl. Ber. 88, 4082, 1905.

8. Der Chromophor $=N=O$

mit vierwertigem Stickstoff ist nach Hantzsch[1]) in den besonders durch Raschigs[2]) Untersuchungen bekannt gewordenen Salzen der Stickoxyddisulfonsäure, z. B. $O:N:(SO_3K)_2$, enthalten, die im festen Zustande orange, in gelöstem violett sind; wahrscheinlich verdankt auch das braune Stickstoffdioxyd seine intensive Farbe der Anwesenheit dieses Chromophors, der nach Piloty[3]) auch die rote Farbe der Porphyrexide, z. B.

$$(CH_3)_2C-N=O$$
$$\begin{array}{c} | \\ HN=C-NH \end{array} \Big\rangle C=NH$$

bedingen soll.

Die übrigens weniger wichtige

9. Thiocarbonylgruppe $=C=S$

hat wesentlich stärkere chromophore Eigenschaften als ihr sauerstoffhaltiges Analogon: Thioacetophenon $C_6H_5 \cdot CS \cdot CH_3$ und Thiobenzophenon $C_6H_5 \cdot CS \cdot C_6H_5$ sollen blaue Öle darstellen[4]). Die Thioamide sind im Gegensatz zu den farblosen Sauerstoffverbindungen gelb, wie folgende Beispiele zeigen sollen:

$$\underset{S}{\overset{\|}{C_6H_5C}}-NHC_6H_5 \,^{5)} \qquad \underset{S}{\overset{\|}{C_6H_5C}}-NHC_6H_4CH_3 \,^{6)} \; : \text{gelb,}$$

$$\underset{S}{\overset{\|}{C_6H_5 \cdot C}}-N(C_6H_5)_2 \,^{6)} \; : \text{dunkelgelb.}$$

Auch Thiobenzamid gibt gelbe Lösungen.

10. Chromogene mit Carbonyl- und Äthylengruppen, chinoide Chromophore.

Eine beträchtliche Verstärkung erfahren die farbgebenden Eigenschaften der Carbonylgruppe durch gleichzeitige Anwesenheit

---

1) Berl. Berl. **28**, 2744.

2) Dammer, Handb. d. anorg. Chem.

3) Berl. Ber. **86**, 1283.

4) Berl. Ber. **28**, 895; **29**, 2974; Über Thioverbindungen aromatischer Ketone siehe ferner Manchot, Ann. **887**, 170.

5) Bernthsen, Lieb. Ann. **192**, 31.

6) Stieglitz, Berl. Ber. **22**, 3159.

von Doppelbindungen. Einen Beleg hierfür bilden die von Staudinger[1]) entdeckten Ketene, z. B.

$$(CH_3)_2C\!=\!C\!=\!O \quad \text{und} \quad (C_6H_5)_2C\!=\!C\!=\!O,$$

die gelbe Stoffe darstellen, ferner das gelbe Phoron:

$$(CH_3)_2C\!=\!CH\!-\!CO\!-\!CH\!=\!C(CH_3)_2,$$

in dem die Atomgruppierung:

$$\begin{array}{c} C\!=\!O \\ \diagup \quad \diagdown \\ HC \quad CH \\ \| \quad \| \\ >\!C \quad C\!< \end{array}$$

die Farbe hervorruft.

Daß die Atomgruppierung $-CO \cdot CH\!=\!CH-$ Farbe erzeugt,
hat schon vor längerer Zeit v. Kostanecki[2]) am Beispiel des
Chalcons I gezeigt, das im Gegensatz zu seinem farblosen
Reduktionsprodukt, Benzylacetophenon II, hellgelblich ist; man
könnte nun die Annahme für selbstverständlich halten, daß auch
die Atomgruppierung $\cdot CO \cdot C\!\equiv\!C-$ Farbigkeit bewirken müsse;
das ist aber nicht der

$$\begin{array}{ll} I & C_6H_5 \cdot CH\!=\!CH \cdot CO \cdot C_6H_5 \\ II & C_6H_5CH_2 \cdot CH_2 \cdot CO \cdot C_6H_5 \\ III & C_6H_5 \cdot C\!\equiv\!C \cdot CO \cdot C_6H_5 \end{array}$$

Fall, wie das von Nef studierte Beispiel des völlig farblosen
Benzoyl-phenylacetylens III zeigt.

Die sehr viel geringere Farbigkeit der Chalcone im Gegensatz
zu den Ketenen erklärt sich wohl ungezwungen durch die dichtere
Lagerung der farbgebenden Gruppen bei letzteren Verbindungen.

Auch das Pulegon:

$$\begin{array}{c} (CH_3)_2\,C \,:\, CO \,\cdot\, CH_2 \\ | \qquad\qquad | \\ CH_2 \cdot CH_2 \cdot C \cdot H \cdot CH_3, \end{array}$$

das eine dem Mesityloxyd ähnliche Konstitution besitzt, zeigt nach
Wallach[3]) Absorption im Violett.

An dieser Stelle sind ferner die Verbindungen vom Typus
des Dibenzalacetons:

$$R \cdot CH\!:\!CH \cdot CO \cdot CH\!:\!CH \cdot R$$

einzureihen, die mit einer Carbonylgruppe zwei Äthylengruppen

---

1) Berl. Ber. **38**, 1735; **39**, 968; **40**.
2) v. Kostanecki u. Roßbach, Berl. Ber. **29**, 1432.
3) Göttinger Nachrichten **1896**, 304.

verkoppelt enthalten[1]). Je nach der Natur der Gruppe R ändert sich die Farbe, worauf u. a. Stobbe[2]) aufmerksam machte; z. B.

Dibenzalaceton:

$$C_6H_5 \cdot CH : CH \cdot CO \cdot CH : CH \cdot C_6H_5 \qquad \text{hellgelb}$$

Körperfarbe

Dianisalaceton:

$$CH_3O \cdot C_6H_4 \cdot CH : CH \cdot CO \cdot CH : CH \, C_6H_4OCH_3$$

gelblichweiß
(Lösung
zitronengelb)

Dipiperonalaceton:

$$CH_2 \cdot O_2 \cdot C_6H_3 \cdot CH : CH \cdot CO \cdot CH : CH \cdot C_6H_3 \cdot O_2 \cdot CH_2 \quad \text{zitronengelb,}$$

Dicinnamylidenaceton:

$$(CH_5 \cdot CH : CH \cdot CH : CH)_2CO \qquad \text{goldgelb.}$$

Dem Dibenzalaceton verwandt ist das gelbe Dibenzalzyklopentanon[3]):

$$C_6H_5 \cdot CH = \overset{\displaystyle CH_2 - CH_2}{\underset{}{C} - CO - C} = CH \cdot C_6H_5,$$

in dem durch die zyklische Verkettung der beiden Äthylenchromophore durch die Gruppe —CH_2—CH_2 eine weitere Vertiefung der Farbe im Vergleich zum Dibenzalaceton erfolgt ist.

Wie die Kombination von Äthylen- mit Carbonylgruppen, so wirken erstere im Verein mit stickstoffhaltigen Gruppen (—C:N· bzw. C·N=) häufig farberregend; einfachere Beispiele liegen in den S. 24 genannten Schiffschen Basen, z. B. Benzophenonphenylimin, vor, in dem die Wirkung der C:N-Gruppe durch die Äthylenbindungen des Benzolringes unterstützt wird. Von komplizierteren Fällen dürften manche Cinnamylidenverbindungen wie die gelbe Cinnamylidenanthranilsäure[4]) I, sowie Chinolingelb II zu nennen sein,

$$C_6H_5 \cdot CH : CH \cdot CH : N \cdot C_6H_4 \cdot COOH$$
I

II

1) Claisen, Lieb. Ann. **223**, 137; v. Baeyer u. Villiger, Berl. Ber. **35**, 1192, 3022; v. Kostanecki, Berl. Ber. **31**, 728.

2) Lieb. Ann. **370**, 93, woselbst auch die Literatur vollständig gegeben wird.

3) Lit. bei Stobbe, l. c.

4) Pawlewski, Berl. Ber. **37**, 595.

wobei zu beachten ist, daß in letzter Verbindung die C:N-Gruppe in zyklischer Anordnung vorhanden ist.

In dem bekannten roten Chinolinketonfarbstoff von Besthorn und Ibele[1])

$$\begin{array}{ccc} CH & & CH \\ & CH & HC \\ & & \\ & C-C-C & \\ N & O & N \end{array}$$

dürfte die Kombination der Carbonyl- mit der C:N-Gruppe das farbbedingende Prinzip darstellen.

Denken wir uns im Phoron die endstelligen Kohlenstoffatome durch eine weitere CO-Gruppe zum Ringe geschlossen, so gelangen wir zum p-Chinon (I), dessen Farbigkeit durch die gleichzeitige

$$\begin{array}{cc} C=O & CH \\ HC \quad CH & HC \quad C=O \\ HC \quad CH & HC \quad C=O \\ C=O & CH \\ I & II \end{array}$$

Wirkung zweier C=O- und zweier HC=CH-Gruppen plausibel erscheint. Auf Grund der früheren Überlegungen ist auch die tiefere Farbe des durch Willstätters[2]) Untersuchungen genauer bekannt gewordenen o-Chinons (II) im Gegensatz zum p-Chinon nicht weiter rätselhaft, denn in ersterem sind beide Chromophore, sowohl die beiden CO- als auch CH=CH-Gruppen in größerer Nähe. Von Derivaten der o-Chinone seien die von Zincke studierten intensiv roten Tetrachlor- und Tetrabrom-o-Benzochinone erwähnt. Die chinoide Atomgruppierung, die sich durch die Formeln

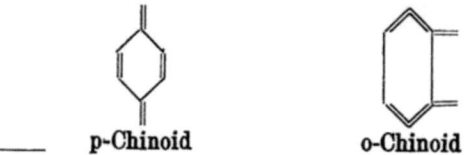

p-Chinoid   o-Chinoid

1) Berl. Ber. **37**, 1237.
2) Berl. Ber. **37**, 4744.

veranschaulichen läßt, wird bekanntlich im Sinne der Chromophor-
theorie als letzter Grund für die Farbigkeit selbst komplizierter
Farbstoffe angesehen; hier muß auf die einschlägigen Arbeiten
Nietzkis, Bernthsens, Kehrmanns u. a. hingewiesen werden[1]).

In der Naphtalinreihe sind die o-Chinone schon seit längerer
Zeit bekannt; es sei an folgende Verbindungen erinnert:

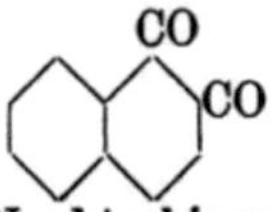

β-Naphtochinon,   3,4-Dichlornaphtochinon,
rote Nadeln,   rote Blättchen.

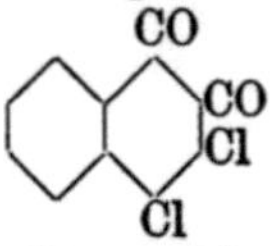

Durch Untersuchungen von Zincke und besonders von Willstätter
sind ferner Chinone bekannt geworden, die sich vom Diphenyl,
Dibenzyl und anderen Kohlenwasserstoffen ableiten. Dipheno-
chinon selbst[2])

kommt in zwei verschiedenen Formen, in einer roten, chromsäure-
ähnlichen und einer gelben, vor und gibt gelbe Lösungen. Ein
schon länger bekanntes Derivat des Diphenochinons liegt im Cedriret:

$$(CH_3O)_2C_6H_2 : O$$
$$\|$$
$$(CH_3O)_2C_6H_2 : O$$

vor.

Von Derivaten des Stilbenchinons[3]):

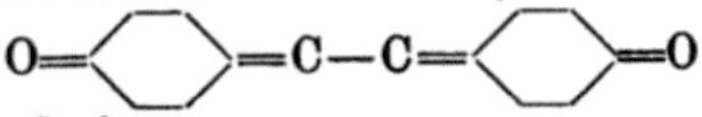

sei das Tetrachlorderivat:

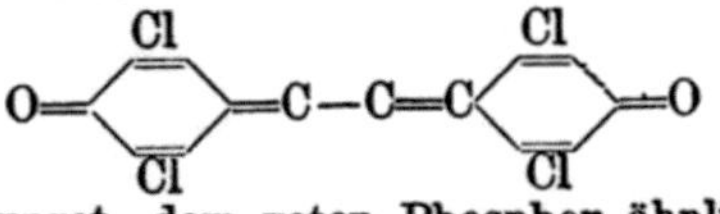

(braunrot, dem roten Phosphor ähnlich)
genannt, das mit Alkali grüne Anlagerungsprodukte bildet.

Die Existenz des Amphi-Naphtochinons:

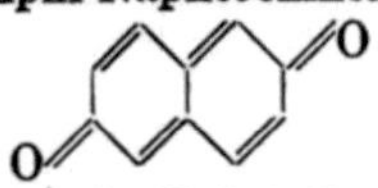

1) S. z. B. Nietzki, Organische Farbstoffe.
2) Willstätter u. Kalb, Berl. Ber. 88, 1232.
3) Zincke u. Fries, Ann. 825, 11, 44; Zincke u. Münch, Ann. 335, 157.

dessen Entdeckung man Willstätter[1]) verdankt, beweist ferner, daß sich eine p-chinoide Struktur auch über zwei Ringe erstrecken kann.

Wird in den Chinonen die Carbonylgruppe durch die Atomgruppierung: $CH_2{=}C{<}$ resp. $CR_2{=}C{<}$ ersetzt, so bleibt, weil der ungesättigte Charakter des Moleküls nicht verringert wird, die Farbe der Verbindung bestehen, was durch die Existenz der sog. Chinomethane und Substitutionsprodukte derselben bewiesen wird. Von p-Verbindungen sei hier das goldgelbe Diphenylchinomethan (Fuchson):

$$\begin{matrix} C_6H_5 \\ C_6H_5 \end{matrix}{>}C{=}C{<}\begin{matrix} CH{=}CH \\ CH{=}CH \end{matrix}{>}C{=}O$$

Bistrzyckis[2]) genannt, dessen p-Dioxyderivat das bekannte Aurin darstellt. Von o-Verbindungen möge das von Fries[3]) erhaltene 1·2-Naphtomethylenchinon:

Erwähnung finden.

Durch zweimaligen Ersatz der Sauerstoffatome der Chinone durch $(CR_2)''$ gelangt man zu den durchwegs farbigen „chinoiden Kohlenwasserstoffen". Die Darstellung der Stammsubstanz p-Xylylen:

$$CH_2 : C_6H_4 : CH_2$$

steht noch aus, wohl aber sind Derivate erhalten worden, z. B. das orangefarbige Tetraphenyl-p-xylylen[4]):

$$(C_6H_5)_2C : C_6H_4 : C(C_6H_5)_2 ;$$

andere Verbindungen dieser Gruppe sind neuerdings von Staudinger[5]) aus den Ketenen dargestellt worden. Ein chinoider Kohlenwasserstoff liegt wahrscheinlich auch in dem gelben Pyren vor, dem folgende Struktur zugeschrieben wird[6]):

---

1) Willstätter u. Parnaß, Berl. Ber. **40**, 1406.
2) Berl. Ber. **86**, 2335.
3) Fries u. Hübner, Berl. Ber. **89**, 435.
4) Zincke und Ballhorn, Berl. Ber. **87**, 1463.
5) Berl. Ber. **41**, 1355, 1493; **42**, 4249.
6) Bamberger u. Philip, Lieb. Ann. **240**, 147; Goldschmiedt, Lieb. Ann. **851**, 218.

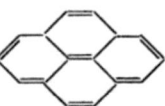

Auch die Fulvene enthalten die für die Chinone charakteristische Atomgruppierung:

$$>C=C\begin{array}{c} C=C \\ | \quad | \\ C=C \end{array}$$

sie sind nach Thiele gewissermaßen „halbe Chinone". Eine „halbchinon"artige Struktur nimmt Stobbe[1] in den Chrysoketoncarbonsäuren an, z. B. der Allochrysoketoncarbonsäure, die sich von folgendem Keton ableitet:

und die intensiv bordeauxrote Farbe besitzt. Die Farbigkeit der Fulgide, der Anhydride der Fulgensäuren führt der gleiche Autor[2] darauf zurück, daß diese Verbindungsklasse als Doppelchinoide und

$$\begin{array}{cc} R_2C=C-C=O & H_2C-CH_2 \\ | \qquad \searrow O & | \qquad \searrow O \\ R_2C=C-C=O & H_2C-CH_2 \\ \text{Fulgide} & \text{Tetrahydrofuran} \end{array}$$

zwar als p- und o-Chinone des Tetrahydrofurans anzusehen sind, und erblickt als Träger der Fulgidfarbe die vier benachbarten ringförmig angeordneten ungesättigten Radikale.

Sehr häufig finden wir chinoide Atomgruppierungen innerhalb eines Ringsystems. Als o-Chinoide seien genannt:

Akridin   Phenazin

Von p-Chinoiden erwähnen wir:

1) Berl. Ber. **40**, 3383, 1907; vgl. Graebe u. Gnehm, Lieb. Ann. **335**, 119, 1904.

2) Lieb. Ann. **349**, 361.

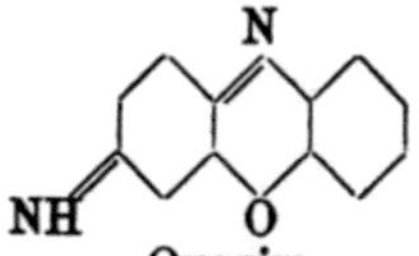

Oxazim 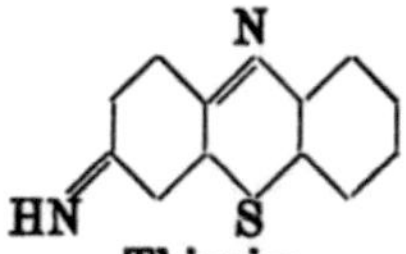   Thiazim 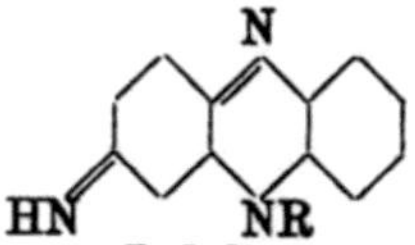   Indulin

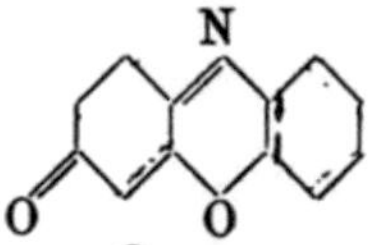

Oxazon 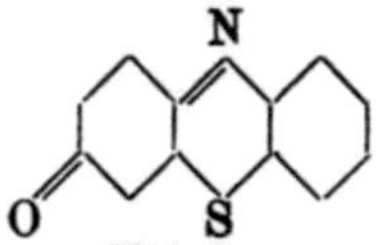   Thiazon 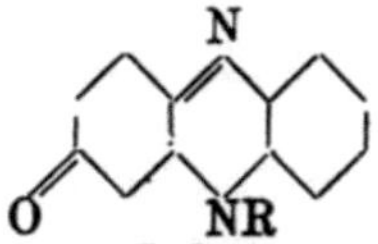   Indon

Wie die umfassenden Untersuchungen von O. Fischer und Hepp, Bernthsen, Kehrmann, Nietzki, Witt u. a. gelehrt haben, leitet sich von diesen Ringsystemen eine große Zahl der wichtigsten Farbstoffe ab, auf die einzugehen außerhalb des Rahmens dieser Betrachtungen liegt. (Nach neueren Untersuchungen gehören allerdings einige der zuletzt genannten Chinoide der o-Reihe an.)

Es erscheint immerhin auffällig, daß die von Zincke, Auwers und Bamberger studierten Chinole[1]), z. B.

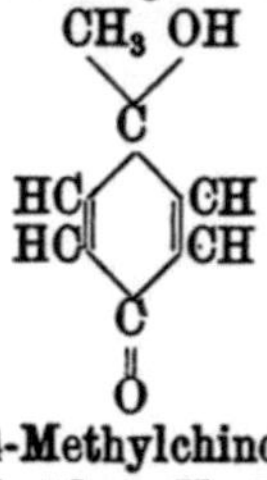

4-Methylchinol 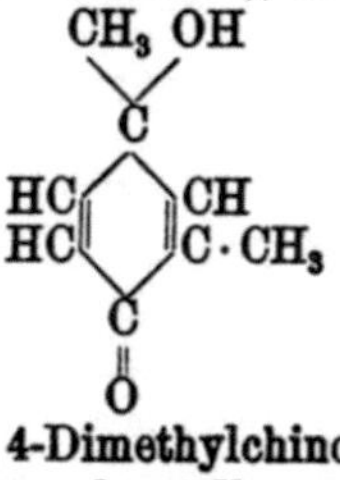   2-, 4-Dimethylchinol 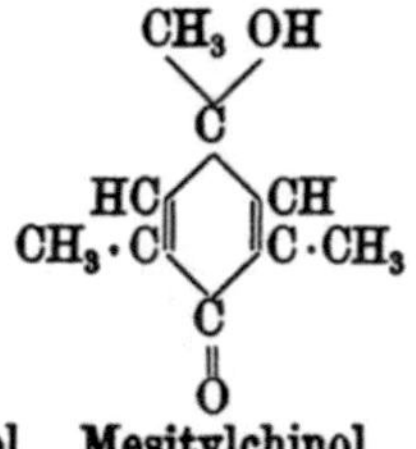   Mesitylchinol

völlig farblose Verbindungen darstellen, obwohl sie ebenfalls drei Doppelbindungen in derselben Anordnung wie im Fulven enthalten und halbe Chinone genannt werden könnten. In dieser Beziehung sind die Chinole auch mit den ebenfalls farblosen Pyronen, z. B.

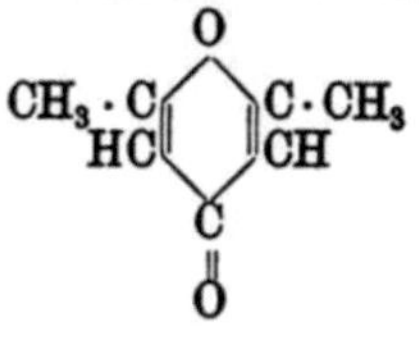

Dimethylpyron

---

1) Siehe besonders Berl. Ber. **33**, 3600 ff.; ferner Berl. Ber. **40**, 1893, woselbst weitere Literatur.

vergleichbar. Wahrscheinlich dürfte in den Chinolen die Carbonylgruppe durch die gleichzeitige Anwesenheit der Hydroxylgruppe
modifiziert worden sein[1]), worüber wohl eine genaue spektroskopische Untersuchung Aufklärung geben würde.

Zur Konstitution der Chinone.

Der in diesem Bericht bisher benutzten Chinonformel I (Ketonformel) wurde früher als gleichberechtigt eine andere, die Super-
oxydformel II, an die Seite gestellt, die u. a. den leichten Übergang der Chinone in wahre Benzolverbindungen, z. B. bei der
Reduktion versinnbildlichen sollte; später wurde der Ketonformel
der Vorzug gegeben.

Durch die wertvolle Entdeckung von Willstätter und F. Müller[2])
müssen jetzt wieder beide Formeln zur Diskussion gestellt werden.
Diese Forscher fanden nämlich, daß o-Benzochinon in zwei Formen
existiert, einer primär (durch vorsichtige Oxydation von Brenz-
katechin) entstehenden farblosen „benzoiden" und einer roten
Form, die sich durch Umlagerung aus jener bildet und in der sie
eine „chinoide" Struktur annehmen:

benzoid,   chinoid,
farblos   farbig

Durch die Realisierung dieser Isomerie- bzw. Desmotropie-Er-
scheinung werden zweifellos eine große Zahl von Beobachtungen
über Farbe bei Chinoiden verständlich, so z. B. die Tatsache, daß
manche Abkömmlinge chinoider Verbindungen farblos oder wenig-

---

1) Vgl. die Ansichten von Baly, Collie und Watson über die Konstitution der Pyrone. Journ. Chem. Soc. **95**, 146.
2) Berl. Ber. **41**, 2580, 1908.

stens schwächer farbig sind, als man nach Analogien annehmen sollte. In diesem Zusammenhange sollen schon jetzt kurz einige Beobachtungen über

Chinonimine

erwähnt werden.

Nach dem früheren [1]) sollten wir erwarten, daß Ersatz des Sauerstoffs durch die äquivalente Gruppe (NR)'' die Farbigkeit des Chinons erhöhen würde; in der Tat ist Chinondiphenylimid:

$$C_6H_5N = \langle\!\!\!\!\!\bigcirc\!\!\!\!\!\rangle = NC_6H_5$$

braunrot, hingegen sind die einfachsten Chinonimine wie

$$NH : C_6H_4 : NH \quad \text{und} \quad O : C_6H_4 : NH$$

farblos, Chinondimethylimin: $CH_3N : C_6H_4 : NCH_3$ ist im festen Zustande farblos und nur in Lösung hellgelb; auch die Salze der einfachen Chinonimide wie $NH : C_6H_4 : NH_2Cl$ sind nach Willstätter [2]), dem man diese Untersuchungen verdankt, farblos. Diese Tatsachen müssen überraschen, da manche Chinonimoniumsalze wie

$$HN : C_6H_4 : N(CH_3)_2Cl$$

farbig sind. Vielleicht lassen sich diese Tatsachen zum Teil auf Grund einer feineren Isomerie innerhalb des Moleküls des Chinondiimids ähnlich der des Benzochinons plausibel machen. Auf eine andere, neuerdings von Willstätter aufgestellte Erklärung soll später im Zusammenhange mit anderen Erscheinungen eingegangen werden.

11. Selbständige und unselbständige Chromophore.

Bei einer Durchmusterung der verschiedenen Chromophore fällt es auf, daß manche schon in Verbindung mit den denkbar indifferenten Gruppen, nämlich Alkylen, denen nur äußerst geringe optische Wirkungen zukommen, im Sichtbaren absorbierende Chromogene zu liefern vermögen, daß eine zweite Gruppe von Chromophoren hingegen erst durch Verkettung und bestimmte Anordnung mit anderen ebenfalls chromophoren Atomkomplexen farbige Verbindungen erzeugen. Kauffmann [3]), der auf diesen Unterschied zuerst aufmerksam machte, nennt Chromophore der ersten Art selb-

---

1) Siehe S. 24.
2) Berl. Ber. **37**, 1494, 3761, 4605; **38**, 2244; vgl. Willstätter u. P. Piccard, Berl. Ber. **41**, 1462, 3245; **42**, 1902.
3) Berl. Ber. **40**, 2341.

ständige, die der zweiten Art unselbständige. Zu den selbständigen Chromophoren gehört z. B. die Azogruppe und die Nitrosogruppe, wie die Existenz der rein aliphatischen farbigen Nitroso-
und Azoverbindungen beweist. Zu den unselbständigen Chromophoren gehört die Carbonyl- und Äthylengruppe, die erst in
gegenseitiger Bindung, wie in den Chinoiden, Farbe erzeugen.
Wenn diese Einteilung auch einen Gegensatz zwischen Chromogenen schafft, die im sichtbaren und unsichtbaren Gebiet des Spektrums absorbieren, der, wie des öfteren hervorgehoben, praktisch
nicht existiert, so bietet sie doch manche Vorteile für die Systematik, wir werden bei der theoretischen Behandlung der Chromophore darauf zurückkommen.

12. Farbe und isozyklische Ringbildung.

Wie früher beiläufig erwähnt, wird die chromophore Wirkung
gewisser Gruppen häufig durch gleichzeitige Ringschließung unterstützt. Wie eine Untersuchung Stobbes[1] an der Hand eines
großen Materials aber erwiesen hat, tritt bei kohlenstoff-, wasserstoff- und sauerstoffhaltigen Verbindungen Farbvertiefung nur
dann auf, wenn eine isozyklische Gruppierung entsteht, z. B.

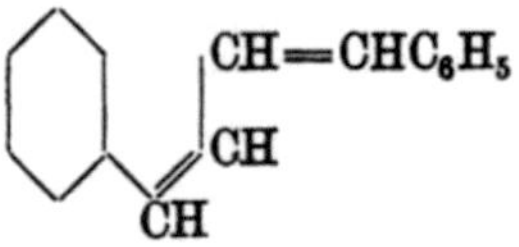

α-δ-Diphenylbutadien,
farblos,

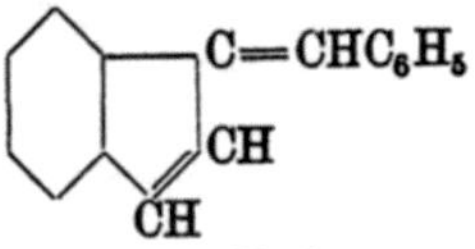

Benzalinden,
gelb.

Entsteht jedoch eine heterozyklische Gruppierung (wo neben
Kohlenstoff noch Sauerstoff als Ringglied fungiert), so tritt
Farberhöhung auf, z. B.

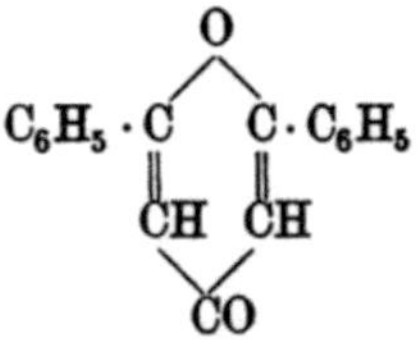

Diphenylpyron, farblos,

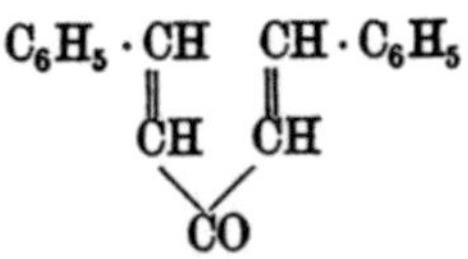

Dibenzalaceton, gelb.

Schließlich sei an das schon länger bekannte Beispiel:

---

1) Lieb. Ann. **349**, 349.

Tetraphenyläthylen, farblos,   Bibisphenylenäthen, rot,
erinnert, wo durch die zweimalige Ringschließung die chromophoren Wirkungen der mittleren Äthylenbindung in ganz auffälliger
Weise erhöht werden.

Es darf jedoch nicht unerwähnt gelassen werden, daß die oben
genannte Regel nicht ohne Ausnahme ist und häufig auch hetero-
zyklischer Ringbildung farbvertiefende Wirkung zukommt.

13. Farbe und Konfiguration.

Gibt der spezielle Bau der chromophoren Gruppe zur Bildung
mehrerer stereoisomerer Formen Veranlassung, so treten, wie
neuere Untersuchungen gezeigt haben, bei den beiden Stereomeren
häufig Farbdifferenzen auf. So u. a. bei folgenden geometrischisomeren Äthylenverbindungen, die stereoisomer sind im Sinne der
Schemata:

$$R \cdot C \cdot H \qquad\qquad R \cdot C \cdot H$$
$$\| \quad \text{Cisverbindung} \qquad \| \quad \text{Transverbindung}$$
$$R_1 \cdot C \cdot H \qquad\qquad H \cdot C \cdot R_1$$

1. Diäthoxynaphtostilbene [1] $C_2H_5O \cdot C_{10}H_6 \cdot CH : CH \cdot C_{10}H_6 \cdot$
   OC_2H_5, höher schmelzend, labil, farblos; tiefer schmelzend,
   gelbe Tafeln.
2. Benzaldesoxybenzoine [2] $C_6H_5CO \cdot CC_6H_5 : CHC_6H_5$, höher
   schmelzend, farblos; tiefer schmelzend, gelb.
3. Dibenzoyläthylene [3] $C_6H_5CO \cdot CH : CH \cdot COC_6H_5$, höher schmelzend, farblos; tiefer schmelzend, intensiv gelb.

Auch bei verschiedenen geometrisch isomeren Diazoverbindungen [4] sind derartige Differenzen aufgefunden, z. B.

4. $C_6H_5 \cdot N$ $C_6H_5 \cdot N$
      $\|$ $\|$
      $KSO_3 \cdot N$ $N \cdot SO_3K$

syn-Benzoldiazosulfonat, orange; anti-Benzoldiazosulfonat, gelb.

In letzterem Falle kommt dem labilen Isomeren, d. h. der
Form mit höherem Energieinhalte, welche die Tendenz hat, sich in

---

1) Elbs, Journ. f. prakt. Chem. 47, 72.
2) Stobbe u. Niedenzu, Berl. Ber. 34, 3897.
3) Paal u. Schulze, Berl. Ber. 38, ,8795; 85, 168.
4) Hantzsch, Berl. Ber. 27, 1702 ff.

die stabile Form umzuwandeln, die tiefere Farbe zu, doch hat diese Regel durchaus keine allgemeine Gültigkeit. Weiteres über die Absorption stereoisomerer Verbindungen der Benzolreihe s. Kap. IX.

14. Chemische Natur der Chromophore.

Zusammenfassend kann man den Satz aufstellen, daß die Chromophore, strukturchemisch gesprochen, durchwegs Doppelbindungen oder mehrfache Bindungen enthalten, d. h. ungesättigte Gruppen darstellen, und daß an den Stellen der Doppelbindungen, den „Lücken im Molekül", der Sitz für die Entstehung der Farbe zu suchen ist. Mit wenigen Ausnahmen, wie der aliphatischen Nitrosoverbindungen, enthalten die im sichtbaren Spektrum absorbierenden Verbindungen mehrere Chromophore, d. h. mehrere Zentren der Lichtabsorption, die, wie später zu begründen sein wird, in der Regel auch nicht voneinander unabhängig sind. Werden diese Doppelbindungen in einfache Bindungen übergeführt (z. B. durch Reduktion), d. h. die Lücken ausgefüllt, so verschwindet gleichzeitig die Farbe; die farbigen ungesättigten Stoffe (Chromogene) gehen in die farblosen, d. h. nicht mehr im sichtbaren Spektrum absorbierenden gesättigten Stoffe (Leukoverbindungen) über. Einige Beispiele mögen das belegen:

Chromogen:	Leukoverb.:
C_6H_5—N=N—C_6H_5	C_6H_5NH—NHC_6H_5
Azobenzol	Hydrazobenzol
C_6H_5—N=O	C_6H_5—N·H·OH
Nitrosobenzol	Phenylhydroxylamin
	C_6H_5—NH_2
	Anilin
O=C_6H_4=O	HO·C_6H_4·OH
Chinon	Hydrochinon
O : C_6H_4 : C_6H_4 : O	HO·C_6H_4·C_6H_4·OH
Diphenochinon	Diphenol
C_6H_5·CO·CO·CO·C_6H_5	C_6H_5·CO·CH_2·CO·C_6H_5
Diphenyltriketon	Dibenzoylmethan

Als weitere Beispiele für das Farbloswerden der Verbindungen, falls Doppelbindungen in einfache Bindungen übergeführt werden, mögen folgende genannt werden [1]):

---

1) J. Schmidt u. H. Wagner, Berl. Ber. 48, 1796.

$$\left.\begin{array}{c} C_6H_4 \\ C_6H_4 \end{array}\right\rangle C=O$$

Fluorenon, gelb

$$\left.\begin{array}{c} C_6H_4 \\ C_6H_4 \end{array}\right\rangle CCl_2$$

9-, 9-Dichlorfluoren, farblos

$$\begin{array}{c} C_6H_4 \\ | \\ C_6H_4 \end{array}\!\!\!>\!C=C\!<\!\!\!\begin{array}{c} C_6H_4 \\ | \\ C_6H_4 \end{array}$$

Dibiphenylenäthylen,
rot

$$\begin{array}{c} C_6H_4 \\ | \\ C_6H_4 \end{array}\!\!\!>\!CCl—CCl\!<\!\!\!\begin{array}{c} C_6H_4 \\ | \\ C_6H_4 \end{array}$$

Dibiphenylendichloräthan,
farblos

Schließlich ist zu beachten, daß diese Ausführungen über Chromogene und Leukoverbindungen nicht auf das sichtbare Spektrum beschränkt bleiben, sondern auch für das ultraviolette Gebiet Gültigkeit besitzen, denn der Übergang zwischen beiden ist ein völlig kontinuierlicher; es gilt hier, wie überall in der Natur: natura non facit saltum. Wie schon hervorgehoben, ist die wichtigste im weiteren Sinne farbige Verbindung das drei Äthylengruppen in symmetrischer Anordnung enthaltende Benzol. Auch diesem im

$$\begin{array}{c} CH \\ HC \diagup \diagdown CH \\ HC \diagdown \diagup CH \\ CH \end{array}$$

$$\begin{array}{c} CH_2 \\ H_2C \diagup \diagdown CH_2 \\ H_2C \diagdown \diagup CH_2 \\ CH_2 \end{array}$$

Ultraviolett stark absorbierendem „Chromogen" entspricht eine „Leukoverbindung", das Hexahydrobenzol, dessen Absorption zum Unterschied von der des Benzols erst in weit ferneren Regionen des Ultravioletts liegt.

Welche Ansichten man sich über die in den Chromophoren stattfindenden und zu einer Lichtabsorption führenden Vorgänge auf Grund gewisser atomistisch-elektrischer Vorstellungen gemacht hat, soll in einem der nächsten Kapitel besprochen werden.

V. Farbänderung durch Einführung neuer Gruppen. Bathochrome und hypsochrome Gruppen. Auxochrome.

Sämtliche bisher besprochenen Chromophore enthaltenden Verbindungen, die man nach Witt als Chromogene bezeichnet, verändern durch Einführung bestimmter Radikale ihre Farbe, die bald erhöht, bald vertieft wird. Fast alle Chromogene sind jedoch verhältnismäßig reaktionsfähige Stoffe, die durch chemische Eingriffe mehr oder weniger leicht verändert werden. Es ist deshalb zu unterscheiden, ob durch Einführung der neuen Gruppe eine intramolekulare Umlagerung erfolgt, so daß die Farbänderung, die dann in der Regel diskontinuierlich verläuft, auf der Bildung eines ganz neuen, meist chinonähnlichen Chromophors beruht, oder ob die Einführung der neuen Gruppe einen weniger energischen Eingriff in das Molekül des Chromogens bedeutet. Doch werden auch in diesen Fällen die Gruppen häufig nicht durch ihre Gegenwart allein, durch eine bloße Fernwirkung sich betätigen, sondern es wird ein Affinitätsaustausch zwischen den neu eingeführten, ebenfalls reaktionsfähigen Gruppen (NH_2, OH usw.) und gewissen anderen Atomkomplexen im Chromogen anzunehmen sein, auf den wir noch später zurückkommen werden. In der Mehrzahl dieser Fälle haben wir es mit der Wirkung von bathochromen und hypsochromen Gruppen zu tun. Von diesen verdienen die Amino- und Hydroxylgruppen eine besondere Erwähnung, die von Witt in seiner Farbstofftheorie zuerst als auxochrome Gruppen erkannt wurden, und die die Farbe des Chromogens vertiefen. Eine ähnliche Wirkung kommt den substituierten Gruppen, z. B. $N(CH_3)_2$ und $N(C_2H_5)_2$ zu. Außer der bloßen farbvertiefenden Wirkung besitzen bekanntlich diese Gruppen noch die den Farbchemiker interessierende Fähigkeit, das Chromogen in den Farbstoff zu verwandeln, d. h. eine Verbindung, die vermöge basischer oder saurer Eigenschaften Verwandtschaft zu Faserstoffen bekundet.

Im allgemeinen wird jede in das farbige Molekül eintretende Gruppe 1. die Absorptionsgrenzen verschieben, 2. die Extinktion in bestimmten Regionen des Spektrums verändern. Die Verschiebung der Absorptionsgrenzen wird man zweckmäßig als bathochrome bzw. hypsochrome Wirkungen bezeichnen und für die Veränderung der Farbintensität die Bezeichnungen auxochrom und diminochrom reservieren [1]).

Von H. Kauffmann [2]) sind eingehend die auxochromen Wirkungen der Amino- und Hydroxylgruppe bei verschiedenen Chromogenen behandelt worden; es soll auf einige wichtige, z. T. auch schon früher hervorgehobene Fälle näher eingegangen werden.

Aminogruppe. Von amidierten Kohlenwasserstoffen, die im Gegensatz zu den farblosen als Chromogen fungierenden Stammsubstanzen gelb sind, seien genannt:

1) Vgl. die analoge Terminologie bei der Wirkung der Gruppen auf Fluoreszenz. Ley u. v. Engelhardt, Ztschr. f. phys. Chem. 74, 1.
2) Die Auxochrome. Stuttgart 1907. Sammlung F. B. Ahrens.

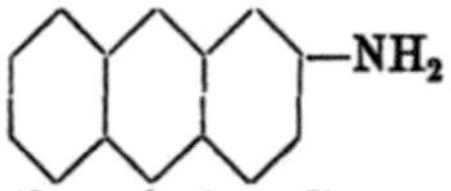

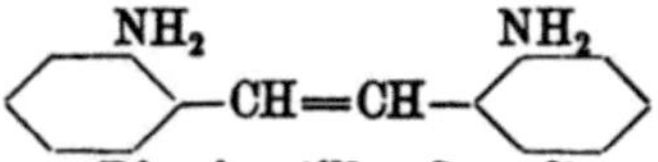

—NH$_2$

Anthramin [1]), gelb

NH$_2$ —CH=CH— NH$_2$

o-Diaminostilben [2]), gelb

Der Ersatz eines Wasserstoffatoms im farblosen Chinazolin hat ebenfalls die Entstehung einer in Blau absorbierenden Verbindung [3]) zur Folge:

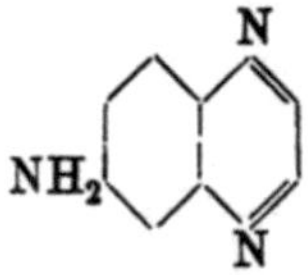

NH$_2$

N

N

3-Aminochinazolin, gelb

Die Einführung der Aminogruppe in das fast farblose Nitrobenzol erzeugt in allen drei Stellungen die intensiv farbigen Nitroaniline (vgl. S. 91). Sehr stark auxochrome Wirkungen entfalten die Aminogruppen sowie die substituierten Aminogruppen bei der Einführung in die Chinone, Tetramethyldiaminochinon [4]) bildet rote Tafeln.

Anthrachinon und Phenanthrenchinon sind gelb bzw. orange, die Aminoderivate rot bis violett [5]).

Hydroxylgruppe. Auxochrome Eigenschaften entfaltet die Hydroxylgruppe in Derivaten der Chinone, so in dem roten Tetraoxybenzochinon (I) dem violettschwarzen

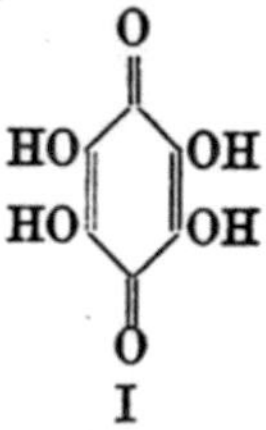

O

HO OH
HO OH

O

I

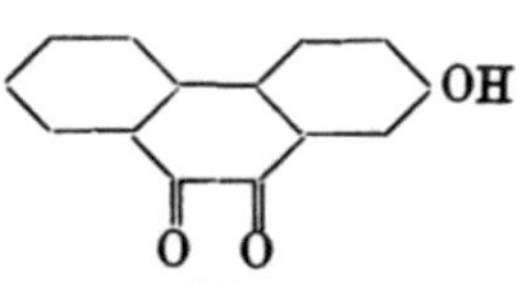

OH

O O

II

O

OH
OH

O

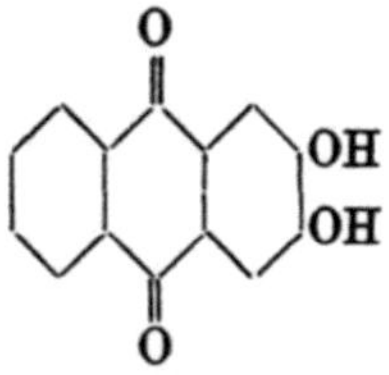

III

2-Oxyphenanthrenchinon (II) und dem roten Chinizarin (III).

Weitere Belege finden sich in den ausgedehnten Arbeiten v. Kostaneckis und seiner Schüler [6]) über hydroxylierte Chalcone

---

1) Liebermann, Lieb. Ann. **212**, 57.

2) Thiele u. Dimroth, Berl. Ber. **28**, 1411.

3) Morgan, Journ. Chem. Soc. **85**, 1230, 1904.

4) Kehrmann, Berl. Ber. **28**, 905.

5) Siehe z. B. Liebermann, Lieb. Ann. **212**, 61; Werner, Lieb. Ann. **321**, 338.

6) Berl. Ber. **29**, 233; **30**, 2138; **31**, 715; siehe auch Kayser, Handb. III, S. 288.

und Flavone. Das hellgelbliche Benzalacetophenon geht durch Einführung einer Hydroxylgruppe in Orthostellung in die gelben Oxychalcone über:

$$HO \cdot C_6H_4 \cdot CO \cdot CH : CH \cdot C_6H_5$$
$$C_6H_5 \cdot CO \cdot CH : CH \cdot C_6H_4 \cdot OH.$$

Eine weitere Farbvertiefung erleiden manche hydroxylierte Chromogene bei der Salzbildung (K-, Na-Salze). Oxyazobenzolnatrium $C_6H_5N : N \cdot C_6H_4 \cdot ONa$ ist z. B. dunklerfarbig als das freie Oxyazobenzol[1]), die soeben erwähnten Oxychalcone liefern orangegelbe Alkalisalze.

Der auxochrome Einfluß der Oxyalkylgruppen (OCH_3, OC_2H_5) ist in der Regel gering, die Nitroanisole sind nur schwach gelb gegenüber dem tiefgelben o-Nitrophenol; in einigen Fällen können jedoch auch Oxyalkylgruppen farbvertiefend wirken, wie im gelben Nitrohydrochinonäther $C_6H_3 \cdot NO_2 \cdot (OCH_3)_2$.

Die Auxochrome in zyklischer Bindung.

Besonders kräftig scheint die Wirkung der auxochromen Gruppen und besonders der Aminogruppe zu sein, wenn sie mit dem Chromophor ringförmig verbunden sind wie im Indigo[2])

$$C_6H_4 \begin{matrix} CO \\ NH \end{matrix} C = C \begin{matrix} CO \\ NH \end{matrix} C_6H_4,$$

wo die Gruppen: —CO—C=C—CO— die Rolle der Chromophore spielen; ferner in den durch Friedländers[3]) Untersuchungen bekannt gewordenen ebenfalls stark farbigen Analogen des Indigos, wie

$$C_6H_4 \begin{matrix} CO \\ O \end{matrix} C = C \begin{matrix} CO \\ O \end{matrix} C_6H_4$$

und

$$C_6H_4 \begin{matrix} CO \\ S \end{matrix} C = C \begin{matrix} CO \\ S \end{matrix} C_6H_4.$$

Auch Isatin: $C_6H_4 \begin{matrix} CO \\ NH \end{matrix} CO$ und Akridon: $C_6H_4 \begin{matrix} CO \\ NH \end{matrix} C_6H_4$

dürften hier zu nennen sein.

---

1) Vgl. Kap. XIII (auch das im Ultraviolett absorbierende Phenol wird durch Salzbildung tieferfarbig).

2) R. Scholl, Berl. Ber. **36**, 3426.

3) Berl. Ber. **30**, 1077; **32**, 1837; **39**, 1060; Wien. Monatsh. **29**, 358.

Dem Sauerstoff in zyklischer Verkettung sind ebenfalls gewisse auxochrome Wirkungen eigen, doch scheinen diese wesentlich geringer zu sein.

_____

Wie schon hervorgehoben wurde, hat natürlich jeder Substituent einen bestimmten Einfluß auf die Lichtabsorption eines Chromogens; doch ist dieser bei den Amino- und Hydroxylgruppen in der Regel besonders erheblich. Von den übrigen Gruppen sei erwähnt, daß Alkyle und Aryle bathochrom wirken; bekanntlich verschiebt sich bei manchen Farbstoffen, z. B. der Triphenylmethanreihe durch Einführung mehrerer dieser Gruppen die Farbe nach Blau (Regel von Nietzki).

Auch den Halogenen scheint häufig ein bathochromer Einfluß zuzukommen; durch Einführung zweier Bromatome in das Anthracen entsteht eine tiefgelbe Verbindung; ebenso wirkt häufig das Jod; als Beispiel sei das gelbe o-Jodnitrobenzol $C_6H_4 \cdot J \cdot NO_2$ angeführt. Man könnte natürlich in diesem Falle auch von einer chromophoren Wirkung des Jods [1]) sprechen, wie denn eine strenge Unterscheidung zwischen Chromophoren und auxochromen (bzw. bathochromen) Gruppen häufig schwierig ist.

Schließlich sei erwähnt, daß den Acylen, z. B. CH_3CO und C_6H_5CO, durchwegs hypsochrome Eigenschaften zukommen, durch Acetylierung des gelben o-Nitranilins entsteht das farblose Acetylderivat $C_6H_4 \cdot NO_2 \cdot NH \cdot COCH_3$; dem gelben Anthramin steht das

farblose Acetanthramin $C_6H_4 \big\langle\!\!\begin{smallmatrix} CH \\ | \\ CH \end{smallmatrix}\!\!\big\rangle C_6H_3NH \cdot COCH_3$ gegenüber.

Auch die Einführung der Acetyl- oder Benzoylgruppe in Verbindungen mit auxochromer Hydroxylgruppe läßt in der Regel farblose oder schwachfarbige Derivate entstehen; hier kann das farblose Acet-o-nitrophenol $C_6H_4 \cdot NO_2 \cdot OCOCH_3$ als Beispiel genannt werden.

_____

Bei manchen im sichtbaren Gebiete absorbierenden Chromogenen ist häufig der Einfluß auxochromer Hydroxyl- und Aminogruppen nicht sehr beträchtlich; weit größer sind die Effekte dieser Gruppen bei den im Ultraviolett absorbierenden Benzolverbindungen, was im Kap. IX eingehend zu untersuchen ist.

_____

[1]) Vgl. Kap. IX.

_____

In einigen Fällen entstehen auxochrome Gruppen durch gewisse chemische Eingriffe in Molekülen, die mehrere Chromophore enthalten, indem z. B. durch Reduktion aus dem einen Chromophor eine auxochrome Gruppe entsteht, während der andere Chromophor intakt bleibt. Nach R. Scholl[1]), der diese Verhältnisse zuerst studierte, geht mit dieser Veränderung häufig eine Farbvertiefung des ursprünglichen Chromogens Hand in Hand; wie das Beispiel des

| Anthrachinonazins, | und | Indanthrens, |
| grüngelb | | blau |

lehrt, zeigt das Reduktionsprodukt Indanthren tiefere Farbe als sein Oxydationsprodukt, Anthrachinonazin; eine überraschende Erscheinung, die aber nach Scholl durch folgende Betrachtung durchaus plausibel erscheint: Anthrachinonazin enthält drei Chromophore, die beiden Chinone und den orthochinoiden Azinchromophor. Wird es zu Indanthren reduziert, so bleiben erstere erhalten, und aus dem Azinchromophor gehen zwei stark auxochrome Aminogruppen hervor, die noch dazu an Ringbildung beteiligt sind. Es wäre deshalb nicht einzusehen, weshalb mit einer solchen Veränderung eine Farberhöhung verbunden sein sollte.

VI. Weiterer Ausbau der Auxochrom- und Chromophortheorie.

a) Chromophore und Auxochrome in Verbindung mit dem Benzolring.

Bei dem heutigen Stande der Strukturchemie scheint die in ihren Grundzügen skizzierte Auxochromtheorie, speziell bei konstitutiv unveränderlichen Verbindungen, in vielen Fällen die einfachste Darstellungsform der beobachteten Tatsachen zuzulassen;

---

1) Berl. Ber. **86**, 3426; **40**, 934, 1691; **41**, 2304; vgl. ferner Willstätter und Moore, Berl. Ber. **40**, 2665.

bei konstitutiv veränderlichen, z. B. tautomer reagierenden Stoffen, wird die Auxochromtheorie in ihrer ursprünglichen Form in manchen Fällen der schon kurz berührten und in einem der nächsten Kapitel eingehender zu entwickelnden Umlagerungstheorie Platz machen müssen. Auch bei nicht tautomerisierbaren Gebilden bleibt die Auxochromtheorie die Antwort auf viele Fragen schuldig. Hierzu gehört z. B. die Tatsache, daß das deutlich gelbe Nitronaphtalin durch Einführung einer zweiten Nitrogruppe, also nach bisheriger Anschauung einer farbvertiefenden Gruppe, fast farblos wird. Es ist deshalb von Interesse, daß H. Kauffmann eine Erweiterung der Auxochromtheorie angestrebt hat, besonders bei solchen Stoffen, die Auxochrom und Chromophor in Verbindung mit einem Benzolring enthalten, und die, wie bekannt, in dieser Vereinigung besonders häufig zur Farbigkeit Veranlassung geben. Es liegt nun, besonders mit Rücksicht auf die Untersuchungen A. v. Baeyers über die Konstitution des Benzols, die Annahme nahe, daß der Benzolring bei Einführung gewisser Gruppen seinen Zustand ändert:

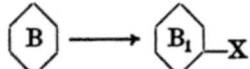

und daß mit dieser Änderung auch eine solche der Lichtabsorption verbunden ist, eine Annahme, die diskutabel erscheint, wenn man berücksichtigt, daß Benzol an sich farbig ist. Anhaltspunkte für diese Anschauung von verschiedenen „Zuständen des Benzolringes" gaben Untersuchungen über das Leuchten von Benzolderivaten unter dem Einfluß von Teslaströmen und Radiumstrahlen, die von Kauffmann[1]) angestellt sind, und die u. a. folgende Resultate ergeben haben:

1. Dämpfe farbiger Benzolderivate leuchten nicht.
2. Auxochrome rufen Leuchten hervor oder verstärken dasselbe je nach Maßgabe der auxochromen Eigenschaft.
3. Chromophore wirken dem Leuchten entgegen.
4. Hypsochromwirkende Radikale CH_3CO—C_6H_5CO— schwächen das Leuchten.

Parallel mit der Eigenschaft zu lumineszieren geht das magnetooptische Verhalten der Stoffe, das hier durch die sogenannte

1) Ztschr. phys. Chem. 50, 350; Berl. Ber. 37, 2941 und folgende Jahrgänge; ferner „die Auxochrome", Ahrens' Sammlung chem. u. chem.-techn. Vorträge.

magnetooptische Anomalie gemessen wird, d. h. die Differenz zwischen der beobachteten und berechneten magnetischen Molekularrotation (Perkin). Stoffe, die hohe Werte der magnetooptischen Anomalie aufweisen, haben die Eigenschaft zu lumineszieren und im allgemeinen auch zu fluoreszieren. Die Zustandsänderung des Benzolringes wird mit den Hilfsmitteln der Strukturchemie am einfachsten durch eine Lagenänderung der einfachen und doppelten Bindungen zum Ausdruck gebracht. In Anlehnung an A. v. Baeyer unterscheidet Kauffmann für das Benzol drei Grenzzustände: 1. den durch die Diagonalformel zum Ausdruck gebrachten, 2. den Kekuléschen, 3. den Dewarschen [1]).

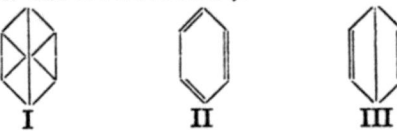

I   II   III

Im Zustande I, der den aliphatischen Charakter symbolisieren soll, befinden sich Stoffe mit stark negativen Substituenten wie $C_6H_4(NO_2)CO_2H$. Da hier eigentliche Doppelbindungen fehlen, so wirkt dieser Zustand auch für die Farbgebung ungünstig. Der zweite Grenzzustand, den aromatischen Charakter darstellend, ist z. B. in den Phenolen fixiert. Da in diesem die Doppelbindungen am dichtesten verteilt sind, so ist dieser Zustand besonders zur Hervorrufung von Farbe geeignet. Im dritten Grenzzustande, der der Dewarschen Formel entspricht, befindet sich der Benzolring z. B. im Anilin, p-Phenylendiamin usw., auch scheinbar in einigen Kohlenwasserstoffen wie Naphtalin und Anthrazen, d. h. Stoffen, die zur Bildung chinonartiger Stoffe (z. B. durch Oxydationsreaktionen) prädestiniert sind. Da die Zahl der Doppelbindungen geringer ist als bei II, so wird auch das Aufkommen von Farbe weniger begünstigt als im zweiten Grenzzustande. Nach Kauffmann ist der Dewarsche Zustand dadurch nachweisbar, daß die Dämpfe der in diesem Zustande befindlichen Stoffe unter dem Einfluß von Teslaströmen violett leuchten, und die Stoffe gleichzeitig hohe Werte der magnetooptischen Anomalie aufweisen.

Denken wir uns nun irgendeine Benzolverbindung, die sich je nach der Natur der chromogenen Gruppe in einem der drei Zustände oder, allgemeiner, in einem dazwischen liegenden Zustande befindet, so wird nach Einführung einer neuen Gruppe der

---

1) Berl. Ber. **33**, 1725; **34**, 682; **35**, 3668; Ztschr. phys. Chem. **55**, 547.

Benzolring als empfindliches Gebilde mit einer Verschiebung seines jeweiligen Zustandes reagieren. Auxochrome Gruppen sind dadurch charakterisiert, daß sie den Zustand des Benzolringes derart verändern, daß ein Maximum von Doppelbindungen erzielt wird. Nach der Stärke ihrer Wirkungen teilt Kauffmann die Gruppen in folgende Reihe ein:

$$OCOCH_3 \qquad OCH_3 \qquad NHCOCH_3 \qquad NH_2$$
$$-0,26 \qquad +1,46 \qquad 1,95 \qquad 8,82$$
$$N(CH_3)_2 \qquad N(C_2H_5)_2$$
$$8,59 \qquad 8,82$$

Die zustandsverschiebende Wirkung der Alkoxylgruppen ist somit nicht bedeutend, während die zweifach substituierten Aminogruppen die stärksten Wirkungen äußern [1]). Die Zahlen bedeuten die an den betreffenden Benzolderivaten $C_6H_5OCOCH_3$, $C_6H_5OCH_3$ usw. gemessenen Zahlen der magnetooptischen Anomalie.

Angliederung von Ringen an den Benzolkern übt denselben farbvertiefenden Einfluß aus wie Auxochrome, was z. B. direkt aus den Zahlen der magnetooptischen Anomalie folgt, deshalb geben Diphenyl nahezu farblose, die höher molekularen Kohlenwasserstoffe, wie Pyren und Chrysen, gelbe Nitrokörper.

Von Einfluß auf die Verschiebung des Benzolzustandes ist ferner die Stellung der Auxochrome untereinander, was Kauffmann [2]) in seinem Verteilungssatz der Auxochrome zum Ausdruck bringt. Die Auxochrome (in den folgenden Beispielen die OCH_3-Gruppen) unterstützen sich in p-Stellung: Nitrohydrochinondimethyläther (I)

I   II

ist stark gelb (im festen Zustande). Nitroresorcindimethyläther (II) gelblichweiß. Außerdem ist die Art des Chromophors von Einfluß. 4-Nitroveratrol (III) ist blaßgelb

---

1) Nach neueren Untersuchungen auf dem Gebiete der ultravioletten Fluoreszenz müssen allerdings gewisse Einschränkungen gemacht werden, nachdem z. B. die Wirkungen der dialkylierten Aminogruppen sich in manchen Fällen als weniger erheblich erwiesen als die der Aminogruppe; vergl. Ley u. v. Engelhardt, Ztschr. phys. Chem. **74**, 1.

2) Berl. Ber. **39**, 2722.

$$OCH_3$$
$$OCH_3$$
$$NO_2$$
III

$$OCH_3$$
$$OCH_3$$
$$NO_2$$
IV

3-Nitroveratrol (IV) fast farblos. Für das Zustandekommen der Farbe treten nach Kauffmann dieselben begünstigenden und hindernden Einflüsse zutage wie bei der Fluoreszenz [1]).

Daß der Zustand des Benzolringes durch Substitutionen häufig weitgehend verändert wird, dafür sprechen nach Kauffmann auch rein chemische Beobachtungen. An Stelle der von diesem Autor angenommenen und vorhin diskutierten Zustände wird man wohl besser auf jede strukturelle Deutung dieser Verhältnisse verzichten und, wie später auszuführen sein wird, die Zustandsänderungen durch die elektroatomistische Betrachtungsweise nach Stark plausibel machen, die in einigen Fällen durch die Untersuchung gewisser ultravioletter Fluoreszenzphänomene von Ley und v. Engelhardt (s. Kap. XI) wesentlich gestützt ist.

b) Ungesättigter Charakter der Auxochrome und Chromophore.

Ferner ist von Kauffmann auf den ungesättigten Charakter der Auxochrome und Chromophore hingewiesen, sowie auf die Möglichkeit, auf Grund der Theorie der Partialvalenzen von Thiele [2]) Farbe und Farbänderungen in vielen Fällen zu erklären, wo Chromophor und Auxochrom mit dem Benzolring in Verbindung stehen. Mit Rücksicht auf spätere Betrachtungen soll der wesentliche Inhalt der Theorie der Partialvalenzen hier in etwas modifizierter Form wiedergegeben werden. Nach Thiele hat man sich bekanntlich den Übergang einer gesättigten Verbindung in eine ungesättigte, z. B.

$$H-C-C-H \longrightarrow C=C$$
I   II

---

1) Näheres siehe Kauffmann, Fluoreszenz und chemische Konstitution. Ahrens' Sammlung XI; Ley, Ztschr. f. angew. Chem. 1908, 2027.

2) Lieb. Ann. 306, 87; siehe auch die Darstellung von Henrich, Neuere theor. Anschauungen auf dem Gebiete der organischen Chemie (1908).

so vorzustellen, daß mit dem Austritt zweier Wasserstoffatome aus I die an jedem Kohlenstoffatom disponiblen Affinitätseinheiten sich nicht vollständig absättigen (II), sondern daß an jedem Kohlenstoffatom der „ungesättigten" Verbindung ein Affinitätsresiduum

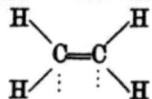

übrig bleibt, das sich z. B. bei den Additionsreaktionen dieser Verbindungen beteiligt, denn nur unter dieser Annahme ist es möglich, die hervorstechendste Eigenschaft der ungesättigten Verbindungen zu erklären: die Tendenz, unter Lösung der Doppelbindung in die gesättigte Verbindung überzugeben. Ein derartiges, wie bei III formal angedeutetes Affinitätsresiduum bezeichnet Thiele als Partialvalenz.

Diese Ansichten sind auch auf andere Systeme mit Doppelbindung z. B. $C=O$, $C=N$, $C=S$, $N=N$, $N=O$ übertragbar, wobei die Annahme zu machen ist, daß einem jeden der doppelt gebundenen Atome eine bestimmte Partialvalenz innewohnt.

Besondere Eigentümlichkeiten entstehen durch die Nachbarstellung zweier ungesättigter Gruppen, durch den Fall der sog. konjugierten Doppelbindung, der in den Schematen:

$$-C=C-C=C-$$
$$O=C-C=C-$$
$$O=C-C=O$$

zum Ausdruck gebracht ist. Hier hat man mit Thiele die Annahme zu machen, daß die an den Atomen 2 und 3 vorhandenen

$$\overset{1}{-C}=\overset{2}{C}-\overset{3}{C}=\overset{4}{C}$$

Partialvalenzen sich gegenseitig abgesättigt haben, also nach außen z. B. für Additionsreaktionen nicht mehr in Frage kommen; unter dieser Annahme konnte Thiele bekanntlich die eigenartigen Additionsreaktionen bei Verbindungen mit konjugierten Doppelbindungen in eleganter Weise erklären; derartige konjugierte Doppelbindungen sind in einigen Chromogenen anzunehmen, es sei hier nur an Diacetyl und Chinon erinnert:

$$\overset{4}{O}=\overset{3}{C}-\overset{2}{C}=\overset{1}{O}$$
$$\qquad\ |\qquad\ |$$
$$\quad CH_3\ CH_3$$

4*

$$\begin{array}{c} \text{C=C} \\ \text{O=C} \diagup \quad \diagdown \text{C=O,} \\ \text{C=C} \\ \text{4 \quad 3 \quad 2 \quad 1} \end{array}$$

wo die mit 1—4 bezeichneten Atome konjugierte Doppelbindungen einschließen; beim Chinon sind außer diesen noch, wie leicht
ersichtlich, drei andere Paare konjugierter Doppelbindungen vorhanden.

Auch der Benzolring nach Kekulé stellt ein System von drei
konjugierten Doppelbindungen dar:

das aber infolge der zyklischen Anordnung nach außen unwirksam
ist, die Doppelbindungen sind gewissermaßen inaktiv geworden,
es sind nur äußerst geringe Beträge von Partialvalenz vorhanden[1]).
Im Gegensatz zu dem Zustande I ist aber der Zustand III des
Benzolringes (s. S. 48) durch namhafte Beträge von Partialvalenz
ausgezeichnet, die bei der Bindung durch auxochrome Gruppen
mit Beschlag belegt werden. Kauffmann hat nun wahrscheinlich
gemacht, daß die Wirkung eines Auxochroms (und Chromophors)
um so größer ist, je mehr Partialvalenz bei seiner Bindung an den
Benzolkern beansprucht wird. Derartige Partialvalenz besitzende
Gruppen sind die Amino- und Hydroxylgruppen; dem Phenol und
Anilin sind somit folgende Partialvalenzformeln zu erteilen:

es ist auch verständlich, daß die auxochromen und chromophoren
Wirkungen der Amino- und Hydroxylgruppe im Zusammenhang
mit den basischen Eigenschaften des Stickstoffs und Sauerstoffs
stehen müssen; im Sinne dieser Partialvalenztheorie ist ferner auch
die bathochrome Wirkung der Salzbildung (mit Basen) bei den
Phenolen sowie die hypsochrome Wirkung der Salzbildung mit Säuren
bei den aromatischen Aminoverbindungen vorherzusehen. Kauffmann entwickelt ferner, wie sich der Zustand des Benzolringes ändert,
wenn mehrere Auxochrome zugegen sind oder wenn die Wirkung
der Auxochrome durch anwesende Chromophore modifiziert wird;
zweifellos leistet bei der Erkenntnis dieser Wirkungen die

---

1) Näheres siehe in der genannten Arbeit Thieles oder in der Darstellung von F. Henrich, „Neuere theoretische Anschauungen auf dem Gebiete der organischen Chemie" 1908.

Theorie der Partialvalenzen sowie die Theorie von der Teilbarkeit der Valenz [1]) wichtige Dienste. Ich glaube aber nicht, daß es nötig sein wird, zu so komplizierten Anschauungen wie der Mesohydrie seine Zuflucht zu nehmen, um die Farbigkeit der Nitrophenolsalze zu erklären; hier scheint mir die von Baly gegebene Deutung wesentlich einfacher und ungezwungener zu sein (vergl. S. 91).

Erklärt man die Äußerungen von Valenz und Partialvalenz durch Kraftliniensysteme, die von dem einen Atom ausgehen und auf dem anderen Atom endigen so ist z. B. beim Nitrohydrochinonäther etwa folgende Verteilung der Kraftliniensysteme anzunehmen [2])

$$NO_2 \bigg\langle \begin{array}{c} \cdots OCH_3 \\ \\ \cdots CCH_3, \end{array}$$

wobei man sich vorzustellen hat, daß sowohl vom Benzolkern und vom Auxochrom (OCH_3) als auch vom Chromophor (NO_2) Kraftlinien ausgehen. Die vom Auxochrom und Chromophor ausgehenden Kraftlinien werden schließlich auch vom Medium, in dem sich der Stoff befindet, beeinflußt, und zwar werden sich dissoziierende und nicht-dissoziierende Medien hinsichtlich der Beeinflussung der Kraftliniensysteme verschieden verhalten, da im ersten Fall die Moleküle' des Lösungsmittels Kraftlinien von dem gelösten Stoff an sich ziehen, im zweiten Falle diese Wirkung ausbleibt. Durch diese Beeinflussungen werden sich aber auch die Valenzbeträge ändern, die an den Auxochromen und Chromophoren disponibel sind, es wird zugleich eine Zustandsänderung im Benzolring und damit Farbwechsel eintreten; in manchen Fällen wird man durch eine derartige Betrachtung die meist geringfügigen Änderungen der Lichtabsorption erklären können, die bei Änderung des Lösungsmittels eintreten.

c) Innere und gewöhnliche Organokomplexverbindungen.

Weiter ist auch, worauf schon Kauffmann aufmerksam gemacht hat, ein gegenseitiger Ausgleich der Partialvalenzen von

---

[1]) Auxochrome S. 73.
[2]) Vergl. hierzu Baly und Desch, Ztschr. phys. Chem. 55, 485 ferner die Entwickelungen auf S. 68 dieses Buches.

Chromophor und Auxochrom z. B. der NO_2- und OCH_3-Gruppe im Nitrohydrochinonäther anzunehmen, bei dem der Benzolring nicht direkt beteiligt ist[1]). Diese Art der Beeinflussung läßt sich vielleicht am anschaulichsten durch die folgende Betrachtungsweise vom Standpunkte der Theorie der inneren Komplexsalze aus darstellen, auf die Verfasser[2]) schon vor längerer Zeit gelegentlich hingewiesen hat.

Ein ungesättigter Kohlenstoffkomplex:

$$\begin{array}{cc} C & C \\ \| & \| \\ C & C \end{array}$$

ist in gewisser Weise Metallatomen vergleichbar, z. B. Cu, Ag, Hg etc., denn denkt man sich letztere mit anderen Atomen oder Atomgruppen nach Maßgabe ihrer Wertigkeit (Hauptvalenzen) abgesättigt, z. B.

$$Ag—Cl \qquad Cu{\Large\langle}\begin{array}{l} NO_3 \\ NO_3, \end{array}$$

so repräsentieren die so entstehenden normalen Salze ebenfalls noch ungesättigte Verbindungen, die erst nach Absättigung weiterer an den Metallatomen tätigen sekundären Affinitätsbeiträge (Nebenvalenzen im Sinne der Wernerschen Theorie) in gesättigte Verbindungen übergehen. Durch derartige sekundäre Affinitätskräfte können bekanntlich Moleküle wie

$$H_2O, \ NH_3 \ \text{usw.}$$

gebunden werden, deren gemeinschaftliches Merkmal darin besteht, daß sie ebenfalls ungesättigte Atome oder Atomgruppen enthalten. Die durch Absättigung der Nebenvalenzen entstehenden Verbindungen sind die Komplexsalze, z. B.:

$$\begin{array}{l} NH_3 \\ {\Large\rangle} Ag—Cl. \\ NH_3 \end{array}$$

Erst durch Aufstellung des Nebenvalenzbegriffs ist A. Werner die vollständige Systematik der Komplexverbindungen gelungen[3]).

Wie später gezeigt wurde, kann eine derartige zwischen Metallen und anderen Gruppen erfolgende Absättigung sich auch intramolekular vollziehen; die Produkte eines derartigen Affinitätsausgleiches sind die sogenannten inneren Komplexsalze, deren

---

1) Berl. Ber. **39**, 1964 Lieb. Ann. **344**, 30; Auxochrome S. 98.

2) H. Ley, Berl. Ber. **41**, 1637.

3) A. Werner, Neuere Anschauungen auf dem Gebiete der anorganischen Chemie.

Theorie später ausführlicher besprochen werden soll[1]). Die rein organischen Analoga der auch abnorm farbigen inneren Komplexsalze, die man durch folgendes Symbol I darstellen kann, liegen zweifellos in gewissen farbigen Verbindungen vor, in denen ungesättigte Gruppen wie $\cdot NH_2 \cdot NR_2 \cdot OH \cdot OCH_3 \cdot NO_2 \cdot NO \cdot CO$ etc. vorhanden sind und bei denen die Farbe, wie leicht zu zeigen ist, mit dem intramolekularen Ausgleich der Partialvalenzen oder besser Restaffinitäten dieser Gruppen in ursächlichem Zusammenhang steht.

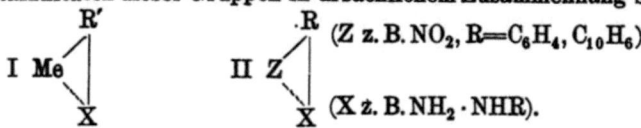

$$\text{I } Me \overset{R'}{\underset{X}{\diagdown|}} \qquad \text{II } Z \overset{R}{\underset{X}{\diagdown|}} \quad (Z \text{ z. B. } NO_2, R = C_6H_4, C_{10}H_6)$$

$(X \text{ z. B. } NH_2 \cdot NHR).$

Sind die im Affinitätsaustausche stehenden Gruppen unmittelbar mit dem Benzolkern ($R = C_6H_4$) verknüpft, so wird auch dieser in manchen Fällen indirekt in Mitleidenschaft gezogen werden, etwa im Sinne der Kauffmannschen Entwicklungen, doch dürfte der Nachweis derartiger sich übereinander lagernder Einflüsse schwierig zu erbringen sein[2]).

Nebenvalenzwirkung ist wahrscheinlich auch bei dem gänzlichen Fehlen des Benzolkerns bei rein aliphatischen Bindungen vorhanden; auf diese Verhältnisse hat Hantzsch beim Studium der Farberscheinungen bei aliphatischen Dinitroverbindungen hingewiesen. Auf eine Betätigung von Nebenvalenzen ist nach Hantzschs Untersuchungen wahrscheinlich auch das Auftreten farbiger Isomerien bei gewissen Verbindungen wie Nitroanilinen, Nitrophenolsalzen u. a. zurückzuführen, eine Erscheinung, die er als Chromotropie bezeichnet und für die später[3]) zahlreiche Beispiele gegeben werden sollen.

Durch das Studium der farbigen Salze, besonders der Isonitrosoketone, ist außer der Auffindung feinerer Isomerien (chromoisomerer Formen) noch die merkwürdige Tatsache gewonnen, daß Salze gewisser farbloser oder schwachfarbiger Säuren mit verschiedenen farblosen Metallen in fast allen Farben auftreten können. Zur Erklärung dieser von Hantzsch Pantochromie genannten Erscheinung[4]) sind ebenfalls Nebenvalenzäußerungen herangezogen worden.

---

1) s. S. 191.

2) Vielleicht ist dieser Nachweis auf Grund des Studiums gewisser Fluoreszenzerscheinungen möglich (vgl. S. 136).

3) s. S. 162 ff.

4) Näheres siehe S. 160.

Schließlich soll darauf hingewiesen werden, daß die den gewöhnlichen komplexen Salzen entsprechenden rein organischen Verbindungen jedenfalls in den schon lange bekannten organischen Molekülverbindungen vorliegen, z. B. zwischen Kohlenwasserstoffen und Polynitrokörpern, aromatischen Nitro- und Aminoverbindungen usw., die neuerdings von Werner, Hantzsch u. a. studiert worden sind[1]). Diese Verbindungen, man könnte sie Organokomplexverbindungen nennen, stehen zu den vorher genannten, die entsprechend innere Organokomplexverbindungen zu bezeichnen wären, in demselben Verhältnis wie gewöhnliche Komplexsalze zu inneren Komplexsalzen. Folgendes Schema soll die Beziehungen erläutern:

gewöhnliche $\quad Me<^R_X \quad$ $\begin{matrix} R = OCOCH_3 \\ X = NH_3,\ OH_2, \end{matrix}$ $\quad$ gewöhnliche $\quad Z<^{R'}_X$

innere $\quad Me\left\langle^{R_1}_{X,}\right. \quad$ $\begin{matrix} R_1 - X_1 = \\ O\cdot CO\cdot CH_2NH_2 \\ O\cdot CO\cdot CH_2\cdot OH \end{matrix}$ $\quad$ innere $\quad Z'\left\langle^{R''}_{X'}\right.$

Komplexsalze $\qquad\qquad\qquad\qquad\qquad$ Organokomplexverbindungen

d) Bildung neuer Chromophore durch Umlagerung.

Bisher wurde angenommen, daß die S. 20 genannten Chromophore durch Substitution, z. B. auxochromer Gruppen, sowie durch Salzbildung keine tiefgreifenden konstitutiven Änderungen erleiden, die struktur-chemisch zum Ausdruck gebracht werden können. In manchen Fällen ist aber die Annahme struktureller Umlagerungen, die mit Farbänderungen verknüpft sind, nicht zu umgehen. Eine derartige Umlagerung unter Bildung eines neuen chinoiden Chromophors ist wohl zuerst von Nietzki formuliert worden, um die Entstehung gewisser Farbstoffe der Triphenylmethanreihe aus den farblosen Carbinolen zu erklären; später sind solche mit Farbänderungen verknüpfte Umlagerungen systematisch von Hantzsch untersucht worden; wir werden die wichtigsten im Kap. XIV kennen lernen.

Vielleicht ist der Unterschied zwischen beiden Arten von chemischen Veränderungen, den eigentlichen Umlagerungen, und den in Abschnitt c dieses Kapitels besprochenen nicht so groß, als bisweilen angenommen wird, denn auch bei einer

---

[1]) s. S. 189.

$_2HN-R-NO_2$:   Nebenvalenz-
Betätigung $HN:R:NO\cdot OH:Umlagerung$

Nebenvalenzbetätigung wird mit den beteiligten Radikalen eine Veränderung vor sich gehen; wir sind jedoch noch nicht imstande, diese präziser zum Ausdruck zu bringen.

VII. Quantitative Beziehungen.
Veränderung der Absorption durch Einführung von Gruppen.
Extinktionskoeffizienten. Einfluß der Lösungsmittel.

Früher begnügte man sich zur Kennzeichnung bathochromer und hypsochromer Wirkungen lediglich mit der subjektiven Beobachtung der Farbe der festen Verbindung, was natürlich viele Willkürlichkeiten und Ungenauigkeiten mit sich brachte. Um den Einfluß farbverändernder Gruppen exakt festzustellen, ist es nötig, 1. die Verschiebung der Absorptionsgrenzen im Spektrum des farbigen Stoffes und 2. die Stärke der Absorption in den verschiedenen Absorptionsgebieten zu messen. Dabei wird in der Regel der absorbierende Stoff in gelöstem Zustande untersucht, wodurch eine weitere Variation eingeführt wird, denn die verschiedenen Lösungsmittel beeinflussen die Absorption des gelösten Stoffes in der Regel nicht in gleichartiger Weise.

Die ersten Messungen, die zu stöchiometrischen Beziehungen geführt haben, sind von G. Krüß an Derivaten des Indigos vorgenommen, die in chloroformischer Lösung einen Streifen im roten bis gelben Gebiete und starke Absorption im Grün aufweisen. Es zeigte sich, daß CH_3, OCH_3, C_2H_5 und Br den Streifen nach Rot, NO_2 und NH_2 nach Blau verschob. Spätere Messungen desselben Autors an bromierten und nitrierten Fluoreszeïnen ergaben das interessante additive Verhalten, daß die Einführung jedes Bromatoms in das Fluoreszeïn dessen Absorptionsstreifen um nahezu 5,45 Wellenlängen, die Einführung jeder Nitrogruppe den Streifen um —1,3 Wellenlängen gegen Rot verschob. Sehr eingehende Untersuchungen von Absorptionsspektren in der Methylenblaureihe verdankt man A. Bernthsen[1]); auf diese sowie auf spätere Messungen von. E. Koch, G. Krüß und H. W. Vogel sei hiermit verwiesen[2]). Ein additives Verhalten beobachtete

1) Lieb. Ann. **280**, 73.
2) Vgl. Ostwald, Lehrb. d. allgem. Chem.; ferner die sehr ausführliche Zusammenstellung Hartleys in Kaysers Handbuch III.

kürzlich auch H. Stobbe[1]) bei den Fulgiden in Chloroformlösung, wo die sukzessive Einführung bathochromer Phenylgruppen das Absorptionsband um nahezu den gleichen Betrag nach dem roten Ende verschiebt.

Ferner untersuchte Stobbe[2]) den Einfluß der Methoxy- und Äthoxygruppe auf die Farbe gelöster Fulgide, z. B. Phenyldimethyl- und Triphenylfulgid, mit dem Resultat, daß die Substitution eines Wasserstoffatoms durch die Methoxyl- (und Äthoxyl-)Gruppe in allen Fällen eine Vertiefung der Farbe des in Chloroform gelösten Fulgids hervorruft und zwar ist der Effekt in der p-Reihe etwas größer als in der o-Reihe. Methoxyl- und Äthoxylverbindungen absorbieren ungefähr gleich, was bei dem hohen Molekulargewicht der Verbindung auch wohl plausibel ist. Auch der Einfluß der Nitrogruppe auf die Farbe aromatisch substituierter Fulgide ist von Stobbe spektroskopisch untersucht worden[3]). Von dem gleichen Autor rührt ferner eine Untersuchung der Farbe substituierter Dibenzalacetone und Cyklopentanone:

$$RCH : CH \cdot CO \cdot CH : CHR$$

$$\begin{array}{c} CH^2 - CH^2 \\ | \qquad | \\ RCH : C \cdot CO \cdot C : CHR^4). \end{array}$$

Ist $R = C_6H_5$, so wirkt jede Substitution von H-Atomen des Phenyls durch Alkyl oder Oxyalkyl mehr oder weniger bathochrom; in o-Stellung ist der Einfluß geringer als in p-Stellung, Furyl wirkt stärker bathochrom als Phenyl.

Absorptionsgrenzen in $\mu\mu$

Dibenzalaceton:

$C_6H_5CH : CH \cdot CO \cdot CH : CHC_6H_5$ 435

Dianisalaceton:

$CH_3O \cdot C_6H_4 \cdot CH : CH \cdot CO \cdot CH : CH \cdot C_6H_4OCH_3$ 445

Dipiperonalaceton:

$CH_2 \cdot O_2 \cdot C_6H_3 \cdot CH : CH \cdot CO \cdot CH : CHC_6H_3 \cdot O_2 \cdot CH_2$ . . 457

Dicinnamylidenaceton:

$C_6H_5CH : CH \cdot CH : CH \cdot CO \cdot CH : CH \cdot CH : CH \cdot C_6H_5$ . . . 473

Dibenzalcyklopentanon:

$$\begin{array}{c} CH_2 - CH_2 \\ | \qquad | \\ C_6H_5 \cdot CH : C \cdot CO \cdot C : CH \cdot C_6H_5 \end{array}$$ 445

1) Ann. **349**, 364.
2) Berl. Ber. **39**, 761.
3) Berl. Ber. **39**, 293.
4) Lieb. Ann. **370**, 93.

Dianisalcyklopentanon:

$$CH_2-CH_2$$
$$CH_3O \cdot C_6H_4CH : C \cdot CO \cdot C : CHC_6H_4 \cdot OCH_3 \quad \ldots \ldots \quad 455$$

Messungen von Extinktionskoeffizienten sind neuerdings von Martens und Grünbaum[1] mit dem von ihnen konstruierten Spektralphotometer an Nitronaphtolderivaten vorgenommen worden. Mit dem gleichen Apparate untersuchten Hantzsch und Glover[2] verschiedene konstitutiv unveränderliche Stoffe wie Bibisphenylenäthen, Azobenzol und Substitutionsprodukte wie RO $\cdot C_6H_4 \cdot N_2 \cdot C_6H_5$ Benzochinon und Chinonoxime und stellten auch den Einfluß der Lösungsmittel fest. Für die Lösungen dieser Stoffe erwies sich das Beersche Gesetz bis zu starken Verdünnungen hinauf als gültig. Da aber nur bei einer Linie (grünem Hg-Licht) photometriert war, läßt sich aus den Resultaten nur eine unsichere Vorstellung über die Art der Absorptionsänderung gewinnen. Wichtige Resultate ergab die Arbeit von H. Gorke gemeinschaftlich mit E. Köppe und F. Staiger[3] über spektralphotometrische Messungen der Farbänderungen bei Azobenzol und Derivaten. Die Messungen der Extinktion wurden für mehrere Wellenlängen $\lambda=516$ gelb (Hg), 546 grün (Hg) 486 blaugrün (H), 436 blau (Hg), 404 violett (Hg) ausgeführt und die Gültigkeit des Beerschen Gesetzes auch für die übrigen Wellenlängen bestätigt.

Einfluß der Lösungsmittel.

Wie schon erwähnt, tritt bei diesen Untersuchungen als komplizierender Faktor die Tatsache hinzu, daß die Absorptionsspektra auch von der Natur der Lösungsmittel mehr oder weniger abhängig sind. Über den Einfluß der Lösungsmittel lassen sich nur innerhalb bestimmter Verbindungsklassen Regelmäßigkeiten aufstellen (s. z. B. den Einfluß der Lösungsmittel auf die Absorptionsspektren der Nitrokörper S. 90 u. S. 92); eine allgemeine Behandlung der Erscheinung ist nicht möglich; daß die früher[4] erwähnte sog. Kundtsche Regel keine allgemeine Gültigkeit besitzt, wurde schon hervorgehoben. Diese Tatsachen sprechen dafür, daß der Einfluß

---

1) Drudes Ann. 12, 984.
2) Berl. Ber. 39, 4237.
3) Berl. Ber. 41, 1157.
4) s. S. 15.

der Lösungsmittel auf die Absorption vorwiegend auf chemische Ursachen zurückzuführen ist.

Das auffälligste Beispiel der Farbänderung durch Lösungsmittel ist das der anorganischen Chemie zugehörige Jod, worüber eine außerordentlich umfangreiche Literatur vorliegt[1]). Da in diesem Falle die Abhängigkeit der Farbänderung von rein chemischen Faktoren klargestellt ist, möge dieses Beispiel hier kurz erwähnt werden. Je nach dem Lösungsmittel kann man bekanntlich violette bis violettrote oder braune bis rotbraune Jodlösungen erhalten. Es lösen

braun bis rotbraun: Alkohol, Aceton, Äther, Essigäther, Essigsäure u. a.,

violett bis violettrot: Hexan, Paraffin, Schwefelkohlenstoff, Chloroform, Tetrachlorkohlenstoff, Benzol u. a.

Wie zuerst von Beckmann[2]) auf Grund von Dampfdruckmessungen erkannt wurde, ist der Partialdruck des Jods über den violetten Lösungen größer als über den braunen, woraus geschlossen wurde, daß die braunen Lösungen vorwiegend Verbindungen des Jods mit dem Solvens, die violetten Lösungen vorwiegend freies Jod enthalten, wodurch ihre Farbe der des violetten Joddampfes ähnlich wird[3]). Zu ganz ähnlichen Schlüssen gelangten Hantzsch und Vagt auf Grund von Verteilungsversuchen des Jods zwischen zwei Lösungsmitteln[4]). Diese Ansicht wurde durch eine Untersuchung von Waentig[5]) unterstützt, nach dem in allen Lösungen, auch den violetten, eine Addition von Lösungsmittel und ein Gleichgewicht

$$J_2(Lm) \; \underset{\longleftarrow}{\longrightarrow} \; J_2 + Lm$$

vorhanden sein soll.

Fig. 6, die einer Arbeit von Ley und v. Engelhardt[6]) entnommen ist, gibt eine Übersicht über die Absorptionsspektren einiger charakteristischer Jodlösungen. Im sichtbaren Gebiet liegt die tiefste Stelle des Absorptionsbandes bei den violetten Lösungen (Hexan, Chloroform) bei ca. 2000 (rez. A.-E.), was mit den photometrischen Messungen von Coblentz[7]) in Übereinstimmung ist. Bei

---

1) s. Kayser, Handb. III, 324.
2) Zeitschr. phys. Chem. 5, 76.
3) Hierbei ist allerdings zu beachten, daß Jodlösungen Bandenspektren, Joddämpfe Linienspektren geben. Vergl. S. 17.
4) Zeitschr. phys. Chem. 88, 705.
5) Zeitschr. f. phys. Chem. 68, 513.
6) Noch nicht veröffentlicht.
7) Phys. Review. 16, 35; 17, 51.

den braunen Lösungen (Alkohol, Äther) erscheint die Absorption
gegen Ultraviolett verschoben, der Boden des Bandes liegt hier
bei ca. 2150 (rez. A.-E.). Auch im Ultravioletten sind große
Unterschiede vorhanden, hier beginnt die Absorption der violetten
Lösungen bei sehr viel kürzeren Wellenlängen als der braunen
Lösungen, außerdem sind beträchtliche Unterschiede in der Lage
der Bandenköpfe zu konstatieren.

Nach allem ist somit der Lösungsmittel-Einfluß beim Jod
beträchtlich und erheblicher als in anderen Fällen farbiger Stoffe,

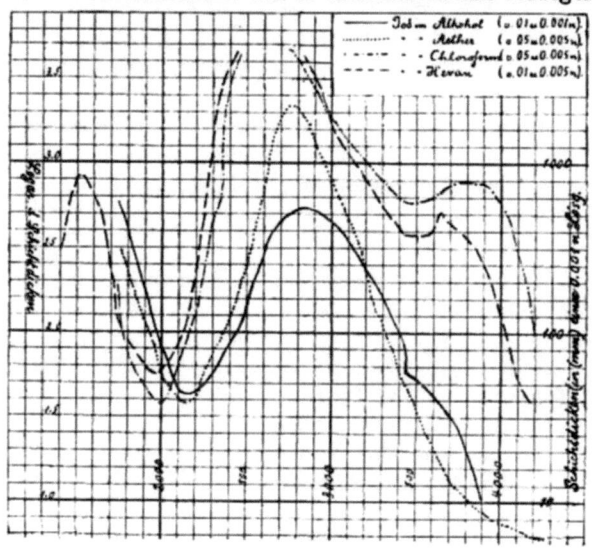

Fig. 6.

was vielleicht mit dem relativ einfachen Bau des Absorptions-
zentrums zusammenhängt[1]).

---

1) Bemerkenswert ist bei einigen Jodlösungen noch die beträchtliche
Abweichung vom Beerschen Gesetz. Die möglichen Ursachen für diese Abweichungen wurden S. 15 berührt. Es möge an dieser Stelle noch eingeschaltet werden, daß in manchen Fällen eine Untersuchung an der Hand des
Massenwirkungsgesetzes über die in der Lösung sich abspielenden Vorgänge
Aufschluß geben kann. So ist es klar, daß bei einem Gleichgewicht zwischen
zwei verschiedenfarbigen monomolekularen Stoffen: $A \overset{\longrightarrow}{\longleftarrow} B$ (c_1 und c_2 Konzentrationen im Gleichgewicht) keine Abweichung von Beers Gesetz zu er-

Von neueren Beispielen, die starken Einfluß des Lösungsmittels auf die Absorption dartun, sei das von Kauffmann[1]) qualitativ studierte Beispiel des 3-Aminophtalimids:

$$NH_2 \quad CO$$
$$NH$$
$$CO$$

angeführt, das in verschiedenen Lösungsmitteln verschiedene Farbintensität und auch wechselnde Fluoreszenz besitzt.

Sehr erheblich ist der Einfluß der Lösungsmittel auf die von Hantzsch und Glover in ihrer oben zitierten Arbeit untersuchten Stoffe.

Sauerstoffhaltige Lösungsmittel vom Typus des Wassers wirken z. B. im Falle des Azobenzols sehr viel stärker farbaufhellend als Kohlenwasserstoffe wie Benzol, wahrscheinlich deshalb, weil erstere Lösungsmittel mit den gelösten Azokörpern Verbindungen von hellerer Farbe erzeugen.

In der erwähnten Arbeit von Gorke, Köppe und Staiger wird der Einfluß der Solventien zugleich mit dem der Substituenten bei Azobenzol in größerem Umfange untersucht. Bei diesen gelben bis roten Stoffen zeigt sich der Einfluß auf die Extinktion besonders für blaue und violette Strahlen, während manche der untersuchten Stoffe, z. B. Oxyazobenzol, grünes Licht nur schwach absorbieren; auch ist man hier (im Grün) an der Grenze des Absorptionsstreifens, wo die Extinktionskoeffizienten bei den einzelnen Stoffen sich stark mit der Wellenlänge ändern, je nachdem die Absorptionskurve steiler oder flacher abfällt. Folgende, der Arbeit entnommene Tabelle wird das erläutern.

---

warten ist, da hier $\frac{c_1}{c_2}$ von der Verdünnung unabhängig ist. Wohl aber werden Polymerisationen: $A_n \rightleftharpoons nA$ oder Dissoziationsvorgänge elektrolytischer Natur: $A B \rightleftharpoons A^{\cdot} + B'$ und unter Umständen auch Gleichgewichtserscheinungen, an denen sich das Lösungsmittel aktiv beteiligt, Abweichungen von Beers Gesetz bewirken können. Systematische Untersuchungen fehlen auf diesem Gebiete; für die Untersuchung farbiger elektrolytisch-dissoziierter Verbindungen würde die später zu erwähnende Cinnamylidenessigsäure ein geeignetes Material bilden, bei der die undissoziierte Molekel gelb, die Ionen farblos sind.

1) Siehe z. B. Zeitschr. f. phys. Chem. 50, 351.

Molekulare Extinktionskoeffizienten.

	In Hexan			50 proz. Äthylalkohol			Benzol		
	λ—546 grün	436 blau	404 violett	546 grün	436 blau	404 violett	546 grün	436 blau	404 violett
Azobenzol . .	8	440	290	10	850	570	15	665	343
Oxyazobenzol .	<2	620	440	3	1880	3330	7	870	600
Ox.—äthyläther	19	1010	540	13	1630	1720	14	1150	920
Ox.—acetat . .	16	340	310	12	980	700	11	610	370

Hydroxyl und Methoxyl wirken farbverstärkend, Acetyl, in die Hydroxylgruppe eingeführt, wirkt farbaufhellend. Um weiter den Einfluß des Molekulargewichts der Substituenten auf die Farbintensität festzustellen, wurden noch folgende Stoffe untersucht.

Farbintensität in Benzollösung.

Mol.-Gew.	Substanz	546 grün	486 blaugrün	436 blau	404 violett
182	Azobenzol	15	305	655	335
198	Oxyazobenzol	7	350	870	600
212	Ox.—methyläther	16	480	1100	800
226	Ox.—äthyläther	14	570	1150	920
240	Ox.—propyläther	15	540	1160	930
254	Ox.—butyläther	16	570	1170	950
288	Ox.—phenyläther	18	510	1180	900
240	Ox.—acetat	11	340	610	370
254	Ox.—propionat	13	350	700	390
268	Ox.—butyrat	17	370	770	420
302	Ox.—benzoat	15	410	660	390

Die Farbintensität steigt demnach nur wenig mit dem Molekulargewicht. Auffallend gering ist der Einfluß der Phenylgruppe, die weniger farbvertiefend wirkt als ein Alkyl von gleichem Kohlenstoffgehalt.

Ferner wurden die Extinktionskoeffizienten von Azobenzol und einigen Alkyl- und Acylderivaten des Oxyazobenzols in geschmolzenem Zustande untersucht, wobei auf die interessanten technischen Einzelheiten der Methode nur verwiesen werden kann. Es wurde das wichtige Resultat gewonnen, daß sämtliche untersuchten Stoffe in geschmolzenem Zustande eine teilweise sehr viel geringere

Farbintensität besitzen als in Lösung selbst in indifferenten Flüssigkeiten und zwar machten sich die Unterschiede auch hier nur im brechbarsten Teil des Spektrums geltend. Die Größe der Steigerung ist sehr verschieden. In Hexanlösung (indifferentes Lösungsmittel) beträgt die Zunahme der Farbintensität durch den Lösungsvorgang bei Azobenzol ca. 30 Proz., für den Äthyläther des Oxyazobenzols aber ca. 300 Proz. Man kann somit von einer bathochromen oder auxochromen Wirkung des Lösungsmittels sprechen. Durch den Lösungsvorgang findet nicht nur eine Vergrößerung des Extinktionskoeffizienten, sondern auch eine Verschiebung des Absorptionsbandes nach Rot statt. Festes Azobenzol zeigt noch geringere Absorption als geschmolzenes.

Sehr eingehend wurde dann der Nitrohydrochinonmethylester:

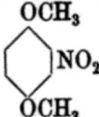

untersucht. Wie zuerst von Kauffmann[1]) nachgewiesen wurde, besitzt dieser Nitrokörper von anscheinend unveränderlicher Konstitution im festen Zustande intensiv gelbe Farbe; auch dissoziierende Lösungsmittel, wie Wasser, Alkohole, Eisessig, lösen mit mehr oder weniger gelber Farbe, während sich der Ester in indifferenten Lösungsmitteln, wie Ligroin, Hexan usw., farblos löst. Eine genaue quantitative Untersuchung dieses Falles von Hantzsch[2]) erbrachte den Beweis, daß die verdünnte Hexanlösung des Nitrohydrochinondimethylesters, die fast völlig farblos ist, den Ester in monomolekularem Zustande enthält, in konzentrierten Lösungen nimmt die Molekulargröße zu und gleichzeitig erlangen die Lösungen schwach gelbe Farbe. Auch die intensiv gelben methylalkoholischen Lösungen enthalten den Äther in monomolekularem Zustande; jedoch wächst hier das Molekulargewicht nicht mit steigender Konzentration, was wohl so zu deuten ist, daß in der methylalkoholischen Lösung gelbe Assoziationsprodukte des monomolekularen Nitroäthers enthalten sind. Eine Untersuchung der Extinktionskoeffizienten der verschiedenen Lösungen ergab, daß auch in scheinbar farblosen Äthylacetatlösungen, wo der Ester monomolekular ist — jedenfalls infolge Bildung von farbigen Polymeren —, das Beersche Gesetz nicht streng gilt. Somit enthalten derartige

1) Berl. Ber. 39, 4237.
2) Berl. Ber. 46, 1556.

verdünnte farblose Lösungen den an sich farblosen Nitroäther, d. h. in normalem Zustande, die gelbe Farbe der alkoholischen Lösungen ist vielleicht auf Bildung von Assoziationsprodukten mit dem Lösungsmittel, z. B. CH_3OH, zurückzuführen, während die gelbe Farbe der konzentrierten Hexanlösungen — was die Molekulargewichtsbestimmungen direkt wahrscheinlich machen — auf Bildung von Polymerisationsprodukten beruht, etwa im Sinne folgender, nicht strukturell gedachter Formeln:

$$C_6H_3 \diagdown \genfrac{}{}{0pt}{}{(OCH_3)_2}{NO_2} \quad \text{farblos,}$$

$$C_6H_3 \diagdown \genfrac{}{}{0pt}{}{(OCH_3)_2}{NO_2 \ldots (CH_3 \cdot OH)_n} \quad \text{gelb,}$$

$$C_6H_3 \diagdown \genfrac{}{}{0pt}{}{(OCH_3)_2 \ldots NO_2}{NO_2 \ldots (CH_3O)_2} \diagdown C_6H_3 \quad \text{gelb.}$$

Über diese Formulierung siehe auch Kap. XIV.

Daß die farblosen Lösungen den Stoff in normalem Zustande enthalten, wird auch unter Berücksichtigung der Tatsache sehr wahrscheinlich, daß die Molekularrefraktion des Nitrohydrochinonäthers in der farblosen Lösung den kleinsten, d. i. normalsten, in der gelben alkoholischen Lösung den größten Wert aufweist, doch ist zu beachten, daß die Beziehungen zwischen Mol-Refraktion und Farbe durchaus nicht einfacher Natur zu sein scheinen [1].

Gorkes Versuche wurden später von Hantzsch und F. Staiger [2] fortgesetzt; so wurden die Wirkungen halogenhaltiger Lösungsmittel auf die Farbe des Nitrohydrochinondimethylesters, ferner der Einfluß mehrerer Nitrogruppen untersucht. Wir entnehmen der Arbeit folgende Tabelle (Molekularextinktionen):

Lösungsmittel	$\lambda = 436$ Blau	$\lambda = 405$ Violett	Lösungsmittel	$\lambda = 436$ Blau	$\lambda = 405$ Violett
Mononitrohydrochinondimethyläther					
a) in sauerstofffreien, besonders halogenhaltigen Lösungsmitteln					
C_6H_{14}	2,3	20	$CH_3 \cdot CCl_3$ . . .	12	542
C_6H_6	2,3	190	$CHCl_2 \cdot CCl_3$ . . .	13	545
C_6H_5Cl	9,5	581	$CH_3 \cdot CHCl_2$ . . .	14,5	710

1) Vgl. H. Kauffmann, Berl. Ber. 41, 4396; ferner H. Kauffmann, Die Auxochrome. Sammlung chem. Vorträge F. B. Ahrens; vgl. S. 141.

2) Berl. Ber. 41, 1204.

Lösungsmittel	$\lambda=436$ Blau	$\lambda=405$ Violett	Lösungsmittel	$\lambda=436$ Blau	$\lambda=405$ Violett

Mononitrohydrochinondimethyläther
a) in sauerstofffreien, besonders halogenhaltigen Lösungsmitteln

Lösungsmittel	Blau	Violett	Lösungsmittel	Blau	Violett
C_6H_5Br	50,5	662	$CH_2Cl \cdot CH_2Cl$ . .	35	780
			$CHCl_2 \cdot CHCl_2$ . .	143	1180
CCl_4	0,8	130			
$CHCl_3$	39	170	$CH_3 \cdot CH_2Br$ . . .	5,4	343
CH_2Cl_2	54	1230	$CH_2Br \cdot CH_2Br$ . .	21,5	679
$CH_3 \cdot CH_2J$ . . .	8	502	$CH_2Br \cdot CH_2 \cdot CH_2Br$	31	850
CH_3J	13	804	$CHBr_3$	99	1060
CH_2J_2	178	1100	$CHBr_2 \cdot CHBr_2$ . .	267	—

b) in sauerstoffhaltigen Lösungsmitteln

Lösungsmittel	Blau	Violett	Lösungsmittel	Blau	Violett
sek. Propylalkohol .	30	605	Buttersaur. Propyl	2,2	—
Äthylalkohol . . .	33	—	Essigsaur. Äthyl .	4,2	—
Methylalkohol . .	46,5	—	Ameisensaur. „ .	13	487
Allylalkohol . . .	112	909	Cyanessigsaures		
Wasser	420	—	Äthyl	68	996
			Trichloressigsaures		
			Äthyl	6,5	478
			Dichloressigsaures		
			Äthyl	23,5	700
			Monochloressig-		
			saur. Äthyl . .	35	778

Halogene als Substituenten in sauerstofffreien Lösungsmitteln wirken danach auxochrom auf die gelöste Substanz. Gesättigte, nicht substituierte Fettsäureester wirken, was bereits Gorke fand, schwach, Alkohole stark auxochrom. Wasser steht an der Spitze der Alkohole. Die folgende Tabelle gibt den Einfluß der Nitrogruppen beim Eintritt in einen Benzolkohlenwasserstoff und in den Hydrochinondimethyläther auf die Farbintensität wieder.

	Blau $\lambda=436$					Violett $\lambda=405$			
	Dichlormethan	Trichlormethan	Tetrachlormethan	Methylalkohol	Äthylazetat	Dichlormethan	Trichlormethan	Tetrachlormethan	Methylalkohol
$NO_2 \cdot C_6H_4 \cdot CH_3$ . . .	—	(0,2)	0	(0,4)	—	7,5	5,0	6,5	6
$(NO_2)_2C_6H_3 \cdot CH_3$ . . .	—	(0,1)	—	(0,2)	—	11,5	11,0	11,5	12
$NO_2 \cdot C_6H_3(OCH_3)_2$ . .	54	39	1	47	4	1230	—	—	569
$(NO_2)_2C_6H_2(OCH_3)_2$ . .	80	26	—	36	16	1200	943	—	—
$(NO_2)_3C_6H(OCH_3)_2$ . . .	2	2	1	2	1	109	120	49	—

„Wie man sieht, steigert sich die Farbintensität beim Übergang von Mono- in Dinitrotoluol; sie sinkt beim Übergang von
Mononitrohydrochinondimethylester in den Di- und Trinitroester,
aber im letzteren Falle mit Ausnahme der Lösungen in Methylen-
chlorid und Essigester. Anscheinend sind die auxochromen Wirkungen von Lösungsmittel und Substituenten ziemlich regellos.“
Schließlich sollen noch in der folgenden Tabelle die Molekularextinktionen einiger isomerer Nitrophenoläther angeführt werden:

	λ = 436 (Blau)	
	Methyl-alkohol	Essigester
Nitroveratrol	2,0	0
Nitrohydrochinonäther . . .	47	4,2
2,3-Dinitrohydrochinonäther .	36	16,5
2,5-Dinitrohydrochinonäther .	121	76

Die Veränderung des gesamten Absorptionsspektrums des
Nitrohydrochinondimethylesters durch verschiedene Lösungsmittel
(Hexan, Chloroform, Wasser) wurde von E. P. Hedley[1]) untersucht. Die Kurven, die bis ins Ultraviolett hinein verfolgt wurden,
sind in ihrem Verlaufe sehr ähnlich; die Hexankurve ist am
weitesten nach kürzeren, die Wasserkurve am weitesten nach
längeren Wellen verschoben.

Ferner untersuchten H. Ley und v. Engelhardt[2]) bei Gelegenheit von Fluoreszenzversuchen die Änderung der Absorptionskurven
des Aminophenylphentriazols: $NH_2 \cdot C_6H_3 \cdot N_2 \cdot NC_6H_5$ und des Di-
methylnaphteurhodins: $(CH_3)_2N \cdot C_6H_3 \cdot N_2C_{10}H_6$ mit Variation des
Lösungsmittels. Das Triazol besitzt zwei Bänder im Ultraviolett,
die Eurhodinbase ist durch ein intensives im Grün bis Violett
liegendes, sowie durch ein sehr flaches, im Ultraviolett liegendes
Band ausgezeichnet. Theoretisch von einigem Interesse erscheint
die Tatsache, daß die Lösungsmittel in erster Linie die Lage der
anfänglichen allgemeinen Absorption, nicht aber wesentlich die
Lage der Bänder beeinflussen.

Von Interesse sind ferner Beziehungen zwischen der dielek-
trischen Kraft der Lösungsmittel und ihrer farberteilenden Fähigkeit, auf die früher von Kauffmann[3]) bei anderer Gelegenheit

1) Berl. Ber. 41, 1208.
2) Berl. Ber. 41, 2509.
3) Ztschr. f. phys. Chem. 50, 350; Berl. Ber. 37, 2941.

schon aufmerksam gemacht hat, und die auch von Gorke diskutiert
worden sind [1]).

VIII. Die Absorptionserscheinungen vom physikalischen Standpunkte.

Bisher wurden die Erscheinungen der Absorption lediglich
vom chemischen Standpunkte aus untersucht; es ist aber klar,
daß man auf Grund einer derartigen Betrachtungsweise den Kern
der Sache nicht berührt, da das Wesentliche, die Wechselwirkung
zwischen den Lichtwellen und den chemischen Molekülen dabei
gar nicht diskutiert ist. Wie wir sahen, ist die Absorption im
sichtbaren und unsichtbaren Spektrum gebunden an das Vorhandensein gewisser Gruppen, der Chromophore, die in der Regel durch
größere Reaktionsfähigkeit ausgezeichnet sind. Es entsteht somit
die Frage, ob man unter Zugrundelegung bestimmter Ansichten
über das Wesen des Lichts und über den Aufbau der Materie die
Erscheinung der Absorption theoretisch behandeln und damit die
Chromophortheorie physikalisch begründen kann.

Die Gesamtheit der S. 6 genannten Strahlungserscheinungen
wird bekanntlich durch die Annahme periodisch sich ändernder
elektromagnetischer Störungen in dem überall, auch zwischen den
Molekülen, sowie im Vakuum vorhandenen Äther erklärt. Im
Sinne dieser Maxwell-Hertzschen Theorie beruhen die früher
genannten Strahlengattungen auf elektromagnetischen Wellen, die
sich lediglich durch ihre verschiedenen Wellenlängen voneinander
unterscheiden.

Um nun zur Erklärung der Absorptionserscheinungen zu einer
Wechselwirkung zwischen den Lichtwellen und der ponderablen
Materie zu gelangen, müssen wir auch bei letzterer die Existenz
elektrischer Teilchen voraussetzen, die durch die Lichtwellen in
Bewegung gesetzt werden, wobei diese ihre Energie teilweise an
die Atome oder Moleküle abgeben. In der Tat hat die neuere
Entwicklung der Physik und Chemie zur Annahme derartiger
elektrischer Teilchen in den Atomen geführt.

Zu der Ansicht, daß das chemische Atom den letzten und nicht
weiter zerlegbaren Baustein der Materie darstellt, hat lediglich
die bisherige Entwicklung der Chemie vor dem Bekanntwerden
der Erscheinungen der Radioaktivität geleitet; es sind aber gerade
u. a. optische Erscheinungen gewesen, die zu anderen Ansichten

---

1) Berl. Ber. **41**, 1162.

über den Aufbau der Materie geführt haben und die sich auch den rein chemischen Erscheinungen anpassen lassen. Die Entwicklung dieser Ansichten hängt aufs innigste zusammen mit der Frage nach der Konstitution der Elektrizität. Durch Beobachtungen auf verschiedenen Gebieten, indirekt durch die Erscheinungen der Elektrolyse und die Natur der elektrolytischen Ionen ist die Erkenntnis gewonnen, daß die Elektrizität kein Kontinuum darstellt, sondern daß ihr eine gleichsam atomistische Struktur zukommt, was bekanntlich, zuerst von Helmholtz (1881) geäußert wurde. Wie die Materie, ist die elektrische Ladung nur bis zu einem bestimmten Bruchteile teilbar, das kleinste negative elektrische Elementarquantum ist verschiedenen Messungen zufolge gleich: $3,2 \times 10^{-10}$ elektrostatischen Einheiten [1]. · Für diese Elementarquanten ergibt sich auf verschiedenen Wegen ein annähernd gleicher Wert für das charakteristische Verhältnis der elektrischen Ladung zu der Masse $\left(\dfrac{e}{m}\right)$, nämlich: $1,88 \times 10^{7}$, während dieser Wert bei den elektrolytischen Ionen sehr viel kleiner, beim Wasserstoffion z. B. $0,97 \times 10^{4}$ ist. Hieraus hat man geschlossen, daß jenes Elementarquantum, Elektron, eine Masse besitzt, die ca. zweitausendmal kleiner ist als die Masse des Wasserstoffatoms [2]. Derartige in schneller Bewegung befindliche Elektronen sind bekanntlich die Kathodenstrahlen. Für die positive Elektrizität ist ein Elektrizitätsatom von ähnlicher Größenordnung bis jetzt mit Sicherheit nicht nachgewiesen; aus Versuchen von W. Wien, J. Stark, J. J. Thomson u. a. hat sich vielmehr ergeben, daß die mit der positiven Elektrizität verknüpfte Masse von der Größe des chemischen Atoms ist; positive elektrische Quanten kennen wir somit nur in Verbindung mit ponderablen Molekülen.

Auf Grund dieser fundamentalen Tatsachen hat man die Annahme gemacht, daß sich das chemische Atom restlos aus positiven und negativen elektrischen Elementarquanten zusammensetze, eine Annahme, aus der heraus sich auch die eigenartigen Erscheinungen der Umwandlungen radioaktiver Atome am besten erklären lassen.

---

1) Siehe z. B. Drude, Optik, S. 378; Riecke, Physik, Bd. 1. Siehe zu diesem Kapitel auch den Vortrag von W. Wien über Elektronen (Teubner); ferner besonders Nernst, Theor. Chemie.

2) Auf die Diskussion der Frage, ob diese ganz oder teilweise elektromagnetischer Natur ist, soll hier nicht eingegangen werden. Näheres siehe z. B. Riecke, Physik, Bd. 2.

Speziell hat Stark[1]) folgende Vorstellung bevorzugt: da das Volumen des positiven Elementarquantums sehr viel größer ist als das des negativen, nimmt er an, daß auf der Oberfläche eines chemischen Atoms ausgedehnte, positiv geladene Sphären[2]) vorhanden und darüber punktartig negative Elektronen angeordnet sind, die wir uns an ganz bestimmten Stellen der positiven Sphäre zu denken haben. Von den (negativen) Elektronen gehen in den Raum divergierend Kraftlinien aus, die auf den positiven Sphären endigen, so daß wir das Atom von einem elektrischen Kraftfeld umgeben annehmen müssen. Die Gestalt der positiven Sphäre, Zahl und Lage der negativen Elektronen, sowie die Ausbreitung des Kraftlinienfeldes (Dichte der Kraftlinien usw.) bestimmen die Wesenheit des chemischen Atoms (vgl. Fig. 7).

Es liegt nun die Annahme nahe, daß in den Elektronen auch der Sitz der Affinitätskräfte zu suchen sei, durch die die Bildung

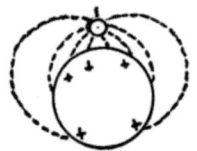

Fig. 7.

der Moleküle aus den Atomen vonstatten geht; in der Tat haben Stark u. a. angenommen, daß die Affinitätskräfte elektrischer Natur sind[3]).

In der heutigen Sprache der Chemie schreiben wir bekanntlich den chemischen Atomen gewisse Kräfte (Affinität) zu, vermöge deren die Bildung der Moleküle aus den Atomen erklärt wird, die entweder durch Bindung gleicher (H_2, O_2, N_2) oder untereinander verschiedener Atome (H_2O, NH_3, CH_4 usw.) vor sich geht. Zur Erklärung der Mannigfaltigkeit der chemischen Verbindungen, besonders der Tatsache, daß die Zahl der Atome eines Grundstoffs A, die sich mit anderen Atomen B, C, D usw. zu Molekülen vereinigen, verschieden ist, hat die Chemie noch den Begriff der Valenz nötig. Man versteht darunter die Zahl, welche angibt, wieviel Atome des einen Grundstoffs, z. B. A, sich mit 1 Atom

1) Jahrb. f. Radioaktivität 5, 124.
2) Es wird vielfach die Annahme gemacht, daß das positive Elektrizitätsatom gebildet wird durch negative Elektronen, die auf einem Ringe schnell rotieren (Ringelektronen).
3) Siehe besonders Stark, Phys. Ztschr. 9, 85.

eines zweiten Grundstoffs B, C, D usw. vereinigen (Cl einwertig, O zweiwertig, N dreiwertig usw.).

Nach dieser Definition ist die Valenz lediglich ein Zahlenwert; man hat aber neuerdings versucht, mehr in diesen Begriff hineinzulegen, so daß nicht allein der Zahlenwert, sondern auch die Art der gegenseitigen Affinitätsbetätigung zum Ausdruck gebracht wird. Es ist das z. B. der Fall bei dem von Thiele eingeführten Begriff der Partialvalenz [1]).

Alle diese Modifizierungen des Valenzbegriffs lassen sich weit plastischer darstellen, wenn man diesen elektroatomistisch definiert.

Die Bildung eines Moleküls AB aus den Atomen A und B erfolgt danach so, daß Kraftlinien des Elektrons a (zum Atom A gehörig) sich von positiven Sphären lösen und sich teilweise den positiven Sphären des Atoms B zuwenden; das gleiche geschieht

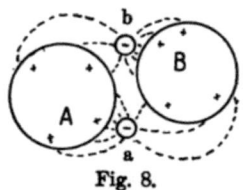

Fig. 8.

mit dem von b ausgehenden Kraftliniensystem. Diesen Vorgang soll die Fig. 8 versinnbildlichen. Offenbar entsprechen den Elektronen a und b der Atome A und B deren Wertigkeiten und der in der Strukturformel A—B gebräuchliche Valenzstrich ist durch die Kraftliniensysteme zu ersetzen, die sich von der einen positiven Atomsphäre zur anderen erstrecken.

Stark nennt die an der Oberfläche liegenden negativen Elektronen Valenzelektronen.

Analog lassen sich die Bilder für die Kraftlinienverteilung bei mehrfacher Bindung darstellen, wobei dann naturgemäß die Annahme gemacht werden muß, daß sich die Kraftlinien weiter in den Raum erstrecken als bei einfacher Bindung [2]). Schon bei doppelter Bindung ergeben sich kompliziert verlaufende Kraftliniensysteme, die zudem sich in der Ebene schlecht darstellen lassen, so daß von einer Zeichnung abgesehen werden möge.

Ist ein Atom B an zwei andere Atome gekettet, A und C z. B.:

---

1) Vgl. S. 50.
2) Siehe auch Kauffmann, Phys. Ztschr. 9, 311.

$$A-B-C$$
$$A=B-C \text{ usw.,}$$

so muß das Elektron von B seine Kraftlinien sowohl positiven Sphären von A als auch von C zuwenden; je nachdem A oder C eine stärkere Anziehung auf B ausübt, ergeben sich verschiedene Verteilungen der Kraftliniensysteme.

Auch die Verschiedenheit in der Atomaffinität, z. B. zwischen dem Element A und zwei analogen Elementen B und B' (Cl und Br, Br und J) in den Verbindungen AB und AB' läßt sich elektroatomistisch plausibel machen. In der Fig. 9 soll durch die

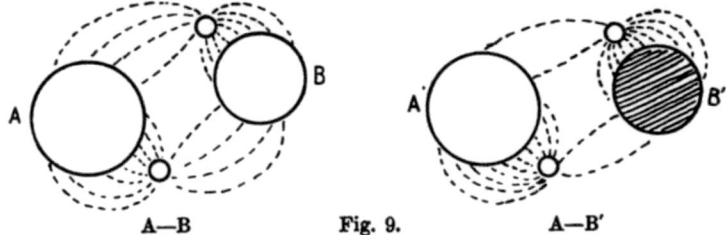

A—B   Fig. 9.   A—B'

Verteilung der Kraftliniensysteme zur Darstellung gebracht werden, daß die Atomaffinität zwischen AB größer ist als zwischen AB' [1]).

Schließlich kann man auch für den Begriff der Nebenvalenz eine elektroatomistische Deutung finden.

Um die Nebenvalenzbetätigung [2]) bei Metallatomen verständlich zu machen, kann man sich vorstellen, daß nach Absättigung der (Haupt-)Valenzen mit negativen Gruppen ungesättigte Elektronen aus der positiven Atomsphäre an die Oberfläche treten, die dann die Bindung anderer Moleküle (H_2O, NH_3, CO usw.) übernehmen; vgl. hierzu die Ansicht von K. A. Hofmann [3]).

---

1) Weiteres über Atomaffinität in spektralchemischer Beziehung siehe S. 203.

2) Für das Verständnis der Nebenvalenzwirkungen scheint mir die Tatsache fundamental zu sein, daß diese Affinitätsäußerungen im allgemeinen erst dann in die Erscheinung treten, wenn die Hauptvalenzen (durch gesättigte Elektronen abgesättigt sind. Die Bildung einer Nebenvalenzverbindung, z. B. eines Ammoniakats $(NH_3)_2 = MeX_2$ ist im allgemeinen nur auf dem Wege: $Me + X_2 \rightarrow MeX_2 + 2NH_3 \rightarrow (NH_3)_2MeX_2$, nicht aber auf dem Wege: $Me + 2NH_3 \rightarrow Me2NH_3 + X_2 \rightarrow (NH_3)_2MeX_2$ möglich. Nur in vereinzelten Fällen, z. B. bei den Metallcarbonylen wie $Ni = (CO)_4$ vermag das Metallatom direkt Nebenvalenz zu betätigen. Diese Verbindungen dürften für die elektrooptische Behandlung des Valenzproblems von größter Bedeutung sein.

3) Ztschr. f. physik. Chem. **71**, 312

Verschiedene Arten der Elektronen.

Zufolge des verschiedenen spektralen Verhaltens der Verbindungen hat Stark verschiedene Arten von Valenzelektronen unterschieden: ungesättigte, gesättigte und gelockerte.
1. Ungesättigt ist ein Elektron, wenn es, wie Fig. 7 zeigt, nur an sein eigenes Atom gebunden ist. 2. Bei einem gesättigten Valenzelektron sind die Kraftlinien teilweise auch an ein fremdes Atom geheftet; diese Elektronen finden sich somit in Molekülen einfacher und zusammengesetzter Stoffe. Die beiden Elektronen a und b Fig. 8 repräsentieren zwei gesättigte Valenzelektronen, die den einwertigen Atomen A und B zugehören. 3. ist der Fall denkbar, daß ein Valenzelektron nicht an ein fremdes Atom gebunden ist, aber durch die Wirkung benachbarter Valenzelektronen von seiner ursprünglichen Stelle auf dem Atom fortgedrängt, gelockert ist. Der Fall der gelockerten Elektronen setzt also ein mehrwertiges Atom voraus.

Sämtliche Arten von Elektronen können aus den Verbindungen losgetrennt werden, wozu bestimmte der Rechnung annähernd zugängliche Energiemengen nötig sind; bei den gesättigten Elektronen findet die Lostrennung natürlich unter völligem Zerfall der Verbindung statt, während bei Loslösung der ungesättigten und gelockerten Valenzelektronen ein derartiger Zerfall nicht einzutreten braucht. Eine derartige völlige Loslösung findet bei der Ionisierung statt, wo neben dem freien negativen Elektron der positiv geladene Atom- resp. Molekülrest vorhanden ist.

Nach Stark sind nun die Valenzelektronen die Zentren der Emission und Absorption in Bandenspektren. Bei der teilweisen Loslösung eines Valenzelektrons von seinem positiven Atomrest und der Wiederanlagerung an denselben werden elektromagnetische Wellen ausgesandt, indem kinetische Energie der Elektronen in elektromagnetische Strahlungsenergie verwandelt wird. Stark nimmt ferner an, daß die Gesamtheit der Wellenlängen, die bei der Wiederanlagerung eines Valenzelektrons emittiert werden, eine Doppelbande konstituiert, von der die eine Bande nach Ultraviolett, die andere nach Ultrarot zu abschattiert ist; wobei allerdings zu beachten ist, daß in der Mehrzahl der Fälle die beiden koordinierten Banden praktisch nicht zu beobachten sind, sondern nur eine von ihnen.

Mit Hilfe des Elementargesetzes von Planck, daß die von einem Elektron absorbierte oder emittierte Energie diskontinuierlich mit der Schwingungszahl veränderlich ist, berechnet der Autor eine obere Grenze für die emittierten oder absorbierten Wellenlängen. Die Rechnungen ergeben nun, daß die Bandenspektren der ungesättigten Valenzelektronen, wie der metalloiden Elemente, im unzugänglichen Ultraviolett liegen und deshalb für die Chemie weniger Interesse besitzen. Für die gesättigten Elektronen berechnet sich, daß ihre Bandenspektren im Ultrarot liegen müssen. Als Beispiel wird Kohlendioxyd $O \rightleftarrows C \rightleftarrows O$ herangezogen, in dem nur gesättigte Valenzelektronen ($= 8$) angenommen werden; aus der Bildungswärme des Kohlendioxyds aus den Elementen berechnet sich als untere Grenze der Lage des Bandenspektrums des Gases 1,93 μ, während die Beobachtung einen hiermit gut übereinstimmenden Wert ergibt.

Auch die Lage der Bandenspektra der gelockerten Valenzelektronen läßt sich annähernd berechnen, es ist äußerst wahrscheinlich, daß Bandenspektren unterhalb 0,7 μ derartigen gelockerten Valenzelektronen zugehören. Eine sehr wichtige, nach dem Früheren auch als (Chromophor resp.) Chromogen anzusehende Verbindung, die unterhalb 0,7 μ selektiv absorbiert, ist das Benzol, in dem wir aus spektralanalytischen Gründen gelockerte Valenzelektronen des Kohlenstoffs annehmen müssen[1]).

Durch chemische Einflüsse, z. B. Substitutionen, wird die Lockerung der Elektronen verändert, meist vergrößert; einer Vergrößerung der Lockerung entspricht spektralanalytisch eine Verschiebung der selektiven Absorption nach Rot.

Außer gelockerten Valenzelektronen des Kohlenstoffs, z. B. im Benzol und den Verbindungen mit kondensierten Benzolkernen wie Naphtalin und Anthracen, muß man in gewissen Verbindungen auch gelockerte Valenzelektronen anderer Elemente annehmen, so die des Sauerstoffs und Kohlenstoffs in den Chinonen, Diketonen und verwandten Verbindungen[2]) des Stickstoffs im Azobenzol u. a.

Hieraus ergibt sich eine neue Ansicht über die Konstitution der Chromophore.

Nach Stark sind die Chromophore, d. h. die Zentren der Lichtabsorption, Atomgruppen mit mindestens zwei mehrwertigen Atomen, die gelockerte Valenzelektronen enthalten. Nach der

---

1) Vergl. die Formel auf S. 79. Die Bindungen durch gesättigte Valenzelektronen werden mit $\longleftrightarrow$ z. B. $C \longleftrightarrow CC \longleftrightarrow O$, die gelockerten Valenzelektronen mit o— bezeichnet.

2) Vergl. S. 108.

früher mitgeteilten Bezeichnungsweise wäre die elektroatomistische Konstitution einiger Chromophore etwa folgendermaßen zu schreiben:

NO_2 :

resp.

$—N=N—$

$—N=O$

Außer den gelockerten Valenzelektronen müssen die chromophoren Gruppen natürlich noch gesättigte Elektronen enthalten, die die Bindungen der Atome untereinander und diejenigen des Chromophors mit den anderen im Chromogen enthaltenen Resten vermitteln.

Die bathochromen Wirkungen, die u. a. von der Amino- und Hydroxylgruppe bei der Einführung in ein Chromogen (Benzolring) ausgeübt werden, erklären sich dadurch, daß mit der Einführung dieser Gruppen eine weitere Lockerung der Valenzelektronen des Chromogens verknüpft ist, die z. T. wohl durch die Raumerfüllung oder die spezielle Natur des von den bathochromen Gruppen (OH, NH_2) ausgehenden Kraftfeldes bedingt sind. Wir werden bei den Absorptionserscheinungen der Phenole, Amine u. a. Gelegenheit haben, diese Ansichten genau zu prüfen.

Einen bedeutenden optischen Einfluß, der ebenfalls im Sinne der Theorie durch gegenseitige Beeinflussung der gelockerten Valenzelektronen verständlich ist, übt die Verkoppelung mehrerer Chromophore aus, wie sie im Diphenyl, Anthracen, Phenanthren und anderen Kohlenwasserstoffen anzunehmen ist.

Nimmt hingegen eine Verbindung mit gelockerten Valenzelektronen (Benzol) andere Atome oder Atomgruppen auf, so daß die gelockerten Elektronen in gesättigte übergehen (Bildung der Leukoverbindungen aus den Chromogenen), so verschwindet die selektive Absorption abrupt. Nach Hartley[1]) absorbiert Hexahydrobenzol lediglich kontinuierlich.

Durch die Theorie von Stark sind ferner die Erscheinungen der Absorption mit denjenigen der Ionisierung durch Licht, sowie die Fluoreszenz genetisch verknüpft[2]). Letztere Erscheinung, mit

1) Hartley u. Dobbie, Journ. Chem. Soc. 77, 846.
2) J. Stark und W. Steubing, Phys. Zeitschr. 9, 481.

der wir uns später etwas genauer beschäftigen müssen[1]), wird nämlich bedingt durch Absorption in einem nach Rot zu abschattierten Bandenspektrum.

Der Standpunkt dieser nur in ihren Grundzügen skizzierten Elektronentheorie ist somit der, daß die Chromogene vermöge ihres besonderen molekularen Baues leicht bewegliche Elektronen enthalten, die als die Zentren der Absorption angesehen werden müssen. Es ist somit im Prinzip der Standpunkt der alten Chromophortheorie; die wichtige Erweiterung, für die die Chemie der Physik dankbar sein muß, besteht darin, daß der im Chromophor vorhandene Mechanismus durch die elektroatomistische Auffassung der Materie bis zu einem gewissen Grade klargestellt ist. Es sei noch besonders hervorgehoben, daß der zur Absorption führende elektrische Vorgang, die Schwingungen der negativen Elektronen, auf das einzelne Molekül beschränkt bleibt und die Annahme eines chemischen Vorgangs dabei ausgeschlossen ist.

Zeitweilig wurden andere Ansichten über das Zustandekommen selektiver Absorption besonders bei organischen Verbindungen geäußert. Man glaubte nämlich, und gewisse Erscheinungen[2]) bei Acetessigester, Diketonen u. a. schienen diese Ansicht zu stützen, daß selektive Absorption bedingt wäre durch ein dynamisches Gleichgewicht zwischen mehreren Formen, die in der Regel durch einen Bindungswechsel auseinander hervorgehen. Die Farbe der Diketone wurde von Baly und seinen Mitarbeitern durch die Annahme des folgenden dynamischen Gleichgewichts erklärt:

$$\begin{array}{ccc} CH_3 - C = O & & CH_3 - C - O \\ | & \rightleftarrows & \| \quad | \\ CH_3 - C = O & & CH_3 - C - O. \end{array}$$

Derartige Vorgänge, die Absorption bedingen sollten, wurden isorropische genannt. Diese Ansicht ist aber unwahrscheinlich, denn sie gibt keine Erklärung für die selektive Absorption, die gewissen Metallen in ihren Salzen eigen ist, wenn man nicht ganz unwahrscheinliche Annahmen betr. Wertigkeit usw. machen will; auch auf die Frage nach der Entstehung des Bandenspektrums, das organischen Jodiden, wie Jodmethyl, also ebenfalls einer äußerst einfach konstituierten Verbindung[3]), eigen ist, bleibt sie die Antwort schuldig.

---

1) Vergl. S. 130. J. Stark, Phys. Zeitschr. **10**, 614.
2) Vergl. S. 110.
3) Vergl. S. 122.

In allen diesen Fällen bleibt nur der Ausweg übrig, den zur Absorption führenden Vorgang als inneratomistischen bzw. innermolekularen, im Sinne der elektroatomistischen Auffassung anzusehen, wozu auch schließlich die Phänomene der Emissionsspektren zwingen.

IX. Absorption einfacherer Stoffklassen besonders im Ultraviolett.

Absorption des Benzols und seiner wichtigsten Verbindungen.

Zu den einfachsten selektiv im Ultraviolett absorbierenden Verbindungen gehören das Benzol, seine Homologen, Substitutions- und Kondensationsprodukte, wie Naphtalin, Anthracen u. a. Benzol zeigt nach den Untersuchungen von Hartley, die später von Baly und Collie[1]) bestätigt wurden, in alkoholischer Lösung 7 äußerst schmale Absorptionsbänder zwischen den Wellenlängen 233 und 271 $\mu\mu$. Die einzelnen nach Rot zu abschattierten Banden liegen zwischen folgenden Schwingungszahlen (r. A.-E):

1. 3691—3730	2. 3820—3848	3. 3915—3935
4. 4005—4024	5. 4103—4117	6. 4204—4209
	7. 4266—4292.	

Diese Untersuchungen sind mit den im Ultraviolett diskontinuierlichen Funken- resp. Bogenspektren gewisser Metalle vorgenommen. Nach neueren Messungen aus dem Kayserschen Laboratorium, bei denen die Absorptionsmessungen mit kontinuierlichen Lichtquellen (s. Teil II) vorgenommen wurden, weisen jedoch Benzol und Homologe auch in Lösungen mehr als 7 Banden auf, die zum Teil äußerst schmal sind.

Fig. 10 zeigt die Schwingungskurve des Benzols in alkoholischer Lösung; auf Tafel I ist die Reproduktion einer Platte mit dem Absorptionsspektrum einer alkoholischen Benzollösung (nach Hartleys Methode) gegeben.

Wesentlich anders ist das Spektrum des dampfförmigen Benzols, das von Pauer und Friedrichs, sowie von Hartley und L. Grebe gemessen wurde[2]). Nach diesen Untersuchungen besteht das Ab-

---

1) Journ. Chem. Soc. 87, 1332.
2) Hartley, Phil. Trans. of the Royal Society of London, Ser. A. Vol. 208, 475—528; J. Pauer, Wied. Ann. 61, 363; W. Friedrichs, Zeitschr. wiss. Photographie 1905, (3), 154; L. Grebe, ebenda, 1905, 363.

sorptionsspektrum des Benzoldampfes aus einer großen Zahl (über 70) von Banden, deren Kanten nach kürzeren Wellen liegen und die

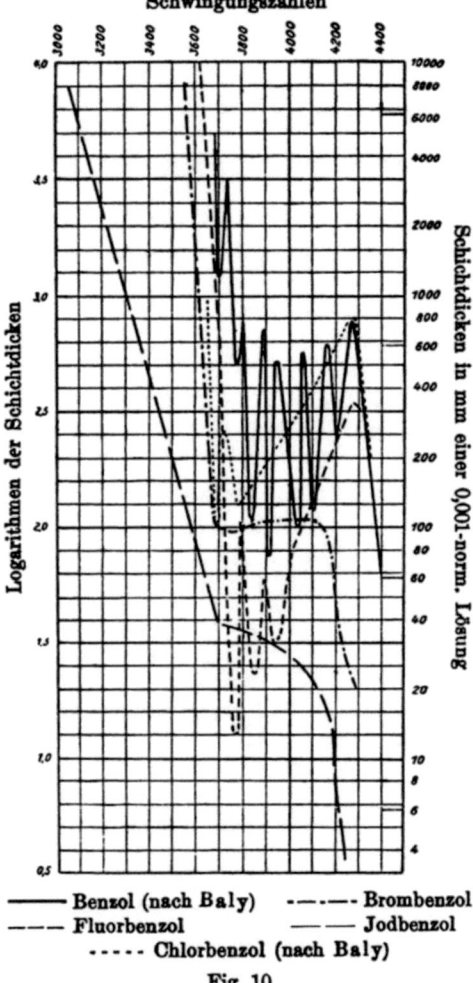

Schwingungszahlen

———— Benzol (nach Baly)   —·—·— Brombenzol
— — — Fluorbenzol   — — Jodbenzol
· · · · · Chlorbenzol (nach Baly)

Fig. 10.

nach längeren Wellen abschattiert sind. Grebe zergliedert die besonders hervortretenden Banden in folgender Weise (A.-E.):

	I	II	III
	2689	2676	2665
Differenz	80	78	78
	2609	2598	2584
„	62	61	61
	2547	2537	2526
„	63	63	63
	2485	2574	2463
„	49	51	51
	2436	1423	2412
„	51	50	52
	2385	2373	2360

Die Zahlen der Hauptserie III entsprechen den Anfängen der Gruppen.

Betreffs weiterer Gesetzmäßigkeiten muß auf die Untersuchung von Grebe verwiesen werden. Ein Vergleich der Absorptionsbanden des gelösten und dampfförmigen Benzols ergibt bei ersteren eine deutliche Verschiebung nach Rot, wie eine Gegenüberstellung der Anfänge der Bandengruppen (Dampf) mit den Kanten der Banden (Lösung) ergibt (A.-E.):

Lösung	2681	2599	2541	2485	2429	2376
Dampf	2665	2587	2526	2463	2412	2360
	16	12	15	22	17	16

Die entsprechenden Banden liegen somit durchschnittlich um zirka 16 Einheiten auseinander.

Die selektive Absorption des Benzols wird nach Stark durch die Anwesenheit gelockerter Elektronen des Kohlenstoffs bedingt; daneben wird natürlich die gegenseitige Bindung der Kohlenstoffatome, sowie der Kohlenstoff- und Wasserstoffatome durch gesättigte Valenzelektronen vermittelt, so daß man dem Benzol etwa folgende elektroatomistische Struktur zuschreiben kann:

Die Änderung des Benzolzustandes durch Substitution wird durch die Annahme erklärt, daß der Lockerungskoeffizient der gelockerten Elektronen des Kohlenstoffs eine Änderung erfährt; eine Vergrößerung der Lockerungskoeffizienten entspricht einer Verschiebung der Absorption nach längern Wellen. Die Lockerung kann teils so erfolgen, daß die in den Benzolkern eintretende Gruppe durch ihre Raumerfüllung, also „sterisch" wirkt, teils dadurch, daß mit dem Substituenten noch andere gelockerte Valenzelektronen in das System eintreten und so die schon vorhandenen Elektronen beeinflussen. Letzteres ist wohl durchwegs der Fall, wenn ungesättigte Gruppen wie —CO·CO—, —NO, —NO₂ usw., d. h. chromophore Gruppen, mit dem Benzolkern verbunden sind. Es ist vorläufig noch nicht möglich, in einzelnen Fällen zu entscheiden, wie die Lockerung der Elektronen durch Einführung von Substituenten zustande kommt, doch scheint die Annahme plausibel, daß dieser Vorgang durch die früher als indifferent und gesättigt bezeichneten Gruppen (CH₃, C₂H₅, Cl) in prinzipiell anderer Weise zustande kommt, als durch die ungesättigten und chromophoren, bei denen durch den Eintritt eines neuen gelockerten Valenzelektrons die vorhandenen gelockerten Elektronen im Benzolkern wesentlich beeinflußt werden [1].

Auch der teils hypsochrome, teils bathochrome Einfluß der Salzbildung bei Benzolverbindungen läßt sich, wie das bei den Aminen, Carbonsäuren und Phenolen näher ausgeführt werden soll, auf Grund der Elektronentheorie plausibel machen [2].

Auf die Versuche von Collie und Baly [3], die die Entstehung der Absorptionsbanden des Benzols auf intramolekulare Schwingungen des Benzolkerns zurückführen wollen, bei deren einzelnen Phasen Doppelbindungen teils gesprengt, teils neu gebildet werden, kann hier nur hingewiesen werden, da nach früheren Entwicklungen [4] die Grundlagen dieser Theorie nicht mehr ganz stichhaltig sind.

———

Substitution innerhalb des Benzolkerns verändert das Absorptionsspektrum durchwegs; in diesen Fällen ist in der Regel die Wirkung gesättigter Substituenten (CH₃, C₂H₅, Cl u. a.) und ungesättigter Substituenten (NH₂, COOH, OH, CN u. a.) durchaus verschieden [5]. Bei Einführung gesättigter Gruppen bleibt gewöhnlich der Benzolcharakter erhalten, indem ein oder mehrere

1) Vergl. Ley und v. Engelhardt, Zeitschr. phys. Chem. 74, 21.
2) Vergl. auch die Entwickelungen S. 84 ff. dieses Buches.
3) Journ. Chem. Soc. 87, 1332.
4) Vergl. S. 76.
5) Journ. Chem. Soc. 87, 1332.

Benzolbänder deutlich hervortreten, oder, was allerdings manchmal schwerer zu erkennen ist, mehrere Bänder in ein einziges zusammenfließen. Die Einführung ungesättigter Gruppen ändert hingegen den Charakter der Absorptionskurve völlig, indem neue Bänder bei anderen, kleineren Schwingungszahlen und geringeren Schichtdicken auftreten, die mit den Benzolbändern in keiner direkten Beziehung stehen oder indem die selektive Absorption überhaupt verschwindet und einer kontinuierlichen Platz macht. Allerdings kann die mehrmalige Einführung gesättigter Gruppen, z. B. von 6 Methylgruppen ebenfalls eine wesentliche Verschiebung nach Rot hervorrufen, wie das Spektrum des Hexamethylbenzols erwiesen hat[1]).

Bemerkenswert ist ferner, daß von den Bisubstitutionsprodukten des Benzols Paraderivate die am meisten charakteristische Schwingungskurve aufweisen, in der der Benzolcharakter am deutlichsten konserviert ist. In einigen Fällen ist die Zahl der Bänder bei der p-Verbindung größer als bei den Isomeren; falls die Zahl der Bänder gleich ist, haben diese bei der p-Verbindung in der Regel größere Tiefe.

Homologe des Benzols.

Toluol, Äthylbenzol und die drei Xylole sind von Hartley sowie von Baly und Collie in alkoholischer Lösung untersucht; in allen Fällen wurden wie bei Benzol teils schmale, teils breite Absorptionsbanden aufgefunden. Auf eine Wiedergabe der einzelnen Messungen kann verzichtet werden, da neuerdings sehr eingehende Studien über diese Verbindungen auf Veranlassung von Kayser von Grebe, Friederichs u. a. gemacht wurden, bei denen eine im Ultraviolett kontinuierliche Lichtquelle in Anwendung kam.

Wie schon Hartley und Pauer fanden, zeigt p-Xylol ein besonders charakteristisches Spektrum, dessen Banden wie die der übrigen Benzolhomologen nach Rot abschattiert sind. Während die früheren Beobachter in alkoholischer Lösung nur wenige Banden entdeckten, haben Mies und Grebe vermittels der verfeinerten Versuchsanordnung deren 10—18 gemessen, je nach den Versuchsbedingungen. Noch weit komplizierter ist das Spektrum des dampfförmigen p-Xylols, wie schon Hartley fand. Sehr genaue Messungen verdankt man W. Mies[2]), der die Absorption bei ver-

---

1) Ley und v. Engelhardt, Zeitschr. phys. Chem. 74, 1.
2) Dissertation Bonn, Ztschr. wiss. Phot. 7, 357.

schiedenen Temperaturen und Drucken untersuchte und zugleich die Schichtdicken variierte; er beobachtete eine auffallend große Konstanz der selektiven Absorption; die Banden verändern ihre Lage unter den veränderten Versuchsbedingungen nicht; von Einfluß ist indessen die Änderung von Temperatur und Schichtdicke auf die kontinuierliche Absorption, die mit der Temperatur zunimmt und zwar am stärksten in dem nach Rot liegenden Teile des Spektrums. Hervorzuheben ist weiter der äußerst regelmäßige Bau des Spektrums, in dem deutlich 4 Serien von Banden hervortreten. In der folgenden Tabelle sind die wichtigsten Glieder dieser Serie verzeichnet; die Differenzen zwischen den Gliedern der Horizontal- und Vertikalreihen sind annähernd konstant; die Banden sind in rez. A.-E. ausgedrückt.

A		C		B		D
3590,7	18,1	3608,8	17,7	3626,5	17,8	3644,3
82,4		81,9		83,4		83,6
3673,1	17,6	3690,7	19,2	3709,9	18,0	3727,9
80,0		82,1		81,6		83,1
3753,1	19,7	3772,8	18,7	3791,5	19,5	3811
76,8		77,1		77,7		77,9
3829,9	20,0	3849,9	19,3	3869,2	19,7	3888,9
78,6		78,6		78,7		77,8
3908,5	20,0	3928,5	19,4	3947,9	18,8	3966,7
78,7		80,3		80,3		81,1
3987,2	21,6	4008,8	19,4	4028,2	19,6	4047,8
78,7		77,8		80,3		
4065,9	20,7	4086,6	21,9	4108,5		
80,1		80,0		77,4		
4145,9	20,8	4166,7	19,2	4185,9		

Das Flüssigkeitsspektrum ist gegen das Dampfspektrum um 10—14 A.-E. nach Rot verschoben.

4. Ungesättigte Kohlenwasserstoffe.

Bei Styrol[1]), $C_6H_5 \cdot CH:CH_2$, ist infolge der Wirkung der ungesättigten Gruppe $CH:CH_2$ die anfängliche kontinuierliche Absorption beträchtlich nach Rot verschoben (s. Fig. 11); daneben zeigt sich bei ca. 3600 Andeutung eines Bandes.

1) Baly u. Desch, Journ. Chem. Soc. **98**, 1751, 1908; vgl. Ley u. v. Engelhardt **74**, 31; letzterer Arbeit ist nebenstehende Schwingungskurve entnommen; ob die bei Styrol punktiert gezeichneten Bänder tatsächlich existieren, läßt sich bei der Methode (Eisenbogen) nicht sicher entscheiden; dasselbe gilt für Phenylacetylen.

Stilben[1]), $C_6H_5 \cdot CH : CH \cdot C_6H_5$, besitzt ein breites Band bei 3300; die kontinuierliche Absorption hat entsprechend dem stark ungesättigten Charakter des Substituenten $CH:CH \cdot C_6H_5$ eine weitere Verschiebung nach Rot erfahren.

Das durch Reduktion aus letzterem hervorgehende Dibenzyl ist ebenfalls von Baly und Tuck[1]) untersucht.

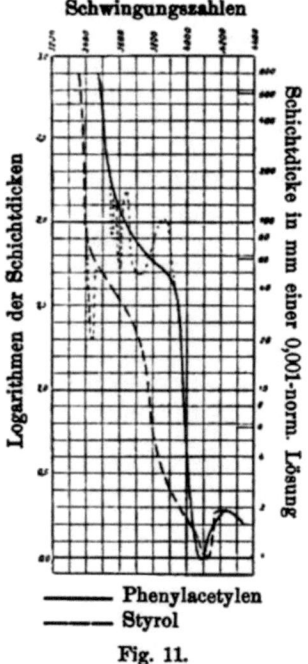

Schwingungszahlen

——— Phenylacetylen
– – – Styrol

Fig. 11.

Phenylacetylen, $C_6H_5 \cdot C : CH$, ist, wie Ley und v. Engelhardt[2]) fanden, durchlässiger als Styrol (s. Fig. 11); die Gruppe $\cdot CH:CH_2$ erweist sich demnach als weniger gesättigt als die Gruppe $\cdot C : CH$, was in Übereinstimmung mit anderen optischen Beobachtungen ist (vgl. S. 96).

Das flüssige Distyrol $C_6H_5 - CH = CH - CH(CH_3)C_6H_5$ ist kürzlich von Stobbe und Posnjak[3]) untersucht.

1) Baly u. Tuck, Journ. Chem. Soc. 98, 1902, 1908; Crymble, Stuart, Berl. Ber. 43, 1183.

2) Ztschr. phys. Chem. 74, 31. — 3) Lieb. Ann. 371, 287.

5. Halogenverbindungen.

Die selektiven bzw. kontinuierlichen Absorptionsspektra der monosubstituierten Halogenbenzole[1]) treten bei gleichen Konzentrationsverhältnissen sowie bei ähnlich gelegenen Schwingungszahlen auf, wie das Spektrum des Benzols selbst. Fluorbenzol[2]) zeigt nach Ley und v. Engelhardt 3 ziemlich scharfe Absorptionsbanden ($1/\lambda$: 3770, 3850, 3920), Chlorbenzol besitzt nach Baly und Collie[3]) ein schmäleres und ein breiteres Absorptionsband ($1/\lambda$ ca. 3680 und 3800), Brombenzol zeigt ein breites Band von sehr geringer Tiefe (zwischen 3700 und 4100), während Jodbenzol[4]) kontinuierliche Absorption mit einem Knick in der Schwingungskurve bei 3700 aufweist (s. Fig. 10). Bemerkenswert ist ferner, daß die charakteristische Absorption des Benzols durch das leichteste Halogen, Fluor, am wenigsten modifiziert wird, da Fluorbenzol die größte Zahl von Bändern aufweist und ferner, daß die anfängliche kontinuierliche Absorption vom Fluor- bis Jodbenzol, d. h. mit Vergrößerung des Atomgewichts des Halogens, nach längeren Wellen verschoben wird. Jodbenzol absorbiert wesentlich stärker als die drei anderen Stoffe. Ferner wurden von Baly und Ewbank[5]) die drei isomeren Chlortoluole $C_6H_4 \cdot Cl \cdot CH_3$, ferner die drei Dichlorbenzole $C_6H_4Cl_2$ gemessen. Erstere besitzen sämtlich zwei Bänder in der Gegend der Benzolbänder, die bei der p-Verbindung von größerer Tiefe sind als bei den anderen Isomeren. p-$C_6H_4Cl_2$ zeigt drei Bänder, die o- und m-Verbindung nur je zwei.

Chlor-, Brom- und Jodbenzol wurden auch im dampfförmigen Zustande von Grebe[6]) gemessen. Die ersten beiden zeigen ungefähr identische Spektren, nur erscheinen beim Brombenzol die Banden um 5 A.-E. gegenüber Chlorbenzol nach Rot verschoben; auch Jodbenzol zeigt dampfförmig ein Bandenspektrum, enthält aber weniger Banden als Chlor- und Brombenzol.

6. Aminoverbindungen.

Für Anilin finden Baly und Collie[7]) die gleiche Schwingungskurve wie Hartley, sie besteht (s. Fig. 12) aus einem breiten

---

1) Baly u. Collie, Journ. Chem. Soc. 87, 1332, 1905.
2) Ley u. v. Engelhardt, Ztschr. phys. Chem. 74, 34.
3) l. c.
4) Ley u. v. Engelhardt, vgl. Pauer, Wied. Ann. 61, 363, 1897.
5) Journ. Chem. Soc. 87, 1355.
6) Ztschr. f. wiss. Photogr. 8, 390, 1905.
7) Journ. Chem. Soc. 87, 1336, 1905.

Bande, dessen Boden bei etwa $1/\lambda = 3500$ liegt; es zeigt sich bei dieser Verschiebung nach längeren Wellen deutlich der Einfluß der ungesättigten Aminogruppe, die eine Lockerung der Elektronen im Benzolkern hervorgerufen hat. Halogensubstituierte Aniline, die ebenfalls selektive Absorption aufweisen, sind von Baly und Ewbank[1]) untersucht. Das Absorptionsspektrum des dampf-

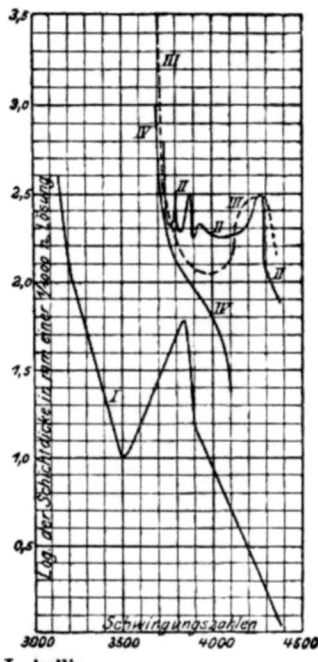

I. Anilin
II. Anilin-chlorhydrat
III. Phenyltrimethylammoniumchlorid
IV. Phenyltrimethylammoniumjodid
Fig. 12.

förmigen Anilins ist u. a. von Grebe[2]) gemessen worden, es enthält zahlreiche äußerst scharfe Banden.

Methyl- und Dimethylanilin weisen hinsichtlich der Muttersubstanz verschiedene Abweichungen auf; die Boden der Bänder

1) Journ. Chem. Soc. 87, 1355.
2) Ztschr. f. wiss. Photogr. 3, 392, 1905.

liegen bei Anilin, Mono- und Dimethylanilin bei 3510, 3450 und 3430; ferner wird durch Einführung der Methylgruppen das Anilinband zunehmend flacher; schließlich weist die Kurve der Dimethylverbindung auch in der Benzolregion ein Band in geringer Ausdehnung auf.

o- und p-Toluidin wurde schon von Hartley gemessen[1]), die m-Verbindung haben Baly und Ewbank[2]) untersucht; über m-Xylidin siehe bei J. Purvis[3]).

Acetylierung hat nach Baly Verschiebung der Absorption nach Ultraviolett im Gefolge[4]), was für sichtbar absorbierende Aminoverbindungen schon seit langem bekannt war; wie Fig. 13

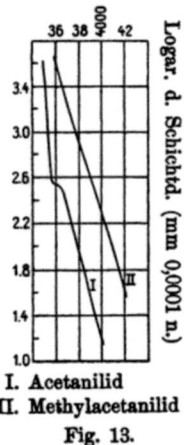

I. Acetanilid
II. Methylacetanilid
Fig. 13.

zeigt, ist Methylacetanilid durchlässiger als Acetanilid; eine Erscheinung, die auch bei Nitroacet-p-toluidid und Nitroacet-methylp-toluidid wiederkehrt.

Wirkung der Salzbildung bei den Aminoverbindungen.

Salzbildung bewirkt eine totale Veränderung des Charakters der Absorptionskurve; bei Gegenwart von 2 Molen Salzsäure — der

1) Journ. Chem. Soc. 47, 685; s. auch Kayser, Handb. III; J. Purvis, Journ. Chem. Soc. 97, 644.
2) l. c.
3) Journ. Chem. Soc. 97, 644.
4) Journ. Chem. Soc. 97, 571.

Überschuß ist zur Zurückdrängung der Hydrolyse des Chlorhydrats notwendig — wird die Lösung sehr viel durchlässiger, außerdem tritt der Benzolcharakter hervor: nach Baly[1]) ist das zweite und dritte Benzolband deutlich zu erkennen (vgl. Fig. 12). Hierbei ist natürlich vorausgesetzt, daß das Anion des Salzes:

$$C_6H_5NH_2 \cdot HX$$

keine wesentliche Eigenabsorption besitzt; dieser Bedingung genügen z. B. folgende Säuren:

$$HCl \cdot H_2SO_4 \cdot HC_2H_3O_2 \cdot HClO_3 \cdot HClO_4 \text{ u. a.,}$$

die somit zur Untersuchung des optischen Effektes der Salzbildung bei Aminoverbindungen im Ultraviolett geeignet sind. Bromwasserstoff ist weniger durchlässig als Chlorwasserstoff und Jodwasserstoff bezw. J' zeigt schon beträchtliche Absorption, wie aus der Schwingungskurve des Kaliumjodids hervorgeht. Deshalb geben die Ammoniumjodide wesentlich andere Schwingungskurven als die Chloride[2]), siehe z. B. $C_6H_5N(CH_3)_3Cl$ und $C_6H_5N(CH_3)_3J$ (Fig. 12). Auch die Nitrate zeigen in konzentrierten Lösungen eine von den Chloriden verschiedene Absorption, da NO_3'-Ion selektiv absorbiert[3]) (Band bei 3350; 0,5 n.).

Bei den sowohl im Kern als auch am Stickstoff substituierten Anilinen beobachten wir den gleichen optischen Effekt der Salzbildung: starke Verschiebung der Absorption nach Ultraviolett; auch die Kurve des Phenyltrimethylammoniumchlorids $C_6H_5N(CH_3)_3Cl$ ist, wie zu erwarten, der des Anilinchlorhydrats sehr ähnlich[2]) (s. Fig. 12). Bei den im Sichtbaren absorbierenden aromatischen Aminen macht sich der Einfluß der Salzbildung auch dem Auge bemerkbar; dieses ist der Fall bei den drei Nitroanilinen, deren Chlorhydrate farblos sind; durch die Salzbildung wird die auxochrome Aminogruppe gewissermaßen ausgeschaltet, das Salz ist somit hinsichtlich seiner Absorption dem Nitrobenzol vergleichbar; diese Verhältnisse sind von Baly, Edwards und Stuart untersucht worden[4]).

Jene Verschiebung der Absorption des Anilins durch Salzbildung hängt zweifellos damit zusammen, daß die ungesättigte

1) Baly u. Collie, Journ. Chem. Soc. 87, 1332; vgl. Hartley, Kaysers Handb. III.

2) Ley u. Ulrich, Berl. Ber. 42, 3441.

3) Hartley, Trans. Chem. Soc. 81, 556; 83, 211; siehe besonders K. Schaefer, Ztschr. wiss. Photogr. 8, 212.

4) Journ. Chem. Soc. 89, 514.

Gruppe —NH_2 in die gesättigte —NH_3X übergeht, die einen ähnlichen Effekt ausübt wie andere gesättigte Gruppen CH_3, Cl usw.

Was die Konstitution des Anilins und seiner Salze in elektroatomistischer Beziehung betrifft, so könnte man die Annahme machen, daß die ungesättigte NH_2-Gruppe etwa wie die Nitrogruppe gelockerte Valenzelektronen des Stickstoffs enthält, die bei der Salzbildung in gesättigte Elektronen übergehen.

Eine andere, wahrscheinlichere Erklärung liegt in der Annahme, daß im Anilinchlorhydrat, in dem man nach Werner ein Komplexsalz des Wasserstoffs erblicken muß:

$$(C_6H_5 \cdot NH_2 \ldots\ldots H)Cl$$

durch die Bindung (—NH_2 ... H) dem System $(C_6H_5$—N) Kraftlinien entzogen sind; hierdurch wird aber die Bindung zwischen C_6H_5 und NH_2 schwächer, was eine Verringerung des Lockerungskoeffizienten der Elektronen des Benzolkerns zur Folge hat. Bei der Besprechung der Beziehungen zwischen Fluoreszenz und Absorptionsphänomenen werden wir auf diese Erklärung zurückkommen.

7. Phenole und Nitroverbindungen.

Das Spektrum des Phenols in alkoholischer Lösung besteht aus einem breiten und tiefen Bande etwa zwischen 3600 und 3800; die Äther des Phenols, Anisol $C_6H_5OCH_3$ und Phenetol $C_6H_5OC_2H_5$, zeigen etwas andere Absorptionsverhältnisse, indem sich das breite Phenolband in zwei neue schmale Bänder auflöst (s. Fig. 14). Auch Salzbildung verändert das Absorptionsspektrum des Phenols beträchtlich; durch Natron findet starke Verschiebung nach Rot statt (der Boden des Bandes liegt jetzt bei etwa 3420). Anisol und Phenetol werden durch Natron nicht verändert. Sehr merkwürdig ist auf den ersten Blick die Tatsache, daß auch Salzsäure die Schwingungskurve des Phenols modifiziert, sie wird jetzt der des Anisols ähnlich, insbesondere erscheint jetzt die mittlere durchlässige Partie (s. Fig. 14). Ähnliche Verhältnisse weisen die Kresole $C_6H_4 \cdot OH \cdot CH_3$ auf, so auch die starke Verschiebung des Spektrums nach Rot durch Salzbildung.

Salzbildung hat somit bei Phenol in bezug auf die Verschiebung des Absorptionsspektrums gerade die entgegengesetzte Wirkung wie bei Anilin. Die Abhängigkeit des Absorptionsspektrums des Phenols vom Dissoziationszustande ist im Sinne der Elektronentheorie wohl so zu erklären, daß bei völliger Dissoziation (im Alkalisalz) die Kraftlinien zwischen C und O dichter gelagert und damit die Bindung zwischen Phenyl und dem Sauerstoffatom vergrößert wird, womit zufolge der früheren Ausführungen eine Lockerung der Elektronen des Benzolkerns Hand in Hand geht.

Eine Lockerung der Valenzelektronen hat aber eine Verschiebung der Absorption nach Rot zur Folge.

Von anderen phenolartigen Verbindungen gelangten durch Baly und Ewbank[1]) zur Untersuchung:

Guajakol, Veratrol $C_6H_4(OCH_3)_2$,
o- und p-Anisidin $C_6H_4(OCH_3)NH_2$,
p-Aminophenol $C_6H_4(OH)NH_2$.

Die Dioxybenzole $C_6H_4(OH)_2$ sind schon von Hartley[2]) gemessen worden.

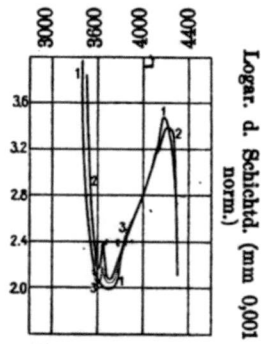

1. Phenol in Alkohol
2. Anisol in Alkohol
3. Phenol in Alkohol +
   20 Mol. HCl.

Fig. 14.

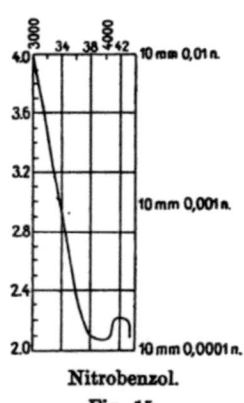

Nitrobenzol.

Fig. 15.

Über Phloroglucin $C_6H_3(OH)_3$ siehe E. P. Hedley[3]).

Chlorphenol wurde von Ley und v. Engelhardt[4]) gemessen. Aromatische Nitroverbindungen sind neuerdings sehr eingehend von Baly, Tuck und Marsden[5]) untersucht. Nitrobenzol[6]) (Fig. 15) besitzt starke allgemeine Absorption und ein wenig

1) Journ. Chem. Soc. 85, 1347.
2) Siehe Kayser, Handb. III, 189.
3) Journ. Chem. Soc. 89, 730.
4) Ztschr. phys. Chem. 74, 42.
5) Journ. Chem. Soc. 97, 571.
6) Siehe auch Crymble, Stuart u. Wright, Berl. Ber. 43, 1180.

ausgeprägtes Band bei ca. 4000. Durch Einführung anderer Gruppen entstehen jedoch häufig stark selektiv absorbierende Nitrokörper, wofür die drei Nitrotoluole Beispiele abgeben, deren Schwingungskurven in Fig. 16 gezeichnet sind. Gleichfalls selektiv absorbieren:

4-Nitro-o-xylol,

3-Nitro-o-xylol,

während die Einführung zweier oder mehrerer Nitrogruppen die selektive Absorption häufig vernichtet; so absorbiert 3,4-Dinitro-

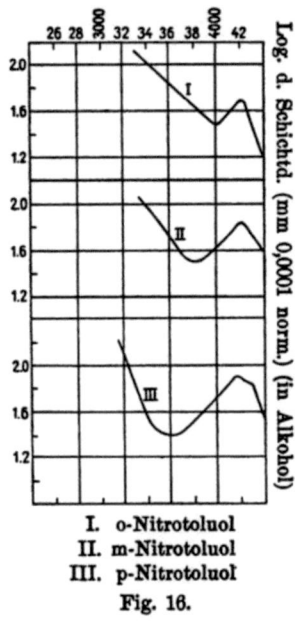

I.   o-Nitrotoluol
II. m-Nitrotoluol
III. p-Nitrotoluol

Fig. 16.

o-xylol noch selektiv, 3700 (40 mm 0,0001 n.), jedoch 3,5- und 4,5-Dinitro-o-xylol, sowie 3,4,5-Trinitro- und 3,4,6-Trinitro-o-xylol nur kontinuierlich.

Einige Nitroverbindungen wurden von Baly auch in verschiedenen Lösungsmitteln untersucht, wobei sich die Gesetzmäßigkeit ergab, daß indifferente Medien (gesättigte Kohlenwasserstoffe) das Absorptionsband nach Ultraviolett verschieben, während Medien vom Wassertypus (H_2O, CH_3OH, C_2H_5OH) Verschiebung der Absorption nach Rot bewirken.

8. Nitraniline und Nitrophenole.

Die drei Nitraniline sowie die Salze der Nitrophenole sind intensiv gelb, auch das freie o-Nitrophenol ist von gelber Farbe, weshalb man diesen Stoffen früher eine chinoide Konstitution zuerteilte und die Formel für o-Nitrophenol folgendermaßen schrieb:

Gegen die Annahme einer chinoiden Konstitution spricht aber, wie Baly neuerdings ausführlich begründete[1]) der Umstand, daß

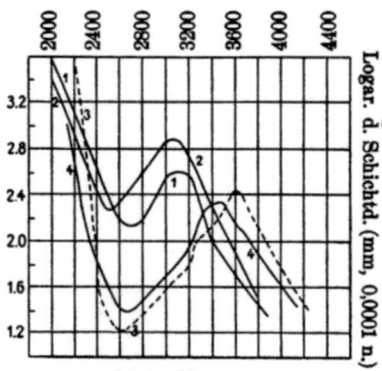

1. m-Nitroanilin
2. m-Nitro-dimethylanilin
3. p-Nitroanilin
4. p-Nitrodimethylanilin

Fig. 17.

bei den Nitroverbindungen die Bänder bei ganz anderen Konzentrationen (0,001 n.) erscheinen als bei den Chinonen (ca. 0,1 n.); ferner weisen die Kurven der nitrierten Dimethylaniline mit denen der nitrierten Aniline sehr große Ähnlichkeit auf (s. Fig. 17). Da aber bei ersteren eine chinoide Konstitution nicht gut angenommen werden kann, wird dieses auch für letztere sehr unwahrscheinlich. Die starke sich bis ins Sichtbare erstreckende Absorption dieser Verbindungen erklärt sich vielmehr ungezwungen durch die Tatsache, daß sowohl die NH_2- und OH- als auch die NO_2-Gruppe

---

1) Baly, Tuck und Marsden, Journ. Chem. Soc. 97, 571.

die Benzolabsorption nach Rot verschieben (vergl. die Kurven des
Benzols mit denen des Anilins, Phenols und Nitrobenzols). Salzbildung bewirkt bei den Nitrophenolen weitere starke Verschiebung
der Absorption nach Rot. p-Nitrophenol ist im festen Zustande
fast farblos, die Salze sind fest und gelöst gelb bis orange; auch
dieser Einfluß ist durchaus ohne Annahme von Umlagerung verständlich, wenn man berücksichtigt, daß Natriumphenolat weniger
durchlässig ist als Phenol selbst. Bei Nitrophenolnatrium ist somit eine sehr weitgehende Lockerung der gelockerten Valenz-

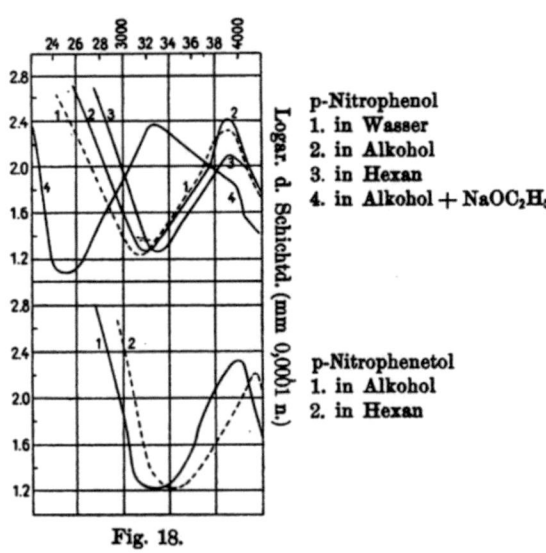

p-Nitrophenol
1. in Wasser
2. in Alkohol
3. in Hexan
4. in Alkohol + NaOC$_2$H$_5$

p-Nitrophenetol
1. in Alkohol
2. in Hexan

Fig. 18.

elektronen des Benzolrings, und zwar durch folgende Umstände
eingetreten: 1. durch die Gegenwart der chromophoren Nitrogruppe,
in der gelockerte Valenzelektronen des Stickstoffs und Sauerstoffs
anzunehmen sind; 2. durch die Einführung der ungesättigten
Hydroxylgruppe, bei der im Zustande völliger Dissoziation (Salzbildung) das Kraftliniensystem zwischen einem Sauerstoff- und
einem Benzolkohlenstoffatom eine ähnliche Veränderung erfährt,
wie dieses beim Phenol angedeutet wurde. Die Kurven für die
Sauerstoffester der Nitrophenole, Nitroanisol und Nitrophenetol
sind denen der Nitrophenole sehr ähnlich; in allen Fällen erweisen
sich die Lösungsmittel von Einfluß auf die Schwingungskurven;

wie Fig. 18 bei p-Nitrophenol erkennen läßt, bewirkt Wasser als
Lösungsmittel die größten Verschiebungen nach Rot, falls man die
Hexankurve als Normale ansieht; die Kurve für Alkohol liegt
zwischen beiden.

Nitrohydrochinondimethylester[1]) $C_6H_3(OCH_3)_2 NO_2$ ist
von Hantzsch und Hedley[2]) sowie auch von Baly[3]) untersucht.
Von anderen Nitroverbindungen, die von letzterem[3]) gemessen
wurden, mögen folgende Erwähnung finden:

> Nitro-p-toluidin,
> Nitro-methyl-p-toluidin,
> Nitro-dimethyl-p-toluidin,
> Nitro-acet-p-toluidin.

9. Carbonsäuren und Derivate. Aldehyde etc.

Benzoesäure besitzt, wies chon Hartley[4]) fand, nur ein Band
von geringer Tiefe, dessen Boden bei ca. 3650 liegt. Fig. 19 zeigt
die Absorptionskurve zugleich mit der des Kaliumsalzes; für
letzteres ist die geringe, aber außerhalb der Versuchsfehler liegende
Verschiebung der Absorption nach Ultraviolett charakteristisch,
die auch bei den substituierten Benzoesäuren, z. B. bei den Oxy-
und Methoxybenzoesäuren, sowie bei den Naphtoesäuren (S. 102)
wiederkehrt.

Salzbildung übt bei den Carbonsäuren somit den entgegengesetzten Effekt aus als bei den Phenolen, eine Erscheinung, die
auf Grund der Elektronentheorie verständlich ist; wir werden nach
Besprechung gewisser Fluoreszenzerscheinungen im Ultraviolett
(s. S. 139) auf diese Verhältnisse zurückkommen.

Benzoesäureäthylester $C_6H_5 COO C_2H_5$ zeigt ähnliche
Absorption wie die Säure und weicht ebenfalls vom Natrium- oder
Kaliumsalz ab. Die drei isomeren Phtalsäuren, sowie Phtal-
säureanhydrid und Phtalimid sind von Hartley und Hedley
untersucht[5]); es sei auf den sehr merkwürdigen beträchtlichen

---

1) Vergl. auch S. 47.

2) Berl. Berl. **41**, 1208.

3) Baly, Tuck und Marsden, Journ. Chem. Soc. **97**, 579.

4) Hartley und Huntington, Proc. Roy. Soc. 1880, **31**, 1; Hartley
und Hedley, Journ. Chem. Soc. **91**, 319 (1907). Letztere Autoren finden bei
C_6H_5COOK ein sehr tiefes Absorptionsband (zw. 15 und 100 mm 0,001 norm.).
Nach neueren noch nicht veröffentlichten Aufnahmen weicht das Band des
Salzes nur wenig von dem der Säure ab.

5) Journ. Chem. Soc. **91**, 341 (1907).

Unterschied zwischen der Absorptionskurve der Isophtalsäure und
des Kaliumsalzes aufmerksam gemacht.

Phenylessigsäure $C_6H_5CH_2COOH$ und ihre Ester absorbieren nach Baly und Collie[1]) kontinuierlich (bei 50 mm einer
$^1/_{100}$ n-Lösung etwa von 3700 an). Es erscheint von theoretischem
Interesse, daß durch Salzbildung deutliche selektive Absorption
auftritt, das Natriumsalz zeigt ein deutliches Band[2]). Im Gegen-
satze zur Phenylessigsäure absorbiert β-Phenylpropionsäure,

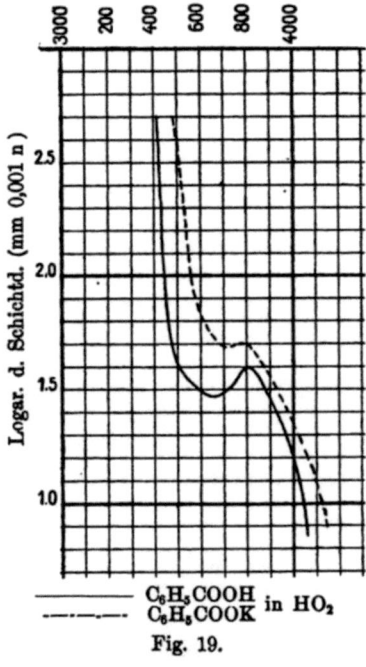

$$\begin{array}{l} ——— \quad C_6H_5COOH \\ —·—·— \quad C_6H_5COOK \end{array} \text{ in } HO_2$$

Fig. 19.

Hydrozimtsäure: $C_6H_5 \cdot CH_2 \cdot CH_2 \cdot COOH$ selektiv; ihr Spektrum
ist praktisch mit dem des Äthylbenzols identisch. Es ist bemerkenswert, daß der ungesättigte Charakter der Carboxylgruppe
$$C_6H_5 \cdot CH_2 \cdot COOH_3 \; ; \; C_6H_5 \cdot CH_2 \cdot CH_2 \cdot COOH$$
in der β-Stellung nicht mehr zur Geltung kommt.

1) Journ. Chem. Soc. 87, 1332.
2) Ley und v. Engelhardt, Zeitschr. phys. Chem. 74, 41.

Phenoxylessigester[1]), $C_6H_5 \cdot O \cdot CH_2 COOC_2H_5$, gleicht in seinem Spektrum einerseits dem Anisol, andererseits dem Benzylalkohol.

In den Oxybenzoesäuren, die von Hartley sowie von Ley und v. Engelhardt[2]) untersucht wurden, offenbart sich der doppelte Charakter dieser Verbindungen als Carbonsäuren und Phenole: Ersatz der Carboxylgruppe durch Alkalimetalle hat Verschiebung der Absorption nach Ultraviolett zur Folge; wird auch das Wasserstoffatom der Hydroxylgruppe ersetzt, so rückt die Absorption nach Rot.

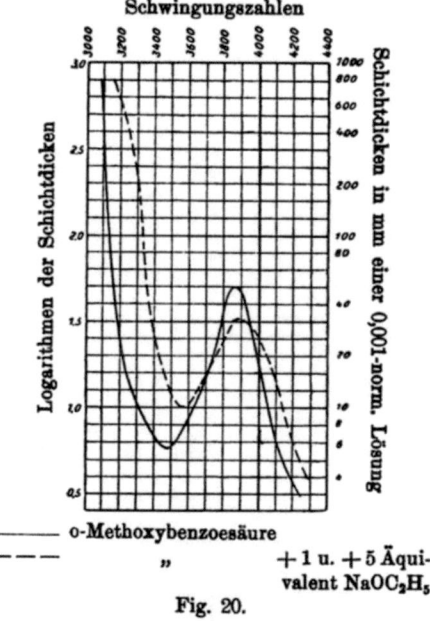

Schwingungszahlen

Logarithmen der Schichtdicken

Schichtdicken in mm einer 0,001-norm. Lösung

——— o-Methoxybenzoesäure

– – –   „ $+ 1$ u. $+ 5$ Äquivalent $NaOC_2H_5$

Fig. 20.

Bei den freien Säuren ist in der p-Reihe die anfängliche kontinuierliche Absorption am meisten nach kürzeren Wellen verschoben; hier ist somit der auxochrome Einfluß der Hydroxylgruppe weit geringer als in der m- und o-Reihe.

Ein bathochromer Einfluß der Salzbildung ist auch, wie Fig. 20 zeigt, bei der Methoxybenzoesäure zu beobachten[2]).

1) Journ. Chem. Soc. 87, 1347.
2) Ley und v. Engelhardt, Zeitschr. phys. Chem. 74, 43.

Ebenfalls stark auxochromen Einfluß macht die Aminogruppe in den **Aminobenzoesäuren**[1]) geltend, von denen die o-Verbindung schon Absorption im Violett zeigt.

Ungesättigte Säuren. **Zimtsäure** $C_6H_5CH:CHCOOH$ ist von **Baly** und **Schaefer**[2]) untersucht worden und zeigt ein tiefes Band bei 3700. Von Interesse ist ein Vergleich dieser Säuren mit der gesättigten

Hydrozimtsäure: $C_6H_5 \cdot CH_2 \cdot CH_2 \cdot COOH$ und der
Phenylpropiolsäure: $C_6H_5 C : C \cdot COOH$.

Hydrozimtsäure absorbiert im Gebiete der Benzolabsorption,

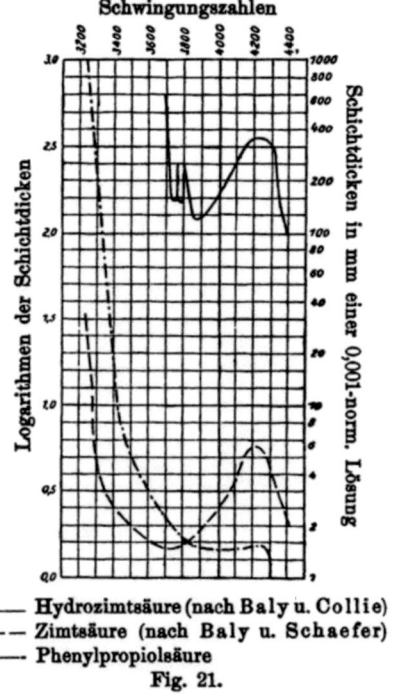

——— Hydrozimtsäure (nach **Baly** u. **Collie**)
— — — Zimtsäure (nach **Baly** u. **Schaefer**)
·——·— Phenylpropiolsäure
Fig. 21.

Zimtsäure bei längeren Wellen und bedeutend geringeren Schichtdicken; dazwischen liegt die Absorptionskurve der Phenylpropiol-

1) s. S. 129.
2) Journ. Chem. Soc. **93**, 1808.

säure, die keine ausgesprochene Absorptionsbande mehr besitzt, s. Fig. 21; es erweist sich demnach auch hier wieder die zweifache Bindung als weniger gesättigt resp. optisch wirksamer als die dreifache (vergl. S. 83).

Benzaldehyd $C_6H_5 \cdot CHO$ besitzt nach N. A. Waliaschko[1]) zwei Bänder von geringer Tiefe bei 3500 und 4100 (s. Fig. 22). Durch Zusatz von Salzsäure rücken die Banden nach größeren Schicht-

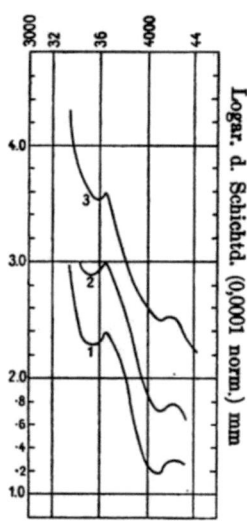

1. Benzaldehyd in Alkohol
2.   „   „   „   + 20 Mol. HCl
3.   „   „   „   2 norm. HCl

Fig. 22.

dicken, während der Typus der Kurve nicht wesentlich geändert wird, eine Tatsache, die durch die Annahme eines Gleichgewichts:

$$C_6H_5CH:O + HCl \rightleftarrows C_6H_5CH \cdot OH \cdot Cl$$

in der Lösung erklärt wird. Ähnlich ist die Wirkung von Bisulfit $NaHSO_3$ auf den Aldehyd in optischer Beziehung.

Benzonitril C_6H_5CN zeigt nach Baly und Collie[2]) zwei Bänder zwischen 3480 und 3800 (25 mm $^1/_{1000}$ n-Lösung). Die Cyangruppe bewirkt also ebenfalls eine starke Verschiebung der Ab-

1) Russ. Chem. Ges. 42, 751 (1910).
2) Journ. Chem. Soc. 87, 1332.

sorption; die Schwingungskurve hat Ähnlichkeit mit der des Anisols. Über Tolunitrile $C_6H_4 \cdot CH_3 \cdot CN$ siehe Baly und Ewbank[1]).

Benzylalkohol $C_6H_5CH_2OH$ und Benzyläthyläther[2]) $C_6H_5CH_2OC_2H_5$ zeigen identische Spektra, die durch ein breites Band bei 3600 und die ersten beiden Benzolbänder charakterisiert sind.

Acetophenon und Phenyläthylketon $CH_3 \cdot CO \cdot C_6H_5$ und $C_2H_5 \cdot CO \cdot C_6H_5$ absorbieren übereinstimmend kontinuierlich, doch weist die Kurve zwischen 3400 und 3800 (und 20—30 mm $^1/_{1000}$ n-Lösung) einen deutlichen Knick auf.

Aromatische Aminoaldehyde und Aminoketone absorbieren nach Baly und Marsden[3]) ebenfalls ausgesprochen selektiv, z. B. o-Aminobenzaldehyd, tiefes Band 2700 (80 mm 0,0001 norm.); ferner wurden untersucht:

     p-Amino-benzaldehyd,
     p-Amino-acetophenon,
     o-Amino-acetophenon,
     o-Amino-benzaldoxim,
     p-Dimethylamino-benzaldehyd,
     Tetramethyl-di-p-diamino-benzaldehyd.

Sehr eigenartig ist die Wirkung geringer Mengen Salzsäure ($^1/_5 - ^1/_{10}$ Mol.) auf die Aminoaldehyde, wodurch im weniger brechbaren Teile des Spektrums ein neues Band gebildet wird, während ein Überschuß von Säure die Absorption nach Ultraviolett verschiebt.

Über die drei Oxybenzaldehyde und Derivate derselben verdankt man N. A. Waliaschko[4]) sehr genaue Messungen, der auch die Beeinflußbarkeit der Absorptionsspektren durch Säuren studierte. o-Oxybenzaldehyd zeigt zwei Bänder bei 3100 und 4000, m-Oxybenzaldehyd gibt eine dem vorigen sehr ähnliche Kurve (Bänder bei 3150 und 4100). Während Salzsäurezusatz die Kurve der o-Verbindung nur wenig verändert, ist die Wirkung auf die m-Verbindung sehr beträchtlich, bei Überschuß von Säure erhält man eine Kurve mit ausgesprochenem Phenolcharakter, die mit der des Monomethylresorcins große Ähnlichkeit hat.

p-Oxybenzaldehyd besitzt nur ein Band bei 3500 und wird durch Salzsäure nur wenig verändert.

---

1) Journ. Chem. Soc. 87, 1355.
2) Baly u. Collie, Journ. Chem. Soc. 87, 1343.
3) Journ. Chem. Soc. 93, 2108 (1908).
4) l. c. S. 97.

Die Kurven des o-Oxybenzaldehyds und seiner Derivate haben mit der des Benzaldehyds, die Kurven des p-Oxybenzaldehyds und Methoxybenzaldehyds mit der des Phenols große Ähnlichkeit. Auf Grund dieser Tatsache sowie der verschiedenen Beeinflußbarkeit durch Salzsäure nimmt Waliaschko an, daß die Oxybenzaldehyde in zwei Zuständen, einem Phenol- und einem Aldehydzustand bzw. in einem Mischzustand existieren können, der als ein dynamisches Gleichgewicht von Phenol- und Aldehydzustand aufgefaßt werden muß.

Durch diese Untersuchungen werden die aus kryoskopischen Versuchen von Auwers[1]) gezogenen Schlüsse über die Konstitution der hydroxylierten Aldehyde bestätigt und erweitert.

Es sei noch hervorgehoben, daß die Einführung der Acetylgruppe in das Phenol und die Oxybenzaldehyde einen hypsochromen Einfluß ausübt; hinsichtlich ihrer optischen Wirkung sind also $O-COCH_3$ und $NH-COCH_3$ vergleichbar.

10. Stereoisomere Verbindungen.

Schon der Augenschein lehrt, daß bei stereoisomeren (geometrischisomeren), also chemisch sehr ähnlich gebauten Verbindungen, die beiden Formen häufig nicht gleiches Lichtabsorptionsvermögen besitzen können, wie im Falle der S. 39 erwähnten Dibenzoyläthylene. In anderen Fällen ergab die Untersuchung derartiger Verbindungen völlige Identität, wie z. B. Hartley[2]) bei den isomeren Benzaldoximen fand:

$$C_6H_5 \cdot C \cdot H \qquad\qquad C_6H_5 \cdot C \cdot H$$
$$\| \qquad\qquad\qquad\qquad \|$$
$$N \cdot OH \qquad\qquad\qquad HO \cdot N$$

Benz-syn-aldoxim,   Benz-anti-aldoxim,

deren im Ultraviolett liegende Schwingungskurven (Band mit einem Boden bei ca. 4000) gleich sind. Ähnliches fand Hantzsch[3]) bei den Nitrobenzaldoximen und ihren Natriumsalzen $C_6H_4(NO_2)$ $CH(:NONa)$, von denen letztere stärker absorbieren als die Wasserstoffverbindungen.

Wesentlich komplizierter sind die von Stobbe[4]) untersuchten Derivate des Benzaldesoxybenzoins, z. B. m-Nitrobenzaldesoxy-

1) Zeitschr. phys. Chem. 15, 33; 18, 595; 21, 337.
2) Journ. Chem. Soc. 77, 840.
3) Berl. Ber. 48, 1661.
4) Lieb. Ann. 874, 237.

benzoin: $NO_2 \cdot C_6H_4 \cdot CH : C \cdot C_6H_5 \cdot CO \cdot C_6H_5$. Die Mehrzahl dieser Verbindungen absorbiert nicht selektiv und ihre Schwingungskurven unterscheiden sich nicht wesentlich voneinander; in der Regel geht die Kurve des einen Isomeren aus der des anderen durch Parallelverschiebung hervor.

Die Frage, ob selektiv absorbierende geometrisch-isomere Verbindungen gleiches oder verschiedenes Absorptionsspektrum besitzen, wird sich nicht generell behandeln lassen, wohl aber dürften sich aus der Elektronentheorie gewisse Leitlinien für die Behandlung dieser Frage ergeben [1]). Sind

$$\begin{array}{cc} \text{a}|\text{A} & \text{a}|\text{A} \\ \text{b}|\text{B} & \text{B}|\text{b} \\ \text{I} & \text{II} \end{array} \quad \text{resp.} \quad \begin{array}{cc} \text{a}'\text{A} & \text{a}|\text{A} \\ |\text{B} & \text{B}| \\ \text{I} & \text{II} \end{array}$$

die Schemata der geometrischisomeren Verbindungen, bedeutet der vertikale Strich die Symmetrieachse im Molekül, die durch Gruppen wie $C:C$, $C:N$ etc. gebildet wird und kann die Gruppe A als das hauptsächliche Absorptionszentrum aufgefaßt werden (System mit gelockerten Elektronen, C_6H_5, $C_{10}H_7$), so wird a priori die Annahme zulässig sein, daß die Beeinflussung am größten sein wird, falls auch die anderen Gruppen, z. B. B, gelockerte Valenzelektronen enthalten, die dann in Nachbarstellung (I) ihre größte Wirkung entfalten werden. Übrigens werden auch mehr oder weniger indifferente Gruppen b oder B in Nachbarstellung eine weitere Lockerung der Elektronen in A bewirken können.

Bei den optisch-isomeren Verbindungen, z. B. solchen mit asymmetrischen Kohlenstoffatomen C a b c d bzw. C a b c · C a b c ist ein verschiedener Einfluß der Substituenten auf die das Absorptionszentrum darstellende Gruppe ausgeschlossen, da die Entfernungen der Substituenten voneinander völlig gleich sind; es sollten somit auch keine Unterschiede im Absorptionsspektrum bei optischisomeren Verbindungen vorhanden sein. In der Tat fand Stewart [2]) bei Rechts- und Links-Weinsäure, die allerdings nur kontinuierlich absorbieren, Gleichheit der Spektren, eine Ausdehnung dieser Versuche auf selektiv absorbierende optisch-aktive Verbindungen sowie deren inaktive Formen (Racemkörper, Mesoformen) wäre von Interesse.

---

1) s. hierzu Seite 201.
2) Journ. Chem. Soc. 91, 1543.

11. Naphtalin und Derivate.

Von Verbindungen mit kondensierten Benzolkernen sei das Naphtalin etwas genauer untersucht, da es hier noch möglich ist, auf Grund der Schwingungskurven, die Absorptionsverhältnisse einigermaßen zu übersehen. Naphtalin ist von Hartley[1]) sowie von Baly und Tuck[2]) untersucht; nach letzteren Forschern besitzt der Kohlenwasserstoff drei Bänder, zwei schmale bei ca. 3120 und 3200 und ein breites Band, das bei etwa 3700 liegt. Durch Substitution wird die Schwingungskurve ganz ähnlich wie bei Benzol nach Rot verschoben und man hat auch hier wieder, wie eine eingehende Untersuchung[3]) gelehrt hat, zwischen gesättigten und ungesättigten Substituenten zu unterscheiden; durch erstere wie Alkyle, Chlor und Brom ist die Verschiebung relativ gering, letzteren wie der Hydroxyl-, Alkoxyl-, Aminogruppe u. a. ist ein sehr beträchtlicher bathochromer Effekt eigen. Alle bisher untersuchten Naphtalinderivate zeigen selektive Absorption, doch existiert für die Monosubstitutionsprodukte $C_{10}H_7 \cdot X$ ein auffälliger und durchgehender Unterschied zwischen den Spektren der α- und β-Verbindungen. Sieht man von dem bei stärkeren Konzentrationen bzw. größeren Schichtdicken auftretenden Bande ab, das bei Naphtalin selbst bei 3120 liegt, so weisen nach Ley und Gräfe die α-Verbindungen

α- β-Verbindung

lediglich das im ferneren Ultraviolett liegende breite Band auf, während die β-Verbindungen außer diesem breiten Bande noch ein schmäleres enthalten, das dem Naphtalinband bei 3200 entspricht. Dieser Unterschied wurde bei Chlor- und Bromnaphtalin, den Naphtolen, den Naphtoesäuren u. a. beobachtet und kann geradezu für Zwecke der Konstitutionsbestimmung verwendet werden.

α-Naphtylamin besitzt ein breites Band bei ca. 3200, β-Naphtylamin zwei breite Bänder bei 3000 und 3600; Salzbildung

1) Kaysers Handb. III, 177.
2) Journ. Chem. Soc. **93**, 1902.
3) Ley und Gräfe unveröff. Untersuchung; s. auch Zeitschr. wissensch. Photographie **8**, 294.

wirkt in beiden Fällen hypsochrom, die anfängliche kontinuierliche Absorption wird um 4—500 Einheiten nach Ultraviolett verschoben. Bei den Chlorhydraten tritt sowohl das schmale Band
bei 3200 (bei größeren Schichtdicken) als auch das breitere Band
bei ca. 3700 auf.

Bei α- und β-Naphtoesäure $C_{10}H_7COOH$ wirkt Salzbildung
hypsochrom, während bei den Naphtolen $C_{10}H_2OH$ ein bathochromer Effekt zu konstatieren ist.

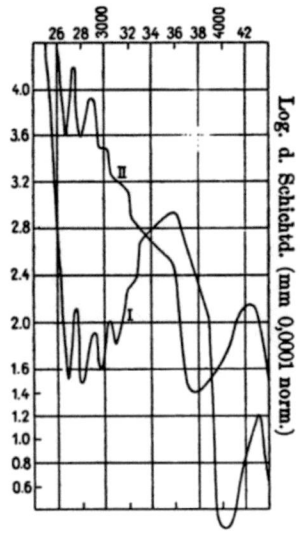

1. Anthracen
2. Dihydroanthracen

Fig. 23.

Schließlich sei erwähnt, daß Baly und Tuck[1]) eingehend die
Hydrierungsprodukte des Naphtalins und Anthracens
untersucht und die Resultate im Sinne der S. 80 angedeuteten
Schwingungstheorie des Benzols zu erklären versucht haben.

Die sehr komplizierten Schwingungskurven des Anthracens und
Dihydroanthracens sind in Fig. 23 wiedergegeben.

---

1) Journ. Chem. Soc. **98**, 1908.

Das Naphtalin in elektroatomistischer Beziehung[1]).

Viele rein chemische wie auch physikalische Beobachtungen, u. a. das von Stark zuerst aufgefundene ultraviolette Fluoreszenzspektrum des Naphtalins (s. S. 133), sprechen dafür, daß man den im Naphtalinkern vorhandenen Kohlenstoffatomkomplex nicht etwa mit dem in einem di-ortho-substituierten Benzol, z. B.

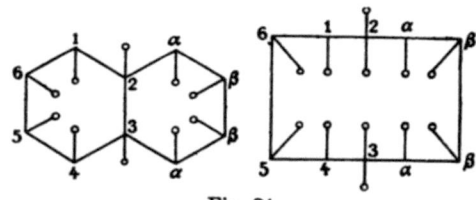

enthaltenen vergleichen darf, sondern daß durch die zweite Ringschließung ein neues, eigenartiges System mit neuen Eigenschaften entstanden ist. Die einfachste Annahme ist die, daß zu den bereits vorhandenen 6 gelockerten Valenzelektronen des Benzols weitere

Fig. 24.

hinzugetreten sind, die sich in ihrer Wirkung gegenseitig unterstützen, wodurch die starke Verschiebung der Absorption des Naphtalins nach Rot im Vergleich zu der Absorption des Benzols erklärlich ist; ferner erkennt man, daß die an den Kohlenstoffatomen 2 und 3 befindlichen gelockerten Valenzelektronen eine Sonderstellung einnehmen müssen, wahrscheinlich ist der Lockerungskoeffizient bei ihnen besonders groß oder es sind an den Kohlenstoffatomen 2 und 3 je zwei gelockerte Valenzelektronen vorhanden, was durch die obigen Bilder, s. Fig. 24, zum Ausdruck gebracht werden soll.

Es erscheint nun plausibel, daß durch Substitution der Wasserstoffatome der α-Kohlenstoffatome die Elektronen in 2 und 3 stärker beeinflußt werden (etwa durch rein sterische Hinderungen), als wenn die Substitution an den weiter benachbarten β-Kohlenstoffatomen stattgefunden hat; durch den verschiedenen Grad der

---

1) H. Ley, Unveröffentl.

Beeinflußbarkeit in α- und β-Stellung ließen sich die S. 101 genannten spektralen Verschiedenheiten erklären[1]).

12. Kompliziertere Kohlenwasserstoffe und Derivate.

Von sonstigen Kohlenwasserstoffen haben Baly und Tuck[2]) u. a. folgende untersucht:

Diphenyl:  ;

Phenanthren: 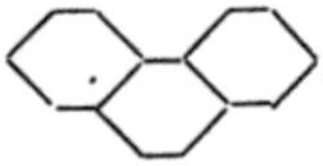 ;

Anthracen:  und Dihydroanthracen;

Acenaphten:

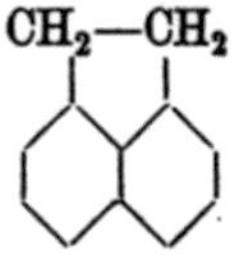

Chrysen:

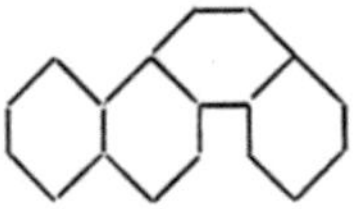

Fluoren:

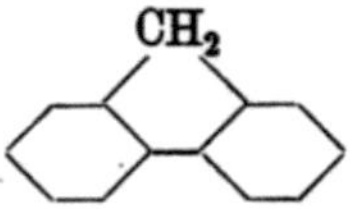

Diphenylhexatrien: $C_6H_5 \cdot CH:CH \cdot CH:CH \cdot CH:CH \cdot C_6H_5$.
Durch ein sehr kompliziertes Spektrum ist Phenanthren (10 Bänder) ausgezeichnet.

Auch verschiedene Derivate dieser Kohlenwasserstoffe sind von Baly und Tuck[3]) gemessen, z. B.:

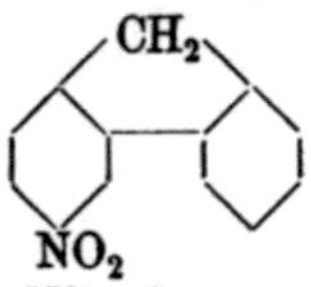

Nitrofluoren

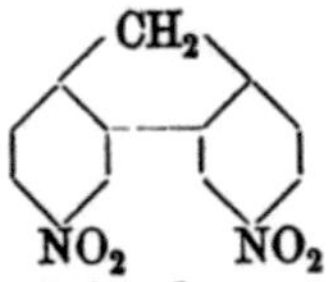

Dinitrofluoren

1) s. ferner Baly und Tuck, Journ. Chem. Soc. **93**, 1908.
2) Journ. Chem. Soc. **93**, 1902.
3) Journ. Chem. Soc. **97**, 577.

Diphenyl- und Triphenylmethan, sowie Derivate hat
Frank Baker[1]) bei Gelegenheit einer Studie über Carboniumsalze[2])
untersucht.

13. Pyridin und seine Substitutionsprodukte. Chinolin.

Pyridin und Homologe sind schon von Hartley[3]) untersucht;
die allgemeine Absorption beginnt bei ähnlichen Wellenlängen wie
die des Benzols, die Schwingungskurve weist aber nur ein breites
Band auf; bei den Homologen liegt der Boden dieses Bandes bei
folgenden Schwingungszahlen:

Pyridin	3950
α-Picolin	3875
β-Picolin	3800
Lutidin	3750

J. E. Purvis[4]) hat neuerdings auch die Absorption von
dampfförmigem Pyridin sowie der Homologen α-Picolin 2,4- und
2,6-Lutidin und 2,4,6-Trimethylpyridin untersucht.

Hexahydropyridin, Piperidin zeigt im gelösten Zustande[5])
lediglich kontinuierliche Absorption, soll aber nach Purvis dampfförmig selektiv absorbieren[6]). Salzbildung hat wechselnden Effekt;
bei Pyridin bleibt das Band an seiner Stelle, bei 2,6-Lutidin tritt
Verschiebung gegen Rot ein; in allen Fällen verstärkt aber die
Salzbildung die Tiefe des Bandes, was Baker und Baly[7]), die
Hartleys Untersuchungen fortsetzten, durch die Annahme erklären,
daß durch Salzbildung die Verbindung mehr einen benzoiden
Charakter annähme. Diese Deutung erscheint mir noch fraglich, da
das chemisch dem Benzol nahestehende Pyridin sich optisch, z. B. hinsichtlich der Fluoreszenz (s. S. 137), von diesem wesentlich unterscheidet. Bemerkenswert ist auch die Tatsache, daß durch Einführung von Chloratomen das Absorptionsspektrum des Pyridins
beträchtlich gegen Rot verschoben wird. Die Boden der Bänder

---

1) Journ. Chem. Soc. **91**, 1490, 1907.
2) Vgl. auch S. 182.
3) Siehe Kayser, Handbuch III, 180.
4) Journ. Chem. Soc. **97**, 692.
5) Hartley, s. Kayser, Handbuch III, 183.
6) Diese Tatsache scheint mir theoretisch von Bedeutung; vielleicht ist
eine Nachprüfung am Platze.
7) Journ. Chem. Soc. **91**, 1122, 1897.

befinden sich jetzt bei folgenden Schwingungszahlen (siehe auch Fig. 25):

$3 \cdot 4 \cdot 5$-Trichlorpyridin 3650

$2 \cdot 3 \cdot 4 \cdot 5$-Tetrachlorpyridin . . . 3500

Pentachlorpyridin 3400

Gleichzeitig wird auch die Tiefe der Bänder wesentlich größer. Von Interesse ist die Untersuchung der Pyridone, die zu einer Konstitutionsbestimmung benutzt wurde.

α-Pyridon besitzt ein Band bei 3300, durch Salzsäure findet ohne Veränderung der Tiefe geringe Verschiebung nach Ultraviolett statt, während Zusatz von Natriumäthylat die Ausdehnung

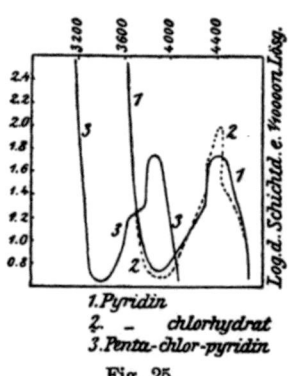

1. *Pyridin*
2. *– chlorhydrat*
3. *Penta-chlor-pyridin*

Fig. 25.

des Bandes verringert. Die Kurve ähnelt der des 1-Methyl-2-Pyridons, woraus für beide Stoffe auf analoge ketonische Konstitution geschlossen wird:

$$CH_3N \Big\langle \begin{matrix} CO-CH \\ CH=CH \end{matrix} \Big\rangle CH, \qquad HN \Big\langle \begin{matrix} CO-CH \\ CH=CH \end{matrix} \Big\rangle CH \ (\alpha\text{-Pyridon}).$$

Bei β-Pyridon verschiebt Säure ebenfalls das Band nach Rot unter gleichzeitiger Vergrößerung seiner Tiefe, während Äthylat bei unwesentlicher Veränderung der Tiefe sehr starke Verschiebung nach Rot hervorbringt; wir begegnen hier also ähnlichen Verhältnissen wie bei den Phenolen, weshalb Baker und Baly für β-Pyridon die Hydroxylformel annehmen:

$$N \Big\langle \begin{matrix} CH \ CH \\ CH \ C(OH) \end{matrix} \Big\rangle CH.$$

γ-Pyridon besitzt ein Band bei etwa 3900; durch Salzsäure verschwindet dieses, dafür tritt aber in höheren Konzentrationen bei 3100 ein kleineres Band auf, das durch die Anwesenheit einer Carbonylgruppe bewirkt wird. Wegen der Ähnlichkeit der Kurven des γ-Pyridons und Phorons (die Phoronkurve besitzt auch ein Band bei ca. 2900) wird für ersteres die Konstitutionsformel:

$$NH \left\langle \begin{array}{c} CH=CH \\ CH=CH \end{array} \right\rangle CO$$

sehr wahrscheinlich. Ähnliche Kurven gibt γ-Lutidon.
Dihydrokollidindicarbonsäureester

$$NH \left\langle \begin{array}{c} CCH_3 : C(CO_2C_2H_5) \\ CCH_3 : C(CO_2C_2H_5) \end{array} \right\rangle CHCH_3$$

zeigt ein sehr tiefes Band bei 2950[1]); ein ähnliches Band wurde auch bei Citracinsäure beobachtet.

Chinolin und Isochinolin wurde von Hartley[2]) sowie von Ley und v. Engelhardt untersucht. Salzbildung verschiebt die Absorption beträchtlich nach Rot.

Tetrahydrochinolin zeigt nach Hartley zwei Bänder bei 3350 und 4000, das Chlorhydrat ist wesentlich durchlässiger als die freie Base.

15. Absorption von aliphatischen Ketonen und Diketonen.

Wie schon einleitend bemerkt wurde, absorbieren aliphatische Verbindungen in der Regel kontinuierlich, eine Regel, die aber in vielen Fällen durchbrochen wird, so bewirkt die Nachbarstellung gewisser Gruppen zur Carbonylgruppe selektive Absorption; nach den Untersuchungen von A. W. Stewart und E. C. C. Baly[3]) zeigen einfache Ketone vom Typus des Acetons Bandenabsorption, während die aliphatischen Aldehyde kontinuierlich absorbieren; die Gruppe $C\!\!\!\diagup_R^O$ verhält sich demnach optisch durchaus verschieden von der Gruppe $C\!\!\!\diagup_H^O$. Die selektive Absorption versuchen Baly und Stewart dadurch zu erklären, daß durch die Nachbarstellung gewisser Gruppen, zweier Alkyle, die Carbonylgruppe besonders

---

1) Vgl. Ley u. v. Engelhardt, Berl. Ber. **41**, 299; Ztschr. phys. Chem. **74**, 60.

2) Siehe Kayser, Handb. III, 182.

3) Journ. Chem. Soc. **89**, 489, 1906.

reaktionsfähig „naszent" wird, eine Erklärung, die aber im Hinblick auf die kontinuierliche Absorption der Aldehyde wenig befriedigt. Wahrscheinlicher ist die Annahme, daß die Ketone im Gegensatz zu den aliphatischen Carbonsäuren gelockerte Valenzelektronen des Sauerstoffs und Kohlenstoffs enthalten; somit käme dem Aceton folgende Formel zu:

$$
\begin{array}{c}
\text{H} \\
\text{H} \longleftrightarrow \text{C} \longleftrightarrow \text{C} \longleftrightarrow \text{C} \\
\text{H}
\end{array}
\quad
\begin{array}{c}
\text{O} \\
\text{H} \\
\text{H} \\
\text{H}
\end{array}
$$

Außer Aceton wurden noch die Homologen von Stewart und Baly untersucht. Das Acetonband erscheint in 0,1-normaler Lösung bei ca. 3800.

Acetophenon $C_6H_5 \cdot CO \cdot CH_3$ zeigt nur Andeutung eines Bandes; was nur infolge der Nachbarstellung der Phenylgruppe erklärt werden kann. Sowohl diese wie die Carbonylgruppe enthalten gelockerte Valenzelektronen, die sich in ihren Schwingungen gegenseitig beeinflussen, ohne daß man allerdings gegenwärtig in der Lage ist, die Art dieser Einflüsse genauer zu beschreiben.

Acetessigester und verwandte Verbindungen.

Bei der selektiven Absorption des Acetons sollte man auch bei den Acetoncarbonsäuren und ihren Estern, z. B. dem Acetessigester, ähnliche Eigenschaften voraussetzen. Tatsächlich ist Acetessigester wesentlich durchlässiger als Aceton und zeigt kontinuierliche Absorption; sehr eigenartige Verhältnisse treten aber bei der Salzbildung dieses Ketonsäureesters auf, die zuerst von Baly und Desch[1]) eingehender untersucht wurden. Danach absorbieren die Metallderivate des Acetessigesters, z. B. das Natrium und Aluminiumsalz, ausgesprochen selektiv (Band bei ca. 3700, s. Fig. 26), während der Sauerstoffester, β-Äthoxycrotonsäureester

$$
\begin{array}{c}
CH_3 - C = CH - COOC_2H_5 \\
| \\
OC_2H_5
\end{array}
$$

---

1) Journ. Chem. Soc. **85**, 1029, 1904; **87**, 766, 1905; Ztschr. phys. Chem. **55**, 485.

und Äthylacetessigester (Kohlenstoffester):

$$CH_3 - \underset{\underset{O}{\|}}{C} - \underset{\underset{C_2H_5}{|}}{CH} - COOC_2H_5$$

anscheinend beide kontinuierlich absorbieren.

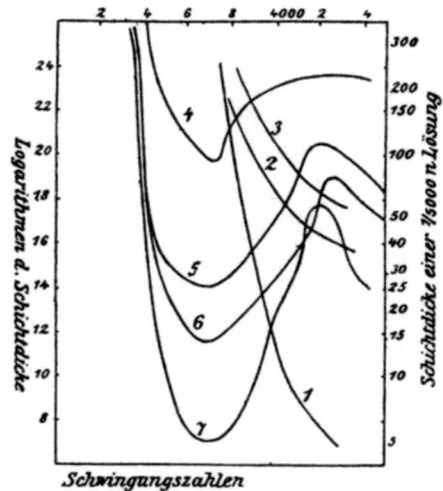

1. $CH_3C(OC_2H_5) : CHCOOC_2H_5$
2. $CH_3COCH_2COOC_2H_5$
3.   „ $+ HCl$
4. $CH_3COCH_2COOC_2H_5 + \frac{1}{2}NaOH$
5.   „ $+ 1NaOH$
6.   „ Al-Salz
7.   „ $+ $ überschüss. $NaOH$.

Fig. 26.

Baly und Desch glaubten, diese Tatsachen so deuten zu müssen, daß die selektive Absorption nicht durch einen bestimmten durch seine Formel darstellbaren Zustand des Moleküls verursacht wird, sondern der Existenz eines dynamischen Gleichgewichts zwischen zwei in der Lösung befindlichen Formen der Verbindung zuzuschreiben sei, sie erblickten eine Bestätigung ihrer Ansicht, daß die selektive Absorption in genetischer Beziehung zu dem Bindungswechsel:

$$-\overset{\|}{\underset{O}{C}}-CH_2 \;\rightleftarrows\; -\overset{|}{\underset{O-H}{C}}=CH$$

stehe in der Tatsache, daß die Tiefe des Bandes (s. Fig. 26) durch sukzessiven Zusatz von Alkali bis zu einem maximalen Wert vergrößert wird.

Nach einer neueren Untersuchung von Hantzsch[1]) ist diese Ansicht nicht stichhaltig; die allmähliche Vertiefung des Bandes erklärt sich vielmehr dadurch, daß durch allmählichen Alkalizusatz die Hydrolyse des Alkalisalzes mehr und mehr zurückgedrängt wird. Die dialkylierten Acetessigester, d. h. die strukturell unveränderlichen Ketoformen, z. B. $CH_3 \cdot CO \cdot C(CH_3)_2 \; COOC_2H_5$ absorbieren in Lösung nur schwach und in allen Medien nicht wesentlich verschieden. Die strukturell festgelegte Enolform, Äthoxycrotonsäureester, absorbiert, wie schon Baly und Desch fanden, wesentlich stärker, aber ebenfalls in verschiedenen Lösungsmitteln nicht sehr verschieden. Acetessigester absorbiert dagegen in allen Medien verschieden, jedoch stets innerhalb der Grenzen der eben erwähnten strukturell unveränderlichen Keto- und Enol-Derivate. Diese Veränderungen der Absorption gehen parallel den Änderungen der Molekularrefraktion. Hieraus wird geschlossen, daß im homogenen Acetessigester (sowie Methylacetessigester) und in den Lösungen dieser Stoffe in indifferenten Medien Keto- und Enolgleichgewichte vorhanden sind, deren Lage (Prozente Enol- und Ketoverbindung) auch angenähert aus den Absorptionskurven bestimmt werden konnte.

Außer der Keto- und Enolform nimmt Hantzsch noch eine dritte, die Salzform an, die durch starke selektive Absorption ausgezeichnet ist. Hantzsch nimmt an, daß diese Salzform aus der Enolform durch Beteiligung des Carbonyls der Carboxylgruppe an der Salzbildung hervorgegangen ist und zwar durch Nebenvalenzwirkung etwa im Sinne folgender Formel:

$$\begin{matrix} & & O \\ CH_3 \cdot C & & Me \\ H \cdot C & & O \\ & & C \cdot OC_2H_5 \end{matrix}$$

1) Berl. Ber. 43, 3050. Vgl. hierzu die Arbeiten von J. Brühl, L. Knorr, W. Wislicenus und H. Stobbe über den Acetessigester. Lit. s. bei Stobbe, Lieb. Ann. 352, 143 und 826, 359.

wonach die Salze des Acetessigester gewissermaßen als innere Komplexsalze anzusehen sind[1]).

Es scheint mir wahrscheinlicher, daß es sich bei dem Übergang von

$$CH_3 \cdot C \cdot OH \qquad CH_3 \cdot C \cdot O' \qquad CH_3 \cdot C \cdot ONa$$

in bzw.

$$C_2H_5OCO \cdot C \cdot H \qquad C_2H_5OCO \cdot C \cdot H \qquad C_2H_5OCO \cdot C \cdot H$$

um einen bathochromen Einfluß der Salzbildung handelt, wie wir ihn auch bei den Phenolen (S. 88) kennen gelernt haben[2]). Das System:

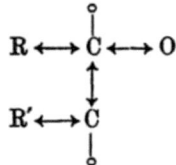

enthält gelockerte Valenzelektronen des Kohlenstoffs die (ähnlich wie beim Phenol, in dem auch eine analoge Atomgruppierung vorhanden ist) durch Salzbildung eine weitere Lockerung erfahren, womit die Verschiebung der im unzulänglichen Ultraviolett selektiv absorbierenden Enolverbindung nach dem roten Ende des Spektrums zu verknüpft ist. Nach meiner Ansicht ist somit das den Salzen des Acetessigesters zugrunde liegende Chromogen, der Crotonsäureester, dessen Absorption durch den Eintritt der OH- bzw. ONa-Gruppe die starke Verschiebung nach Rot erfahren hat. Eine Stütze dieser Ansicht sehe ich in der Tatsache, daß auch die Einführung der Aminogruppe in den Crotonsäureester eine wie Natracetessigester stark selektiv absorbierende Verbindung entstehen läßt[3]).

---

1) Vgl. S. 164 und 191.

2) H. Ley, unveröffentlicht.

3) Es hätte somit ein sehr großes Interesse, Äthoxycrotonsäureester sowie die Derivate der Crotonsäure und schließlich den Stammkohlenwasserstoff, das Propylen auf Absorption im Gebiete äußerst kurzwelliger Strahlen, der sog. Schumann-Strahlen (200—100 $\mu\mu$) zu untersuchen. Wahrscheinlich zeigen alle diese Verbindungen in dem genannten Spektralbereiche Bandenabsorption; woraus dann der Schluß zu ziehen wäre, daß auch einfache Äthylenkörper gelockerte Valenzelektronen enthielten; durch die Gegenwart gelockerter Elektronen in ungesättigten Kohlenstoffverbindungen wäre auch die Reaktionsfähigkeit der Mehrzahl dieser Verbindungen verständlich.

Ähnliche Resultate wie beim Acetessigester wurden von Baly und Desch beim Acetylaceton gewonnen:

$$CH_3COCH_2COCH_3 \quad \text{bzw.} \quad CH_3C(OH):CH \cdot CO \cdot CH_3.$$

Hier zeigt auch die Wasserstoffverbindung ein tiefes Band.

Wie vorauszusehen, besitzen auch die Metallderivate des Acetylacetons selektive Absorption, es wurden u. a. das Al-, Be- und Th-Derivat untersucht.

Von sonstigen Keto-Enol-Tautomeren wurden von Baly und Desch untersucht:

$$\text{Acetbernsteinsäureester:} \quad \begin{array}{l} CH_3CO \cdot CHCOOC_2H_5 \\ \quad | \\ CH_2COOC_2H_5 \end{array},$$

$$\text{Acetondicarbonsäureester:} \quad \begin{array}{l} CH_2COOC_2H_5 \\ | \\ CO \\ | \\ CH_2COOC_2H_5 \end{array},$$

Benzoylaceton: $C_6H_5 \cdot CO \cdot CH_2 \cdot CO \cdot CH_3$,

Benzoylessigester: $C_6H_5CO \cdot CH_2COOC_2H_5$,

$$\text{Benzoylbernsteinester:} \quad \begin{array}{l} C_6H_5CO \cdot CHCOOC_2H_5 \\ \quad | \\ CH_2COOC_2H_5 \end{array}$$

Letztere drei zeigen auch im freien Zustande selektive Absorption, durch Zusatz von Alkali tritt diese aber in allen Fällen auf.

Von Interesse ist noch der

$$\text{Äthoxyfumarsäureester:} \quad \begin{array}{l} CH \cdot COOC_2H_5 \\ \parallel \\ C_2H_5O \cdot C-COOC_2H_5 \end{array},$$

der wie der

$$\text{Oxalessigsäureester:} \quad \begin{array}{l} CH_2 \cdot COOC_2H_5 \\ | \\ O:C-COOC_2H_5 \end{array},$$

lediglich kontinuierlich absorbiert.

In fast allen Fällen liegen die Enden der Bänder zwischen 3400 und 3800 ($1/\lambda$), in einigen wenigen Fällen bei noch längeren Wellen.

Diketone.

Verschieden von den Verbindungen mit der Atomgruppierung $-CO \cdot CH_2-$ absorbieren nach Stewart und Baly[1] Stoffe mit

1) Journ. Chem. Soc. **89**, 502, 1906.

Nachbarstellung zweier Carbonylgruppen: —CO·CO—. So zeigt schon Brenztraubensäureester $CH_3 \cdot CO \cdot CO \cdot OC_2H_5$ das Absorptionsband bei ganz anderen Schichtdicken und Schwingungszahlen (3100 bei 50 bis 23 mm $^1/_{10}$ n-Lösung) wie β-Diketoverbindungen (Acetylaceton usw.).

Noch deutlicher tritt der Unterschied bei den wahren α-Diketonen in die Erscheinung; bei diesen Verbindungen bewirkt die Nachbarstellung der beiden Carbonylgruppen Absorption bei noch längeren Wellen, so daß diese ins Sichtbare rückt und die Stoffe gelb erscheinen. Baly und Stewart, denen man eine eingehende Untersuchung der α-Diketone und Chinone verdankt[1]), machen für die Entstehung dieser selektiven Absorption bei längeren Wellen einen oszillatorischen Vorgang (Isorropesis) verantwortlich, der sich im wesentlichen zwischen den Residualaffinitäten der beiden benachbarten Carbonylgruppen abspielt und den sie durch folgende Formulierung plausibel machen:

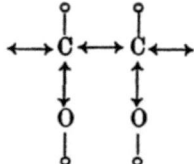

eine Annahme, die aber auf Grund der allgemeinen Entwicklungen[2]) als unwahrscheinlich zu bezeichnen ist. Plausibler ist die Erklärung im Sinne der Elektronentheorie, d. h durch die Annahme, daß beide Carbonylgruppen gelockerte Valenzelektronen enthalten, etwa im Sinne des Schemas:

Infolge der gegenseitigen Beeinflussung der Elektronen ist die beträchtliche Verschiebung des Absorptionsspektrums bis ins Sichtbare bewirkt.

Fig. 26 zeigt die Schwingungskurve des Diacetyls mit dem Bande bei 2400. Acenaphtenchinon I und Phenanthrenchinon II,

1) Journ. Chem. Soc. 89, 502, 1906.
2) Vgl. S. 68 dieses Buches.

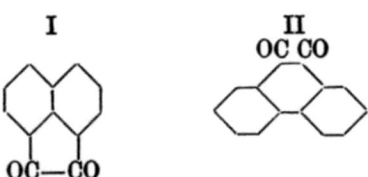

zwei andere Beispiele von α-Diketonen zeigen das Band bei den Schwingungszahlen 2000 bzw. 2400; außerdem zeigt ersteres noch

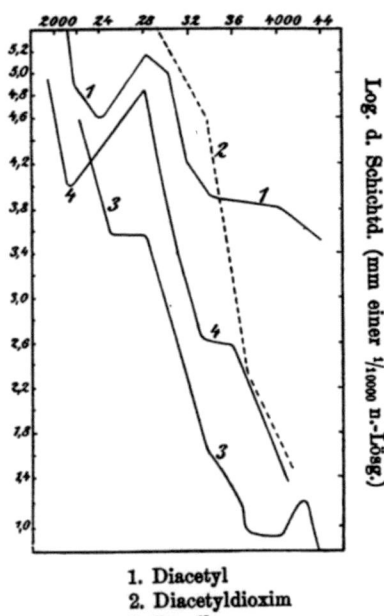

1. Diacetyl
2. Diacetyldioxim
3. Benzil
4. Chinon
Fig. 26.

ein Band bei 3300, letzteres noch zwei Bänder bei 3100 und 3900. Auch Isatin:

$$C_6H_4 \underset{NH}{\overset{CO}{\diamondsuit}} CO$$

besitzt das charakteristische Band, dessen Kopf, wie schon Hartley[1]) ermittelte, bei 2400 liegt.

Ein interessantes Verhalten weist Benzil (vgl. Fig. 26) auf,
das bei etwa 2500 einen deutlichen Knick in der Absorptionskurve
hat, der zweifellos ein äußerst flaches Band repräsentiert. Wie
im Falle des Acetophenons erklärt sich diese Tatsache dadurch,
daß die in dem Komplex ·CO·CO· vorhandenen Elektronen durch
diejenigen der beiden Benzolkerne beeinflußt werden. Außerdem
besitzt Benzil noch ein breites Band zwischen 3700 und 4300, das
wohl durch den Benzolkern bedingt wird. Im Zusammenhang mit
diesen Erscheinungen steht vielleicht die Tatsache, daß die Reaktionsfähigkeit der Carbonylgruppen im Benzil gering ist.

Absorption der Chinone.

Chinon wurde zuerst von Hartley und Dobbie[2]), dann von
Stewart und Baly[3]) und neuerdings wieder von Hartley[4]) untersucht. Die Kurve hat mit der der Diketone große Ähnlichkeit,
indem bei ähnlichen Schichtdicken und Wellenlängen ebenfalls ein
deutliches Band auftritt (s. Fig. 26).

Baly und Stewart erklärten früher die Entstehung des
Bandes durch die Annahme eines Vorganges (Isorropesis), den sie
in folgender Weise interpretieren:

was aber mit Rücksicht auf die allgemeinen Entwicklungen[5])
wenig wahrscheinlich ist. Trotzdem liegt besonders auf Grund
der Spektren substituierter Chinone die Annahme nahe, daß auch
im Chinon selbst, dessen chemische Reaktionen sich durchaus befriedigend durch die Ketonformel (II) erklären lassen, eine Art
von benzoidem Zustande (I) anzunehmen ist.

---

1) Hartley u. Dobbie, Journ. Chem. Soc. 75, 640, 1889.
2) Rep. Brit. Ass. 1903, S. 126.
3) Journ. Chem. Soc. 89, 502.
4) Proc. Chem. Soc. 1908, S. 284.
5) Vgl. S. 76.

Was die Konstitution der Chinone betrifft, so ist zu erwarten, daß in ihnen gelockerte Valenzelektronen des Kohlenstoffs und Sauerstoffs (in der C:O-Gruppe) enthalten sind, etwa im Sinne der Formel:

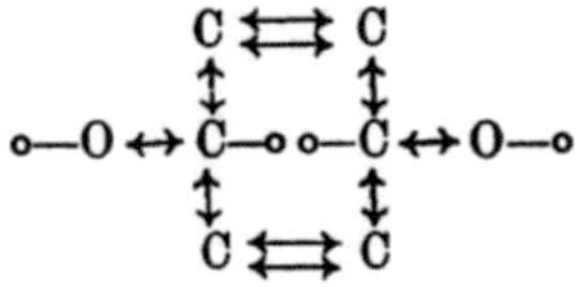

$$\text{o—O} \leftrightarrow \overset{\displaystyle C \rightleftarrows C}{\underset{\displaystyle C \rightleftarrows C}{\overset{\uparrow}{\underset{\uparrow}{\overset{\uparrow}{\underset{\uparrow}{C}}}}}} \text{—oo—} \overset{\displaystyle C}{\underset{\displaystyle C}{C}} \leftrightarrow \text{O—o}$$

Wenn die Chinone trotz der Trennung der Carbonylgruppen durch die Äthylenbindungen sich optisch den Diketonen ähnlich verhalten, so ist diese Tatsache wohl so zu erklären, daß durch die Kraftliniensysteme der CH:CH-Gruppen eine sehr weitgehende Lockerung der Valenzelektronen der Carbonylgruppen (konjugierte Systeme) eingetreten ist.

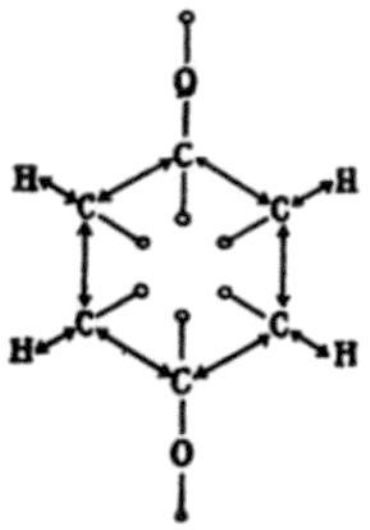

Fig. 27.

Eine andere elektroatomistische Deutung ist durch das obige Schema (Fig. 27) gegeben[1]), das durch die sechs gelockerten Valenzelektronen des Kohlenstoffs zugleich den benzoiden Typus andeutet.

Im Gegensatz zum Benzol sind beim Chinon die Banden nach Ultraviolett zu abschattiert.

Außer Benzochinon wurden von Baly und Stewart noch folgende Chinone mit ähnlichen Resultaten untersucht.

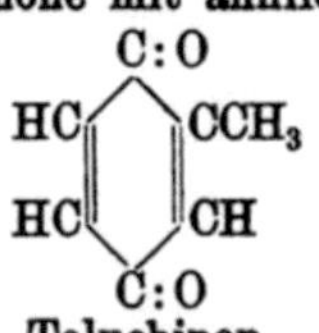

Toluchinon 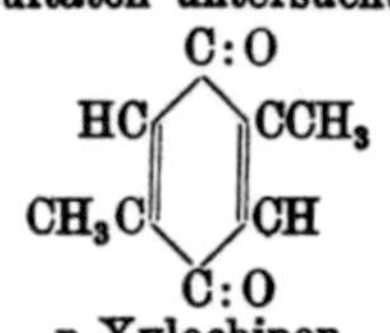   p-Xylochinon

1) Siehe Stark, Phys. Ztschr. 9, 85.

$$\begin{array}{c} \text{C:O} \\ \text{HC} \diagup \diagdown \text{CCH}_3 \\ \text{C}_3\text{H}_7\text{C} \diagdown \diagup \text{CH} \\ \text{C:O} \end{array}$$

Thymochinon

$$\begin{array}{c} \text{C:O} \\ \diagup \diagdown \text{CH} \\ \diagdown \diagup \text{CH} \\ \text{C:O} \end{array}$$

α-Naphtochinon

$$\begin{array}{c} \text{C:O} \\ \\ \text{C:O} \end{array}$$

Anthrachinon

Bei den Chinonen zeigt sich nach Stewart und Baly[1]) deutlich eine Beziehung zwischen der Ausdehnung des (isorropischen) Bandes und der chemischen Reaktionsfähigkeit. Wie Kehrmann[2]) fand, verhalten sich die verschieden substituierten Chinone hinsichtlich mancher Reaktionen, z. B. der Oximbildung, verschieden; so geben di- und trisubstituierte Chinone:

$$\begin{array}{c} \text{CO} \\ \text{R} \diagup \diagdown \text{R} \\ \diagdown \diagup \\ \text{CO} \end{array} \quad \text{und} \quad \begin{array}{c} \text{CO} \\ \text{R} \diagup \diagdown \text{R} \\ \diagdown \diagup \text{R} \\ \text{CO} \end{array} \quad \text{nur Monoxime:} \quad \begin{array}{c} \text{CNOH} \\ \text{R} \diagup \diagdown \text{R} \\ \diagdown \diagup \text{R} \\ \text{CO} \end{array} ,$$

während tetrasubstituierte Chinone überhaupt zur Bildung von Oximen nicht fähig sind, Reaktionen, die mit Hilfe des Bildes von der sterischen Hinderung plausibel gemacht wurden. Diese Verschiedenheiten prägen sich nun auch deutlich in den Schwingungskurven der substituierten Chinone aus. Im Chlorbenzochinon (siehe Fig. 28) ist das charakteristische Band zu einer schwach geneigten Linie (zwischen $1/\lambda = 2000$ und 2600) zusammengeschrumpft, beim 2,6-Dichlorbenzochinon ist nur noch eine Andeutung eines Knickes in der gleichen Spektralregion zu sehen und beim ebenfalls untersuchten Trichlorbenzochinon und Trichlortoluchinon ist nur kontinuierliche Absorption vorhanden. In demselben Maße wie das Chinonband verschwindet, tritt aber

1) Journ. Chem. Soc. **89**, 618, 1906.
2) Berl. Ber. **21**, 3315; Journ. f. prakt. Chem. **89**, 399; **40**, 257.

in der Region (ca. 3700—4200) das benzoide Band deutlicher
hervor, wie die Fig. 28 erkennen läßt. Durch die Substitution
tritt der chinoide Charakter gegenüber dem benzoiden zurück und
zwar haben hier Halogenatome entsprechend ihrem mehr ungesättigten Charakter einen stärkeren Effekt als Methyle.

Derivate der Ketone und Diketone.

Baly hat in Gemeinschaft mit Marsden und Stewart[1] ferner
gewisse von den Diketonen sich ableitenden Oximidoverbindungen

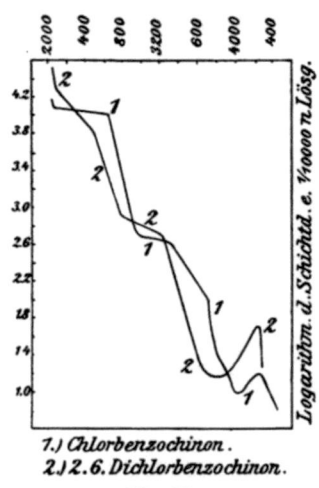

1.) *Chlorbenzochinon.*
2.) *2.6. Dichlorbenzochinon.*

Fig. 28.

gemessen, die schon früher von Hantzsch[2] unter dem Gesichtspunkte der Pseudosäurentheorie untersucht worden sind.
Die Dioxime:

$$R \cdot C - C \cdot R$$
$$\underset{HON}{\|} \quad \underset{NOH,}{\|}$$

z. B. Diacetyldioxim (Nr. 2, Fig. 26) sind farblos und zeigen
nur kontinuierliche Absorption. Die Monoxime

$$R \cdot C - C - R$$
$$\underset{O}{\|} \quad \underset{NOH}{\|}$$

1) Journ. Chem. Soc. 89, 966, 1906.
2) Vgl. S. 149 dieses Buches.

und verwandten Verbindungen sind in neutraler Lösung farblos und absorbieren sämtlich kontinuierlich; ihre alkalischen Lösungen sind jedoch gelb. Die Schwingungskurve dieser Lösungen, z. B. des Natriumsalzes des Isonitrosomalonsäureesters $(COOC_2H_5)C(:NOH)CO \cdot OC_2H_5$ zeigt zunächst ein Band im Ultraviolett, bei etwa 3500, was vielleicht durch die Atomgruppierung $R \cdot CO \cdot C$ zustande kommt, während die selektive Absorption im Blau (und Ultraviolett) durch die Gruppierung $R \cdot C : O \cdot C(:NO')$ hervorgerufen wird [1]). Die Tatsache, daß

$$\begin{array}{ccc}
R \cdot C : O & & R \cdot C : N - O \cdot H \\
| & \text{und} & | \\
R \cdot C : O & & R \cdot C : O
\end{array}$$

spektralchemisch nicht vergleichbar, wohl aber:

$$\begin{array}{ccc}
R \cdot C : O & & R \cdot C : N - O' \\
| & \text{und} & | \\
R \cdot C : O & & R \cdot C : O \ \text{(Ion)}
\end{array}$$

hinsichtlich der Absorptionsverhältnisse vergleichbar sind, läßt sich vielleicht durch die Annahme plausibel machen, daß der primäre Effekt der Salzbildung ein bathochromer ist, der somit (wie bei den Phenolen) in einer Lockerung der Elektronen in dem System:

$$\begin{array}{ccc}
o - C & \longleftrightarrow & C - o \\
\updownarrow & & \updownarrow \\
o - O & & N - o \\
& & \updownarrow \\
& & O'
\end{array}$$

besteht, ohne daß man nötig hat, primär eine Umlagerung bei der Salzbildung anzunehmen [2]).

Es wurden von Baly sodann noch folgende Verbindungen sowohl in neutraler, als auch in alkalischer Lösung untersucht:

Isonitrosoaceton: $CH(NOH) \cdot CO \cdot CH_3$,
Isonitrosomethylaceton: $CH_3C(NOH) \cdot CO \cdot CH_3$,
Isonitrosoacetessigester: $CH_3 \cdot CO \cdot C(NOH)COOC_2H_5$,
Isonitrosoessigsäure: $H \cdot (CNOH)COOH$,

---

1) Diese Erklärung scheint mir gerade vom Standpunkt der Elektronentheorie (vgl. die weiteren Bemerkungen oben) stichhaltiger als die von Baly und Stewart gegebene.

2) Bei gewissen Isonitrosoketonsalzen ist man jedoch gezwungen, eine von der Wasserstoffverbindung abweichende Konstitution anzunehmen; derartige Fälle sind später S. 160 ff. zu besprechen.

Isonitrosomalonester: $COOC_2H_5 C(NOH)CO \cdot OC_2H_5$,

Isonitrosokampfer: $C_8H_{14} \diagdown \begin{smallmatrix} CO \\ C:NOH \end{smallmatrix}$

Ferner studierten Baly und W.B.Tuck[1]) Phenylhydrazone einfacher Aldehyde und Ketone. Die Phenylhydrazone des Acetaldehyds, Propionaldehyds, Acetons, Diäthylketons, Acetophenons gehen durch Belichtung unter Farbänderung in die isomeren Azokörper über

$$C_6H_5NH \cdot N : C(CH_3)_2 \longrightarrow C_6H_5 \cdot N : N \cdot CH(CH_3)_2.$$

Die Phenylmethylhydrazone, z. B. $C_6H_5NCH_3 \cdot N : C \cdot H \cdot CH_3$, sind lichtbeständig, da eine analoge Umlagerung ausgeschlossen ist. Die auf spektroskopischem Wege elegant nachweisbare Umwandlung wird durch Essigsäure verzögert. Ganz analog verhalten sich substituierte Hydrazone, z. B. Acetaldehyd-p-Bromphenylhydrazon,

$$BrC_6H_4NH \cdot N : CH \cdot CH_3,$$

dessen farblose Lösung in Alkohol bei Belichtung gelb wird und nun in die entsprechende Azoverbindung übergegangen ist.

Außerdem wurden noch Phenylhydrazin, Phenylmethylhydrazin und Bromphenylhydrazin in neutraler und saurer Lösung untersucht.

Baly hat dann in Gemeinschaft mit Tuck, Marsden und Gazdar[2]) die Untersuchungen auf Hydrazone und Osazone von Diketonen:

$$\begin{matrix} R \cdot C : N \cdot NHC_6H_5 \\ | \\ R \cdot C : N \cdot NHC_6H_5 \end{matrix} \quad \text{und} \quad \begin{matrix} R \cdot C : O \\ | \\ R \cdot C : N \cdot NHC_6H_5 \end{matrix}$$

ausgedehnt.

Aus den Entwicklungen der letzten Kapitel folgt somit, daß nur die an Kohlenstoff bzw. an Alkyle gebundene Doppelcarbonylgruppe Absorption im Sichtbaren hervorrufen kann und daß allgemein der Ersatz des Sauerstoffatoms durch die Isonitrosogruppe hypsochrom wirkt. Ob auch die Einführung von Amino- und Hydroxylgruppen in das Chromogen $CH_3 \cdot CO \cdot CO \cdot CH_4$ wie bei

1) Journ. Chem. Soc. 89, 982, 1906.
2) Journ. Chem. Soc. 91, 1572, 1907.

anderen Absorptionszentren bathochrom wirkt, ist eine Frage von gewisser Bedeutung, die sich durch die Untersuchung der noch unbekannten bzw. wenig erforschten Verbindungen Amino- und Oxydiacetyl $NH_2 \cdot CH_2 \cdot CO \cdot CO \cdot CH_3$ und $HO \cdot CH_2 \cdot CO \cdot CO \cdot CH_3$ lösen ließe; auch würde es einiges Interesse bieten, die Amino- und Oxyderivate des Acetons in gleicher Richtung spektroskopisch zu untersuchen.

Es muß überraschen, daß gewisse Verbindungen, die die Doppelcarbonylgruppe enthalten, völlig farblos sind [1]); hierzu gehören die Oxalsäure, ihre Salze, Ester und Amide: $HO \cdot CO \cdot CO \cdot OH$, $NH_2 \cdot \cdot CO \cdot CO \cdot NH_2$ usw. Diese Verbindungen absorbieren nur im äußersten Ultraviolett und enthalten demnach keine oder äußerst wenig gelockerte Valenzelektronen.

15. Aliphatische Nitro- und Nitrosoverbindungen

sind von Baly und Desch [2]) sowie von E. P. Hedley [3]) untersucht. Nitromethan und Nitroäthan besitzen in 0,1 n alkoholischer Lösung wenig ausgesprochene Bänder bei 3600; erwähnenswert ist der beträchtliche Einfluß der Nitrogruppe im Nitrostyrol $C_6H_5 \cdot CH\!:\!CH \cdot NO_2$, das wesentlich stärker absorbiert als der Kohlenwasserstoff und ein Band bei 3400 besitzt.

Nitramid, $NO_2 \cdot NH_2$, absorbiert kontinuierlich, während Methylnitramid $NO_2 \cdot NHCH_3$ ein deutliches Absorptionsband besitzt; vielleicht deutet dieser Unterschied auf eine konstitutive Verschiedenheit hin.

Als Repräsentant einer aliphatischen Nitrosoverbindung untersuchten Baly und Desch tert. Nitrosoisopropylaceton

$$CH_3 \cdot CO \cdot C \cdot NO \cdot (CH_3)_2 ,$$

das in Lösungen in einer farblosen, bimolekularen und einer blauen, monomolekularen Form existiert.

Die Nitrosamine $(CH_3)_2N \cdot NO$ und $(C_2H_5)_2N \cdot NO$ besitzen tiefe Bänder bei 2900.

Von sonstigen Verbindungen wurden untersucht:

Nitrourethan, $NO_2 \cdot NH \cdot COOC_2H_5$ und Nitrocarbamid, $NO_2NH \cdot CONH_2$, die als solche kontinuierlich, als Salze selektiv absorbieren; ferner:

Nitroguanidin, $NH\!:\!C(NH_2)NH \cdot NO_2$,

---

1) Vgl. H. Kauffmann, Auxochrome.
2) Journ. Chem. Soc. 93, 1747, 1908.
3) Berl. Ber. 41, 1195.

Nitrosobutan, $(CH_3)_3C \cdot NO$,
Nitrosourethan, $C_2H_5O \cdot CO \cdot N : N \cdot OH$,
Nitrite, $Ba(NO_2)_2$, $Na(NO_2)$ (selektiv),
Amylnitrit, $C_5H_{11} \cdot NO_2$ (selektiv [1])),
Phenylmethylnitrosamin, $C_6H_5N \cdot CH_3 \cdot (NO)$.

16. Aliphatische Jodverbindungen.

Wie Crymble und Stewart [2]), sowie Ley und v. Engelhardt [3]) unabhängig voneinander fanden, absorbieren auch aliphatische Jodverbindungen, wie CH_3J, C_2H_5J, C_3H_7J, ausgesprochen selektiv; der Boden des Bandes liegt bei 3950. Diese Tatsache ist beachtenswert, weil Jodion, z. B. Kaliumjodidlösungen, nur kontinuierliche Absorption zeigen. In der Reihe: $CH_3 \cdot J$, $J \cdot CH_2 \cdot J$, $C \cdot J_3 \cdot H$ findet man die Absorption nach Rot verschoben. Das gelbe Jodoform absorbiert im Blau und Violett, während Tetrajodmethan, CJ_4, eine äußerst zersetzliche Verbindung, bekanntlich rubinrote Farbe aufweist. Dem an Kohlenstoff gebundenen Jod kommen demnach ausgesprochen chromophore Eigenschaften zu; wir müssen somit annehmen, daß im Jodatom gelockerte Elektronen vorhanden sind und können das Jod mit der Carbonylgruppe bzw. mit der Gruppe $CO \cdot CH_3$ vergleichen, die in Verbindung mit Alkylen ebenfalls selektive Absorption erzeugt. Es sind somit vergleichbar:

$CH_3 \cdot CO \cdot CO . CH_3$	$J—J$	sichtbare Absorption
$CH_3 \cdot CO \cdot CH_3$	$J—CH_3$	} selektive Absorption
$CH_3 \cdot CO \cdot C_2H_5$	$J—C_2H_5$	} im Ultraviolett
$CH_3 \cdot CO \cdot H$	$J—H$	kontinuierl. Absorption.

Der Ersatz eines Wasserstoffatoms im Jodmethyl durch die ungesättigte Carboxylgruppe übt keine hemmende Wirkung aus, Jodessigsäure sowie Salze derselben zeigen ebenfalls noch ein Band. Dagegen ist bei Jodcyan, $J \cdot CN$, die selektive Absorption verschwunden, die alkoholische Lösung dieses Stoffes absorbiert nur kontinuierlich [4]), was zweifellos dem ungesättigten

---

1) Sowohl Salze als Ester der salpetrigen Säure absorbieren selektiv. NO_2' absorbiert wesentlich stärker als NO_3' (Schaefer, Ztschr. f. wiss. Phot. 8, 212). Alkylnitrate zeigen zum Unterschied von den Nitriten nur kontinuierliche Absorption.
2) Berl. Ber. 43, 1183.
3) Ztschr. phys. Chem. 74, 37.
4) Ley u. v. Engelhardt, unveröff. Beobachtung.

Charakter der Cyangruppe zuzuschreiben ist, da dieser selbst nur geringe Absorption im äußersten Ultraviolett zukommt.

17. Derivate des Kampfers.

Von verschiedenen Forschern sind neuerdings Verbindungen der Kampfergruppe eingehend untersucht worden; es seien hier einige wichtigere Arbeiten aufgeführt:

Hartley, Journ. Chem. Soc. **93**, 951; Baly, Marsden und Stewart ebenda **89**, 966.

Th. M. Lowry und C. H. Desch **95**, 807, Halogen-, Methylund Nitroverbindungen des K.

Lowry, Desch und Southgate ebenda, **97**, 899, 905, Oxymethylenkampfer, Kampfocarbonsäurederivate.

Die Ester der Kampfocarbonsäure sind Analoga des Acetessigesters und zeigen ähnliche Tautomerieerscheinungen; die spektroskopische Untersuchung jener Verbindungen ergab ebenfalls, daß die Bildung eines Absorptionsstreifens von einer möglichen Isomerisierung unabhängig ist[1]).

18. Liste einiger Verbindungen mit kontinuierlicher Absorption.

Für manche Zwecke dürfte es erwünscht sein, eine Liste der Verbindungen einsehen zu können, die lediglich kontinuierlich absorbieren; es möge deshalb das von Hartley[2]) aufgestellte Verzeichnis hier Platz finden, das auf Grund neuerer Beobachtungen ergänzt wurde.

Acetaldoxim, $CH_3CH(:NOH)$
Acetoxim, $(CH_3)_2C(:NOH)$
Acetylen, C_2H_2
Äthylamin, $NH_2 \cdot C_2H_5$
Äthylen, C_2H_4
Äthylenchlorid, -bromid $C_2H_4Cl_2$, $C_2H_4Br_2$
Äthylencyanid, $C_2H_4(CN)_2$
Äthylalkohol, C_2H_5OH
Äthylformiat bis Äthyl-

valerianat, $HCO_2C_2H_5$ bis $C_5H_9O_2 \cdot C_2H_5$
Alanin, $C_3H_7O_2N$
Alantoin, $C_4H_6N_4O_3$
Alloxan, $C_4H_2O_4N_2$
Allylalkohol, C_3H_5OH
Ameisensäure, $HCOOH$ und Salze
Ammoniumhydroxyd, NH_4OH
Amylen, C_5H_{10}

---

1) Die letzte sehr wichtige Arbeit von Lowry, Desch und Southgate konnte in diesem Buche nicht mehr berücksichtigt werden.

2) Brit. Ass. Rep. 1901, S. 208.

Amylacetat, $CH_3CO_2C_5H_{10}$
Amylalkohol, $C_5H_{11} \cdot OH$
Amylformiat bis Amylbutyrat
Atropin, $C_{17}H_{25}O_3N$
Benzolhexachlorid, $C_6H_6Cl_6$
Biuret, $C_2H_5N_3O_3$
Buttersäure, C_3H_7COOH
   Na-Salz, Ba-Salz ders., sowie
   analoge Verbindungen der
   iso-Reihe
Caffein, $C_8H_{10}N_4O_2$
Cevadin
Chloroform, $CHCl_3$
Cyan, C_2N_2
Cyanursäure, $C_3N_3O_3H_3$
iso-Cyanursäuremethylester
Cyanurchlorid, $C_3N_3Cl_3$
Diastase
Diäthylamin, $(C_2H_5)_2N_4$
Digitalin, $C_{29}H_{46}O_{12}$
Diketohexamethylen,
   $(CO)_2(CH_2)_4$
Dimethylamin, $(CH_3)_2NH$
Essigsäure und Homologe, sowie
   Na- und Ba-Salze
Fumarsäure $C_4H_4O_4$
Furfuraldehyd, $C_4H_3O \cdot CHO$
Furfuran, $(CH)_4O$
Gelatine
Glyzerin, $C_3H_5(OH)_3$
Glykol, $C_2H_4(OH)_2$
Harnstoff, $CO(NH_2)_2$
Heptan, C_7H_{16}
Hexamethylen, C_6H_{12}
Hexan, C_6H_{14}

Hippursäure, $C_9H_9NO_5$
Hydroxylaminchlorhydrat,
   NH_2OHHCl
Hyoscyamin, $C_{17}H_{23}NO_8$
Invertase
Isopren, C_5H_8
Leucin, $C_6H_{13}NO_2$
Maleïnsäure $C_4H_4O_4$
Melamin, $C_3N_3(NH_2)_3$
Methylamin und -chlorhydrat,
   CH_3NH_2
Methylformiat und Homologe,
   z. B. $C_5H_9O_2CH_3$
Narcein, $C_{23}H_{27}NO_3$
Nikotin, $C_{10}H_{14}N_2$
Octan, C_8H_{18}
Octylalkohol, $C_8H_{17}OH$
Oxalsäure, $(COOH)_2$
Pikrotoxin, $C_{30}H_{34}O_{13}$
Pikrylchlorid, $C_6H_2Cl(NO_2)_3$
Piperidin, $C_5H_{10} \cdot NH$
Propylformiat und Homologe,
   z. B. $C_5H_9O_2C_3H_7$
Pyromuconsäure, $C_4H_3O_2 \cdot COOH$
Pyrrol, $(CH)_4NH$
Serin, $C_3H_2NO_3$
Thiophen, $(CH)_4S$
Traubensäure $(C_4H_6O_6)_2$
Triäthylamin, $(C_2H_5)_3N$
Triäthylmelamin,
   $C_3N_6H_3(C_2H_5)_3$
Trimethylamin, $(CH_3)_3N$
Trinitrobenzol, $C_6H_3(NO_2)_3$
Weinsäure, $C_4H_6O_6$

Durch rein praktische Zwecke veranlaßt wurde eine große Untersuchung Hartleys über Absorptionsspektren von Alkaloiden. Diese Untersuchungen haben manche wichtige Einblicke in die Konstitution einiger dieser Verbindungen gestattet. Im allgemeinen dürften diese Stoffe jedoch bei ihrer komplizierten Zusammensetzung vorläufig kein geeignetes Material für das Studium der Beziehungen zwischen Farbe und Konstitution abgeben. Es sei deshalb auf die Arbeiten Hartleys und seiner Schüler[1]) verwiesen, die auch in Kaysers Handbuch referiert sind[2]).

X. Allgemeines über die optische Wirkung der Substituenten. Konstitutionsbestimmung auf Grund spektraler Beziehungen.

a) Aliphatische Verbindungen.

Die im allgemeinen kontinuierliche Absorption der aliphatischen Verbindungen wird in der Regel zu einer selektiven bei Anwesenheit chromophorer Gruppen, von denen besonders folgende hervorgehoben werden sollen:

$$-CH_2-CO- \text{ (Aceton und Homologe),}$$
$$-CO \cdot CO- \text{ (an Kohlenstoff, Alkyle gebunden).}$$

b) Aromatische Verbindungen.

Gruppen, die die Absorption des Benzols sowie der aromatischen Kohlenwasserstoffe in den Mono- (und Bisubstitutions-) produkten nur unwesentlich verschieben, sind vor allem die Alkyle; bei den Halogenen, besonders Brom und Jod, ist in der Regel eine größere bathochrome Wirkung zu konstatieren.

Starke Verschiebung nach Rot bewirken die ungesättigten Gruppen, wie:

$$NO_2, \ NO, \ NH_2, \ N(CH_3)H, \ N(CH_3)_2,$$
$$\cdot CH:CH_2, \ \cdot C:CH, \ C:N,$$
$$COOH, \ COOCH_3, \ CONH_2.$$

In der folgenden Fig. 29 sind die anfänglichen kontinuierlichen Absorptionen verschiedener einfacher Benzolderivate: (C_6H_6), $C_6H_5CH_3$, C_6H_5CN, C_6H_5COOH, C_6H_5COOK, C_6H_5OH, C_6H_5ONa, $C_6H_5NH_2$, $C_6H_5NO_2$ zusammengestellt; die Zahlen beziehen sich auf 0,1 norm. alkoholische Lösungen (nur C_6H_5COOH und C_6H_5COOK kamen in ca. 10 Proz. Wasser enthaltendem Alkohol zur Untersuchung). Die Kurven geben somit einen gewissen Überblick über

---

1) W. N. Hartley, Phil. Trans. 171, II, 471; Dobbie u. Lander, Trans. Chem. Soc. 83, 595, 605, 1903. Artikel: Practical application of spectrum analysis in Thorpes dictionary of applied chemistry, S. 536. Hartley, Proc. Chem. Soc. 19, 122, 1903.

2) Band 3, 209—225.

die Größe der bathochromen Wirkungen, die den einzelnen Gruppen eigen sind [1]).

Bei Anwesenheit zweier Gruppen addieren sich in der Regel die Effekte, doch kommt hier noch die gegenseitige Stellung der Gruppen im Benzolkern in Frage. Häufig wird durch die Gegenwart zweier bathochromer Gruppen Absorption im Sichtbaren hervorgerufen ($C_6H_4 \cdot NO_2 \cdot NH_2$, $C_6H_4 \cdot OH \cdot NO_2$, $C_6H_4 \cdot NH_2 \cdot COOH$). Auf Grund der obigen Kurventafel läßt sich auch erkennen, daß die Wirkung am stärksten sein muß bei gleichzeitiger Anwesenheit von Nitro- und Aminogruppe, da ersterer der größte bathochrome Effekt zukommt; in der Tat sind sämtliche drei Nitraniline

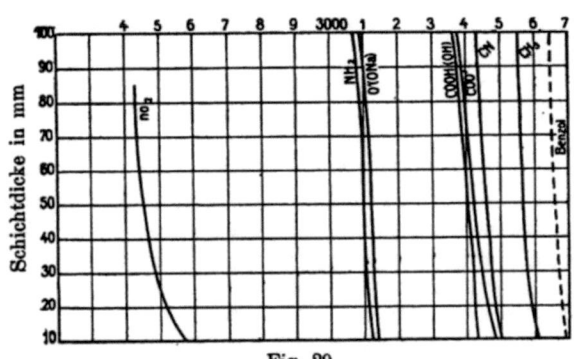

Fig. 29.

intensiv gelb. Bathochrom wirkt ferner Salzbildung bei den Phenolen, Naphtolen und verwandten Verbindungen: $-C \cdot OH \longrightarrow -C \cdot OMe$; dieser Effekt ist häufig ziemlich beträchtlich.

Hypsochrom wirkt Salzbildung bei Aminoverbindungen: $NH_2 \longrightarrow NH_2 \cdot HX$, sowie in der Regel bei den Carboxylverbindungen:

$$-COOH \longrightarrow -COOMe,$$

vorausgesetzt, daß die Eigenabsorption von Me nicht in Betracht zu ziehen ist.

Gering ist ferner der optische Effekt der Alkylierung einer Carboxyl- oder einer an Kohlenstoff gebundenen Hydroxylgruppe; auch der Ersatz eines (oder mehrerer) an Stickstoff gebundenen Wasserstoffatoms durch Alkyle verändert die Absorptionskurve in

1) Man könnte daran denken, den bathochromen Effekt einer Gruppe zahlenmäßig auszudrücken, doch stellen sich hier wegen des verschiedenen Verlaufs der Absorptionskurven Schwierigkeiten ein.

der Regel nicht beträchtlich, falls man sich auf die niederen Alkyle, Methyl oder Äthyl beschränkt, doch sind hier Ausnahmen bekannt.

Sodann gilt in der Regel der Satz, daß Substitution in Seitengruppen (z. B. der OH- bzw. NH_2-Gruppe in $C_6H_5 \cdot CH_2 \cdot COOH$) keine großen Veränderungen in den Schwingungskurven bewirkt.

Auf Grund dieser Regelmäßigkeiten läßt sich das Absorptionsspektrum einer Verbindung im Ultraviolett bis zu einem gewissen Grade vorhersagen, und es ist klar, daß man in der Messung des Absorptionsspektrums (Schwingungskurve) ein vorzügliches Mittel zur Bestimmung der Konstitution einer organischen Verbindung besitzt. Dieser von Hartley begründeten Methode liegt (wie auch anderen physikochemischen Methoden der Konstitutionsbestimmung) die Annahme zugrunde, daß chemisch ähnliche Verbindungen ähnliche Absorptionsspektren geben. Von dieser verhältnismäßig wenig benutzten Methode sind zweifellos noch viele Erfolge zu erwarten. Im folgenden sollen zwei Beispiele gegeben werden.

1. Konstitution tautomerer Verbindungen.

Nach Hartley [1]) läßt sich bisweilen die Konstitution tautomer reagierender Verbindungen, z. B. mit den Atomgruppierungen —CO·NH— oder —CO—CH₂—, dadurch ermitteln, daß man ihre Schwingungskurven mit denen der isomeren Ester —(C:O)·NCH₃ und C(OCH₃):N— bzw. —CO—CHCH₃— und —C(OCH₃):CH— vergleicht. So fand Hartley, daß die Schwingungskurve des Isatins mit der des Methylpseudoisatins:

$$C_6H_4 \diagup\!\!\!\!\diagdown \genfrac{}{}{0pt}{}{CO}{NCH_3} CO,$$

nicht aber mit der des Methylisatins:

$$C_6H_4 \diagup\!\!\!\!\diagdown \genfrac{}{}{0pt}{}{CO}{N} C(OCH_3)$$

Ähnlichkeit aufweist und stellte so für Isatin die auch durch chemische Methoden begründete Laktamformel:

$$C_6H_4 \diagup\!\!\!\!\diagdown \genfrac{}{}{0pt}{}{CO}{NH} CO$$

1) Journ. Chem. Soc. **77**, 839, 1900; siehe auch **Kayser**, Handb. III, S. 205.

fest. Wie Fig. 30 erkennen läßt, hat sowohl Isatin als auch Methylpseudoisatin zwei Bänder, die hinsichtlich ihrer spektralen Lage
nur wenig voneinander abweichen, während die Kurve des Methylisatins nur ein Band bei einer anderen Schwingungszahl besitzt.
In analoger Weise wurde die Konstitution des Carbostyrils und
ähnlicher Verbindungen ermittelt.

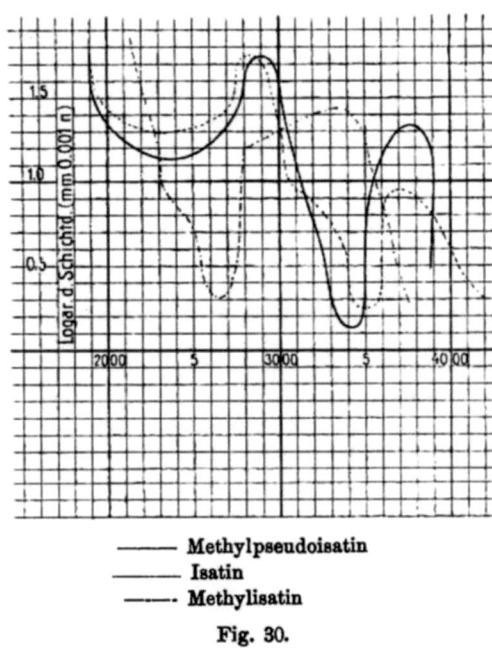

———— Methylpseudoisatin
———— Isatin
—·—·— Methylisatin

Fig. 30.

b) Konstitution aromatischer Aminosäuren.

Nach der Untersuchung von Ley und Ulrich[1]) ist die
Schwingungskurve des Phenyltrimethylammoniumchlorids fast iden-
tisch mit der des Anilinchlorhydrats: $C_6H_5 \cdot N(CH_3)_3Cl : C_6H_5NH_3 \cdot Cl$,
ferner wird die Durchlässigkeit einer aromatischen Aminoverbin-
dung auch durch „innere Salzbildung" vergrößert; wie das Studium

---

1) Berl. Ber. **42**, 3440.

der besonders von Willstätter untersuchten isomeren Dimethylanthranilsäuremethylester I und o-Benzbetain II zeigte

$$\text{I} \qquad\qquad\qquad \text{II}$$

$$C_6H_4 \Big\langle \begin{array}{l} N(CH_3)_2 \\ COOCH_3 \end{array} \qquad\qquad C_6H_4 \Big\langle \begin{array}{l} N(CH_3)_3 \\ \quad\;\; O \\ CO \end{array}$$

hat die kontinuierliche Absorption des Esters durch die Betain-
bildung eine sehr erhebliche Verschiebung nach Ultraviolett er-

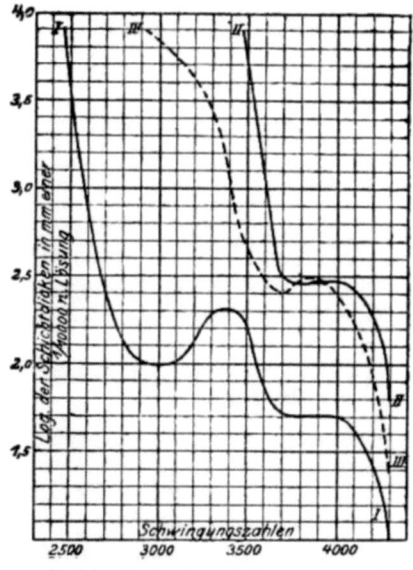

I. Dimethylanthranilsäuremethylester
II. o-Benzbetain
III. Dimethylanthranilsäure
Fig. 31.

fahren (s. Fig. 31), gleichzeitig tritt die selektive Absorption beim
Betain mehr zurück. Auf Grund dieser Regelmäßigkeit wird man
imstande sein, spektralchemisch festzustellen, ob einer aromatischen
Aminosäure eine „offene" oder „geschlossene" Konstitution zukommt,
und zwar durch Vergleich der Absorptionsspektren der Säuren:

$$NH_2 \cdot X \cdot COOH, \quad NHR \cdot X \cdot COOH, \quad NR_2 \cdot X \cdot COOH$$

mit denen der Ester:

$$NH_2 \cdot X \cdot COOR', \; NHR \cdot X \cdot COOR', \; NR_2 \cdot X \cdot COOR'$$
$$(R, \; R' = Alkyle, \; CH_3 \cdot C_2H_5).$$

Besitzen Ester und Säure gleiches Spektrum, so ist für letztere die offene Struktur wahrscheinlich; ist eine Differenz vorhanden, derartig, daß die Säure durchlässiger ist als der Ester, so liegt in der Säure ein inneres Salz vor; sie ist betainartig konstituiert.

So fanden genannte Autoren, daß die Anilinoessigsäure und ihr Äthylester:

$$NHC_6H_3 \cdot CH_2 \cdot COOH(R)$$

isospektral sind, das gleiche wurde für Monomethylanthranilsäure und den Methylester:

$$C_6H_4 \cdot NHCH_3 \cdot COOH(R)$$

beobachtet; während Dimethylanthranilsäure und ihr Ester, wie Fig. 31 zeigt, typisch heterospektral sind; damit ist aber eine konstitutive Verschiedenheit der Mono- und Dimethylanthranilsäure erwiesen, derartig, daß letzterer eine betainartige Struktur zukommt, was auch durch Messungen auf elektrochemischem Gebiete bestätigt wird [1].

XI. Beziehungen zwischen Absorptions- und Fluoreszenzerscheinungen im Ultraviolett.

Es erübrigt, jetzt noch eine häufige Begleiterscheinung der Absorption und ihre Beziehungen zur Farbe zu erwähnen, nämlich die Fluoreszenz, da neuerdings viele aus Absorptionserscheinungen gezogenen Schlüsse durch das Studium der Fluoreszenzphänomene eine willkommene Ergänzung erfahren haben und von diesen Erscheinungen an und für sich wertvolle Aufklärungen über Konstitutionsfragen zu erwarten sind.

Da die Fundamentalerscheinungen hier in der Regel weniger bekannt zu sein pflegen, so sei auf diese etwas näher eingegangen.

Die Fluoreszenz gehört wie die mit ihr verwandte Phosphoreszenz den Lumineszenzerscheinungen an, bei denen die Strahlungsvorgänge ohne entsprechende Temperatursteigerung vor sich gehen, und für die das Kirchhoffsche Gesetz von Absorption und Emission nicht strenge Gültigkeit hat. Fluoreszenz nennt man

---

[1] Walker, Ztschr. phys. Chem. **57**, 600.

die eigenartige Lichtemission, die gewisse Stoffe bei Beleuchtung
mit einer starken Lichtquelle zeigen, und die sofort wieder verschwindet, falls die erregende Lichtquelle entfernt wird. Die Körper
werden somit unter dem Einfluß des Lichtfeldes gewissermaßen selbst-
leuchtend. Zur Beobachtung der Erscheinung sichtbarer Fluoreszenz
erzeugt man durch Sonnenlicht oder eine andere helle Lichtquelle mit
Hilfe einer Sammellinse einen Strahlenkegel in der zu untersuchenden
Substanz, z. B. einer Lösung. Ist letztere optisch leer, d. h. frei von
schwebenden festen Teilchen, so ist bei Abwesenheit von Fluoreszenz der Strahlengang innerhalb des Körpers nicht zu beobachten.
Bei fluoreszenzfähigen Stoffen hingegen geht von dem Strahlenkegel Licht bestimmter Farbe, das Fluoreszenzlicht, aus, das, wie
viele Untersuchungen gezeigt haben, nicht polarisiert ist und sich
dadurch von dem im optisch nicht leeren, d. h. trüben Medien
auftretenden Opaleszenzlicht unterscheidet.

Charakteristisch für diese Strahlungsvorgänge ist, daß das in
den fluoreszierenden Körper eindringende Licht nicht einfach absorbiert und in Wärme verwandelt, sondern teilweise als Licht
von anderer Brechbarkeit abgegeben wird.

Eine genaue spektralanalytische Untersuchung ergab nun einen
wichtigen Zusammenhang zwischen der Natur des erregenden und
des ausgestrahlten Lichtes. Wie zahlreiche Versuche z. B. mit
fluoreszierenden Lösungen gezeigt haben, sind es die stärker brechbaren Strahlen, die blauen, violetten und ultravioletten, die die
Emission des Fluoreszenzlichtes bewirken, während die weniger
brechbaren, z. B. gelben und roten Strahlen, die Erscheinung nicht
hervorrufen. Diese Tatsache wurde schon von Stokes (1852)
aufgefunden und nach ihm die Stokessche Regel benannt; wie
spätere Untersuchungen erwiesen, ist sie jedoch nicht ohne Ausnahme, indem eine Reihe stark farbiger Stoffe häufig auch durch
kurzwelligere Strahlen zur Fluoreszenz erregt werden kann als
der Wellenlänge des ausgesandten Fluoreszenzlichtes entspricht.
In der Regel handelt es sich bei der Erscheinung somit um eine
Verwandlung der in den Stoff eindringenden Strahlen von großer
Brechbarkeit in solche von geringerer Brechbarkeit.

Nun gilt die Regel, daß stets mit einer Fluoreszenz auch
Absorption des Lichtes verknüpft ist. Nach Stark[1] wird die
Fluoreszenz bedingt durch Absorption in einem nach Rot zu ab-

---

1) Vergl. S. 76.

schattierten Bandenspektrum und allen fluoreszierenden Stoffen ist
die Eigenschaft gemeinsam, typisch selektiv zu absorbieren, eine
Regel, von der bis jetzt noch∙keine Ausnahme konstatiert ist.

Wird das Fluoreszenzlicht spektral zerlegt, so zeigen sich
entweder eine oder mehrere Banden, die in der Regel bei einer
bestimmten Wellenlänge ein Maximum der Intensität besitzen.
Diesem Maximum entspricht ein Minimum der Absorptionskurve,
d. h. in der Intensität des durch den Stoff unter ähnlichen Bedingungen hindurchgelassenen Lichtes, das zugleich gegenüber dem
Fluoreszenzmaximum nach der Seite der kürzeren Wellen verschoben ist, wie beistehende Skizze Fig. 32 schematisch erläutern
soll, wo auf den Ordinaten die Intensitäten des emittierten und absorbierten Lichtes aufgetragen sind.

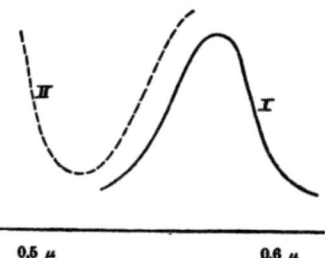

0,5 μ   0,6 μ

II Absorptions-Spektrum   I Fluoreszenz-Spektrum

Fig. 32.

In ähnlicher Weise wie die Absorption nicht auf dem verhältnismäßig kleinen, unserem Auge zugänglichen Teile des Spektrums beschränkt ist, werden wir auch bei der Fluoreszenz eine
Ausdehnung zu beiden Seiten des sichtbaren Teils des Spektrums
erwarten. Eine Fluoreszenz im Ultrarot ist auf Grund bestimmter
Beobachtungen an Farbstoffen sehr wahrscheinlich. Eine ultraviolette Fluoreszenz ist zuerst von Stark beim Benzol aufgefunden.
Es besteht jedoch kein prinzipieller Unterschied zwischen sichtbarer und ultravioletter Fluoreszenz, wie ein solcher auch für die
Absorptionsphänomene nicht aufgestellt werden kann. Denn, wie
die Untersuchung des Benzols, Naphtalins und Anthracens ergab,
werden mit zunehmender Kondensation:

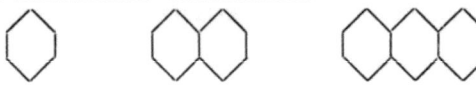

die Fluoreszenzbanden ganz allmählich verschoben, bis sie in das Sichtbare gelangen. Wie Fig. 33, sowie das Photogramm auf Tafel II zeigen, liegen die Fluoreszenzbanden des Benzols zum Teil weit im Ultraviolett (260 bis 310 $\mu\mu$), beim Naphtalin hat schon eine beträchtliche Verschiebung nach Rot stattgefunden (bis 360 $\mu\mu$), während beim Anthracen die Fluoreszenzbänder teilweise schon im Sichtbaren liegen (bis 450 $\mu\mu$).

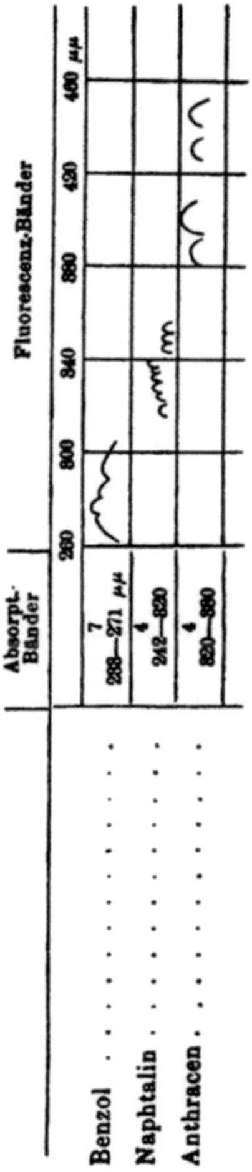

Bei den nahen Beziehungen zwischen Fluoreszenz und Lichtabsorption war zu erwarten, daß erstere Eigenschaft auch in nahen Beziehungen zur chemischen Konstitution der Verbindungen stehen mußte. In der Tat ergaben die Untersuchungen über sichtbare Fluoreszenz, die allerdings in der Regel mehr einen rein qualitativen Charakter tragen, daß derartige Beziehungen existieren.

Wie die Chromophore die Farbe organischer Verbindungen bedingen, so sollte nach R. Meyer[1]) und andern[2]) die Fluoreszenz durch die Anwesenheit ganz bestimmter Atomgruppen im Molekül der strahlungsfähigen Stoffe zustande kommen, die als Fluorophore bezeichnet werden. Als derartig wirkende Gruppen wurden gewisse sechsgliedrige, meist heterocyklische Ringe, wie der Pyron-, Azin-, Oxazin-, Thiazinring, sowie die im Anthracen, Akridin u. a. enthaltene Ringsysteme erkannt. Ferner wird hervorgehoben, daß das Vorhandensein des Fluorophors allein noch keine Fluoreszenz bedingt, daß sie erst dann zustande kommt, wenn die fluorophoren Gruppen zwischen andern dichtern Atomkomplexen gelagert sind.

Fluorescenz-Bänder

Absorpt.-Bänder

450 $\mu\mu$ 420 880 840 800 900

Fig. 33.

288—271 $\mu\mu$ 242—230 820—880

Benzol Naphtalin Anthracen

1) Zeitschr. f. phys. Chem. 24, 468 (1897).
2) H. Kauffmann, Die Beziehungen zwischen Fluoreszenz und chem. Konstitution (1906); ferner: Die Auxochrome (1907). Stuttgart, Verlag Enke.

Ähnlich sind die von H. Kauffmann[1]) entwickelten Ansichten. Für das Zustandekommen von Fluoreszenz ist in erster Linie das Vorhandensein eines „Luminophors" erforderlich, d. h. einer Verbindung, die wohl durch Teslaströme und Radiumstrahlen, nicht aber durch Licht zur Emission angeregt werden kann. Derartige Luminophore sind in erster Linie der Benzolring in Verbindung mit den Auxochromen (z. B. der Hydroxylgruppe). Fluoreszenz tritt erst ein nach Einführung weiterer Gruppen, der Fluorogene (z. B. der Carboxylgruppe). Das Lumineszenzvermögen der Luminophore ist nach Kauffmann bedingt durch einen eigenartigen Zustand des Benzolringes, der besonders durch die Auxochrome zur Lumineszenz begünstigt wird[2]).

So wertvoll auch die besprochenen Zusammenfassungen der Fluoreszenzphänomene sind, von zwingender Beweiskraft konnten sie so lange nicht sein, bis die Frage entschieden wurde, ob Verschwinden der Fluoreszenz durch Schwächung der Lichtemission überhaupt oder durch Verschiebung der Fluoreszenzbanden ins Ultraviolett hervorgerufen wird.

Deshalb ist die Entdeckung Starks, daß Benzol ultraviolette Fluoreszenz aufweist, und daß diese durch Einführung bestimmter Gruppen bis in das Gebiet des Sichtbaren verschoben werden kann, von entscheidender Bedeutung für die Beziehungen zwischen Fluoreszenz und chemischer Konstitution.

Nach seinen, sowie in Gemeinschaft mit R. Meyer, W. Steubing und anderen angestellten Versuchen[3]) ist die Fluoreszenz als eine gemeinsame Eigenschaft vieler Benzolderivate festgestellt worden.

Da nun, wie zahlreiche Untersuchungen gelehrt haben, gerade das Absorptionsspektrum einer im Ultraviolett selektiv absorbierenden Verbindung sich chemischen Veränderungen im Molekül der absorbierenden Substanz gegenüber als besonders empfindlich erweist, so war zu erwarten, daß auch ähnliches für das ultraviolette Fluoreszenzspektrum gelten würde, was nach den genannten Arbeiten sowie einer Untersuchung von Ley und v. Engelhardt[4]),

---

1) H. Kauffmann, Die Beziehungen zwischen Fluoreszenz und chemischer Konstitution (1906); ferner: Die Auxochrome (1907). Stuttgart, Verlag Enke.

2) Vergl. auch H. Ley, Zeitschr. f. angew. Chem. 21, 2027.

3) J. Stark, Phys. Zeitschr. 8, 81; J. Stark und R. Meyer, Phys. Zeitschr. 8, 250; J. Stark und W. Steubing, Phys. Zeitschr. 9, 481 und 661.

4) Zeitschr. f. phys. Chem. 74, 1; vergl. Berl. Ber. 41, 2988

sowie von Ley und Gräfe[1]) tatsächlich der Fall ist. Da nun für das ultraviolette Gebiet genauere Fluoreszenzmessungen vorliegen, und die Verhältnisse hier auch relativ einfacher zu sein scheinen, wollen wir uns in den folgenden Entwicklungen vorwiegend auf dieses Gebiet beschränken und betreffs der sehr zahlreichen, aber meist nur qualitativen Beobachtungen über sichtbare Fluoreszenz auf die wichtige Zusammenstellung von H. Kauffmann verweisen. Methodische Einzelheiten über die Deutung der Fluoreszenzspektren sowie deren Beobachtung sind in den genannten Arbeiten von Stark und seinen Mitarbeitern, sowie von Ley und v. Engelhardt mitgeteilt.

Einfluß der Substituenten auf die Fluoreszenz der cyklischen Kohlenwasserstoffe.

Beschränken wir uns hier, wo es nur auf die grundlegenden Beziehungen zwischen Absorption und Fluoreszenzerscheinungen ankommt, auf Monosubstitutionsprodukte und zwar zunächst auf solche des Benzols, so wird zunächst durch jede Substitution der Charakter der Benzolfluoreszenz geändert: die vier Bänder ziehen sich zu einem einzigen Bande von größerer Ausdehnung zusammen, gleichzeitig findet Verschiebung nach Rot statt. Gruppen, die derartig wirken, und das tun alle bisher untersuchten Substituenten, kann man bathoflore Gruppen nennen; es ist natürlich auch der Fall denkbar, daß eine bestehende Fluoreszenz durch Substitution nach kürzeren Wellen verschoben wird, derartige Gruppen sind als hypsoflore zu bezeichnen. Außer der Veränderung der spektralen Lage, d. h. der Fluoreszenzfarbe, verändert jede Substitution in der Regel auch die Intensitätsverteilung in der Fluoreszenzbande. Gruppen, die die Intensität vergrößern, mögen auxoflore, Gruppen, die die entgegengesetzte Wirkung ausüben, diminoflore genannt werden.

Atomkomplexe, die eine bestehende Fluoreszenz am meisten beeinflussen und die sowohl eine bathoflore als auxoflore Wirkung ausüben, sind nun die auxochromen Amino- und Hydroxylgruppen, ferner die substituierten Komplexe wie $-OCH_3$ $-NHCH_3 -NHC_2H_5 -N(CH_3)_2$ usw.; außerdem die Cyangruppe.

Die bathoflore Carboxylgruppe entfaltet im Benzolkern diminoflore Eigenschaften.

---

[1] Unveröff. Beobachtungen, vergl. auch Zeitschr. wiss. Photogr. 8, 294.

Nun besteht hinsichtlich der Wirkung der Gruppen ein wesentlicher Unterschied, der sich genügend durch ihre chemische Natur erklärt, und durch den wieder die Beziehungen zwischen Fluoreszenz und Absorption hervortreten: die Einführung gesättigter Gruppen wie der Alkyle verstärkt die Intensität der Fluoreszenz, diese wirken somit als auxoflore Gruppen, während die Lage der Benzolfluoreszenz nicht wesentlich beeinflußt wird. Die Halogene bewirken ebenfalls nur geringe Verschiebung der Fluoreszenz, gleichzeitig aber eine Schwächung der Intensität, die mit dem Atomgewicht des Halogens vom Fluor zum Jod zunimmt.

Wesentlich anders ist die Wirkung ungesättigter Gruppen, als solche müssen OH, OCH$_3$, NH$_2$, CN, CH:CH$_2$, die sämtlich auxoflor wirken, ferner die diminoflore Carboxylgruppe angesehen werden: in allen diesen Fällen werden Fluoreszenz- (und konform damit auch die Absorptions-)Banden wesentlich nach längeren Wellen verschoben.

Schließlich soll noch erwähnt werden, daß bei Anwesenheit mehrerer Substituenten häufig ein additives Verhalten beobachtet ist; gleichzeitige Anwesenheit mehrerer ungesättigter Gruppen kann allerdings Anomalien hervorrufen. Auf eine derartige Anomalie möge hier noch aufmerksam gemacht werden:

Die Nitrogruppe gehört, worauf schon R. Meyer[1]) und H. Kauffmann[2]) aufmerksam machten, zu den Gruppen, die bei Einführung in ein fluoreszierendes System (z. B. aromatischen Kohlenwasserstoff) im allgemeinen die Fluoreszenz vernichten, was wohl mit den chromophoren Eigenschaften dieser Gruppe zusammenhängt; Nitrobenzol, Nitrotoluol u. a. zeigen keine Spur ultravioletter Fluoreszenz. Ebenso wirken NO$_2$-haltige Gruppen wie die Pikrylgruppe: C$_6$H$_2$(NO$_2$)$_3$. Um so auffälliger ist die Tatsache, daß es Nitroverbindungen gibt, die selbst im Sichtbaren äußerst starke Fluoreszenz aufweisen, wie Pikrylbiguanid[3]) und ähnliche Verbindungen, ferner m-Nitrodimethylanilin[4]).

Es liegt nahe, derartige Effekte durch das Zusammenwirken der Nitrogruppe und der anderen (meist Amino-)Gruppe im Molekül durch Absättigung von Residualaffinitäten zu erklären, und es ist zu erwarten, daß man durch Untersuchung derartiger unerwarteter

1) Zeitschr. f. phys. Chem. 24, 481.
2) Fluoreszenz usw. S. 80.
3) H. Ley und F. Müller, Berl. Ber. 41, 1637.
4) H. Kauffmann, Berl. Ber. 40, 2341; 41, 4396.

Fluoreszenzen bei Nitroverbindungen die Affinitätsäußerungen ungesättigter Gruppen weiter erfolgreich wird studieren können[1]).

Es erscheint noch der Hinweis wichtig, daß das dem Benzol chemisch nahe stehende Pyridin sowohl als solches als auch in Form des Chlorhydrats keine Spur von ultravioletter Fluoreszenz aufweist[2]); vielleicht deutet diese Tatsache darauf hin, daß durch den Einbau des Stickstoffatoms das Molekül elektroatomistisch eine wesentliche Veränderung erlitten hat. Die Fluoreszenzphänomene bei

Naphtalin und Derivaten

bieten teils analoge, teils in gewisser Beziehung neuartige Erscheinungen, die in dem eigenartigen Ringsysteme des Kohlenwasserstoffs und seiner fast linienartigen (schmalbandigen) Fluoreszenz[3]) begründet sind, wie durch eine neuere Untersuchung von Ley und Gräfe[4]) gefunden wurde. Gesättigte Substituenten wie Alkyle und Chlor bringen nur geringe Verschiebungen der Fluoreszenz nach Rot hervor, zum Unterschied vom Benzol treten aber auch einzelne der schmalen Banden auf.

Die auxochromen Amino- und Hydroxylgruppen haben jedoch die gleiche Wirkung wie bei Benzol: die Fluoreszenz ist gegenüber der des Kohlenwasserstoffs in den Naphtylaminen und Naphtolen stark nach Rot verschoben, gleichzeitig tritt nur eine einzige breite Bande auf.

In fast allen Fällen ist auch ein typischer Unterschied zwischen α- und β-Verbindungen hinsichtlich der Fluoreszenz zu beobachten, wie ja auch ein derartiger Unterschied bei den Absorptionskurven bestand[5]); in der Regel fluoresziert die β-Verbindung intensiver als die α-Verbindung.

Einfluß von Salzbildungen auf einige Fluoreszenzerscheinungen.

In einigen Fällen bewirkt Salzbildung, z. B. bei aromatischen Aminen, Carbonsäuren, Phenolen, allgemein:

1) Vergl. S. 55.
2) Stark, Phys. Zeitschr. 9, 661; Ley und v. Engelhardt, Zeitschr. phys. Chem. 74, 59.
3) Das Photogramm der Fluoreszenzbanden des Naphtalins auf Tafel II.
4) l. c.
5) Vergl. S. 103 dieses Buches.

a) $R - NH_2 \longrightarrow R - NH_3Cl$,

b) $R - X - OH \longrightarrow R - X - O - Me(Na, K)$ $[R = C_6H_5, C_{10}H_7]$,

c) $R - OH \longrightarrow R - O - Me(Na, K)$,

typische Veränderungen der Fluoreszenzerscheinungen, die in der Regel zu Änderungen im Absorptionsspektrum parallel gehen, häufig jedoch viel augenscheinlicher als diese die Natur der durch die Salzbildung vor sich gehenden innermolekularen Veränderung erkennen lassen.

a) Hypsochromer Einfluß der Salzbildung bei aromatischen Aminen.

Durch Salzsäurezusatz wird die Anilinfluoreszenz stark geschwächt und bei genügendem Säurezusatz verschwindet das

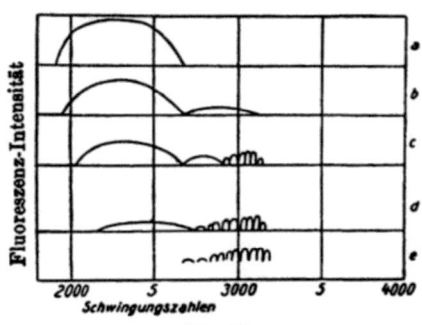

Fig. 34.

typische Fluoreszenzband vollständig; die Benzol-Fluoreszenz-Banden erscheinen jedoch bei den bisherigen Versuchsanordnungen nicht, wahrscheinlich infolge sehr geringer Intensität des emittierten Lichtes. Weit charakteristischer sind die Erscheinungen bei α-Naphtylamin (vergl. Fig. 34a—e). Auf Zusatz von Salzsäure zur alkoholischen Lösung des Amins beobachtet man folgendes [1]: Bei gleichen Molekülen von Säure und Base erfährt die breite Fluoreszenzbande des Amins (a) eine geringe Verschiebung nach Ultraviolett neben einer deutlichen Schwächung ihrer Intensität; außerdem tritt bei ca. 2700—3100 eine zweite Bande auf (b), die sich, wie Fig. 34c zeigt, auf Zusatz einer größeren Menge Salzsäure (1 Mol. Amin:

---

[1] Die Lösung des α-Naphtylamins war 0,005 norm.; auf obigem Diagramm bedeuten die Ordinaten die aus der Schwärzung der photographischen Platte geschätzte Intensität der Fluoreszenz.

10 Mol. Säure) in mehrere Einzelbanden auflöst, während die erste
Bande zwischen 2000 und 2700 eine weitere Intensitätsschwächung
erlitten hat. Überwiegt die Säure noch mehr, so tritt die Aminbande noch mehr zurück, während zwischen 2750 und 3160 neun
Banden zum Vorschein kommen (d), die nach Gestalt und Intensitätsverteilung identisch sind mit den Naphtalinbanden (e); charakteristisch ist, daß die Banden beim Chlorhydrat gegenüber denen beim
Kohlenwasserstoff eine deutliche Verschiebung nach Rot erlitten
haben.

Die allmähliche Schwächung der Intensität der breiten Fluoreszenzbande durch Säurezusatz hängt zweifellos mit der allmählichen Zurückdrängung der Hydrolyse des Chlorhydrats:

$$C_{10}H_7 \cdot NH_2HCl \rightleftharpoons C_{10}H_7NH_2 + HCl$$

durch steigenden Säureüberschuß zusammen (vergleiche hierzu das
Photogramm Tafel II[1]). Gleichzeitig mit dem Verschwinden jener
Fluoreszenzbande tritt eine Verschiebung der Absorptionsbanden
der aromatischen Amine nach Ultraviolett auf Säurezusatz ein.

b) Hypsochromer Einfluß der Salzbildung bei aromatischen Carbonsäuren.

Die an sich schwache Fluoreszenz der Benzoesäure erleidet
eine weitere Schwächung beim Übergang in das Natriumsalz; sehr
viel deutlicher sind die Erscheinungen wieder in der Naphtalinreihe, wo die Carbonsäuren wesentlich stärkere Fluoreszenz besitzen. Das breite Fluoreszenzband der α-Naphtoesäure wird durch
Überschuß von Alkali völlig zum Verschwinden gebracht. Das
gleiche trifft für die β-Säure zu; gleichzeitig treten aber hier in
der Region, wo Naphtalin fluoresziert, vier Banden auf, denen bestimmte Bandengruppen des Kohlenwasserstoffs entsprechen, woraus
mit Sicherheit zu schließen ist, daß mit der Salzbildung eine erheb-

---

[1] Zum Verständnis des Photogramms sei bemerkt, daß die Erregung des
Fluoreszenzlichtes durch die an ultravioletten Strahlen äußerst reiche Quecksilberbogenlampe (Quarzlampe) geschah. Das aus einer geeigneten Vorrichtung austretende Fluoreszenzlicht wird im Quarzspektrographen spektral zerlegt. Die auf
der Platte und dem Photogramm erkennbaren Linien sind Hg-Linien, die durch
Reflexion an den in der Flüssigkeit schwebenden Teilchen sichtbar geworden
sind. Die Verschiebung der Banden ist deutlich zu erkennen, ebenso die
beträchtlichen Intensitätsunterschiede zwischen dem freien Amin und dem
Chlorhydrat. Es möge übrigens bemerkt werden, daß auf den Platten die Effekte
weit deutlicher hervortreten als auf der Autotypie.

liche Zustandsänderung verknüpft ist, die der bei Salzbildung aromatischer Amine auftretenden zu vergleichen ist.

Parallel mit der Schwächung bzw. dem Verschwinden der Fluoreszenz tritt eine Verschiebung der Absorption nach Ultraviolett ein, die auch bei Benzoesäure und Substitutionsprodukten vorhanden und hier verhältnismäßig wenig beachtet ist.

c) Bathochromer Einfluß der Salzbildung bei den Phenolen.

Die sehr starke Fluoreszenz der Phenole und Naphtole erleidet bei der Salzbildung mit Alkalien ebenfalls eine beträchtliche Abschwächung, die aber, wie besonders Versuche beim β-Naphtol erkennen lassen, einen durchaus anderen Charakter aufweist, als die unter b) und a) besprochenen Fluoreszenzerscheinungen. Durch Salzbildung wird die breite Fluoreszenzbande des β-Naphtol um ca. 300 Einheiten nach Rot verschoben, was der Verschiebung der Absorptionsbande des Naphtolnatriums gegenüber dem freien Naphtol entspricht; mit der Absorption des Fluoreszenzlichtes in der Absorptionsbande wird auch teilweise die Schwächung der Fluoreszenzintensität bei der Salzbildung zusammenhängen, doch wird auch bei großem Überschuß von Alkali die Fluoreszenz des Naphtols nicht völlig ausgelöscht.

Somit weisen auch die Fluoreszenzerscheinungen darauf hin, daß die unter a) und b) besprochenen Salzbildungen in einem prinzipiellen Gegensatz zu der unter c) genannten stehen.

Auf Grund dieser Versuche ist aber auch die Verschiebung der Absorption nach Ultraviolett bzw. nach Rot bei den unter a) bis c) behandelten Vorgängen letzten Endes auf eine Veränderung im Ringsystem, dem Absorptionszentrum, zurückzuführen.

Verweilen wir bei dem unter b) genannten Vorgange:

$$R—X—OH \longrightarrow R—X—O',$$

so wird durch die Salzbildung das von der Gruppe —X— ausgehende Kraftliniensystem derartig verändert, daß die Bindung dieser Gruppe mit R dem Absorptionszentrum, ähnlich wie bei dem unter a) genannten Vorgange, geschwächt wird, was eine Verringerung der Lockerung der Elektronen im Absorptionszentrum bedeutet und von einer Verschiebung der Absorption nach Ultraviolett begleitet ist. Die hypsochromen Effekte bei den verschiedensten Salzbildungen:

$$C_6H_5COOH \text{ (S. 94)} \quad C_6H_4 \left\langle \begin{array}{c} C \text{---} COOH \\ \text{\textbackslash} CH \\ | \quad CH \\ CH \end{array} \right. \qquad \text{(S. 102)}$$

$$C_6H_4 \cdot OH \cdot COOH \text{ (S. 95)}, \quad C_6H_4 \cdot OCH_3 \cdot COOH \text{ (S. 95)},$$
$$C_6H_5 \cdot CH : CH \cdot COOH \text{ (S. 96)},$$

ferner manche der komplizierteren S. 148 genannten Fälle der Salzbildung erscheinen somit unter einem gemeinsamen Gesichtspunkte. In allen diesen ist die für die Ionenbildung wichtige Hydroxylgruppe von dem Absorptionszentrum durch eine oder mehrere Gruppen getrennt; bei dem unter c) genannten Falle in direkter Bindung mit R, was bei der Salzbildung den entgegengesetzten Effekt, innigere Verkettung von R mit O durch das Kraftliniensystem, zur Folge hat (vgl. die Figuren S. 72). Somit finden wir bei der Salzbildung der Phenole stets die Verschiebung der Absorption nach Rot; aber auch bei Nichtbenzolverbindungen, z. B. der Enolform des Acetessigesters (s. S. 111) dürfte der analoge Vorgang auf eine Vergrößerung der Lockerung der Elektronen zurückzuführen sein.

XII. Beziehungen zwischen Absorption und Molrefraktion.

Mit dem Auftreten von Farbvertiefung durch Einführung bathochromer Gruppen in Chromogene sind häufig gewisse Anomalien bei physikalischen Konstanten zu beobachten; von diesen soll hier die Molekularrefraktion und Dispersion genannt werden. Kauffmann[1]) hat das Verdienst, zuerst auf diese Zusammenhänge hingewiesen zu haben.

Unter Mol-Refraktion versteht man das Produkt aus spezifischer Refraktion und Molekulargewicht. Spezifische Refraktion ist eine Funktion des Brechungsexponenten und der Dichte des (flüssigen) Stoffes, die im wesentlichen nur von der chemischen Natur des Stoffes abhängig ist, aber nicht von zufälligen Erscheinungen der Temperatur usw. beeinflußt wird. Nach Lorenz und Lorentz gilt für die spezifische Refraktion die Formel:

$$s = \frac{n^2 - 1}{n^2 + 2} \frac{1}{d},$$

wo n den Brechungsexponenten für eine bestimmte Wellenlänge und die Dichte bedeutet:

---

1) Näheres s. die Auxochrome.

Die Mol.-Refraktion ist demnach:

$$M s = \frac{n^2 - 1}{n^2 + 2} \cdot \frac{M}{d}.$$

Wie das Molekularvolumen, das mit der Molekularrefraktion theoretisch verknüpft ist, ist auch letztere Eigenschaft im großen und
ganzen additiver Art, d. h. die Mol.-Refraktion einer Verbindung
ist gleich der Summe der Atomrefraktionen, wobei zu berücksichtigen ist, daß den verschiedenartig gebundenen Atomen, z. B.
dem Sauerstoff (Hydroxyl-Carbonyl-Sauerstoff), ferner dem Kohlenstoff (einfach und mehrfach gebundenem) verschiedene Werte der
Atomrefraktionen zukommen. Eine ebenfalls additive Eigenschaft
ist die Molekular-Dispersion einer Verbindung, d. h. die Differenz
der Molekular-Refraktionen für die blaue und rote Wasserstofflinie:

$$\left(\frac{n\gamma^2 - 1}{n\gamma^2 + 2} - \frac{n\alpha^2 - 1}{n\alpha^2 + 2} \right) \frac{M}{d}.$$

In der folgenden von Brühl herrührenden Tabelle sind die Atomrefraktionen und Dispersionen einiger Elemente gegeben:

	Rote H-Linie	D-Linie	Blaue H-Linie	Atom-dispersion
Kohlenstoff (einfach gebunden) .	2,365	2,501	2,404	0,039
Wasserstoff	1,103	1,051	1,139	0,036
Hydroxylsauerstoff	1,506	1,521	1,525	0,019
Äthersauerstoff	1,655	1,683	1,667	0,012
Carbonylsauerstoff	2,328	2,287	2,414	0,086
Chlor	6,014	5,998	6,190	0,176
Brom	8,863	8,927	9,211	0,348
Jod	13,808	14,12	14,582	0,774
Äthylenbindung	1,836	1,707	1,859	0,23

Bei manchen Verbindungen zeigen sich Anomalien derart, daß
die vermittels obiger Tabelle berechneten Werte der Mol.-Refrak-
tionen und Dispersionen beträchtlich hinter den beobachteten zurück-
bleiben. Diese von Brühl[1]) als Exaltation bezeichnete Erscheinung
ist häufig bei Verbindungen mit konjugierten Doppelbindungen
beobachtet. Als Beispiele mögen genannt werden:

---

1) Berl. Ber. 40, 878, 1153; vgl. auch die neueren Arbeiten von Auwers,
Berl. Ber. 48, 806.

	$M\alpha$[1]) ber.	$M\alpha$ beob.
Mesityloxyd: $(CH_3)_2C:CH\cdot C:O\cdot CH_3$	29,39	30,13
Phoron: $(CH_3)_2C:CH\cdot C:O\cdot CH:C(CH_3)_2$	42,73	45,39

Auch aromatische Verbindungen, in denen ein oder mehrere Kohlenstoffatome des Benzolringes direkt mit ungesättigten Gruppen verbunden sind, zeigen häufig größere Werte der Mol.-Refraktion und Dispersion; in manchen Fällen geht dann die Exaltation Hand in Hand mit einer auffälligen spektralen Veränderung d. h. bathochromen Wirkung der in den Benzolkern eingeführten Gruppen. Dies ist nach Kauffmann[2]) der Fall beim Anilin und dessen Substitutionsprodukten. Wie der Vergleich der entsprechenden aliphatischen und aromatischen Amine wie CH_3NH_2 und $C_6H_5NH_2$, CH_3NHCH_3 und $C_6H_5NHCH_3$ usw. zeigt, muß bei den aromatischen Aminen die Atomrefraktion und Dispersion des Stickstoffs größer angenommen werden als bei den aliphatischen. Beträchtliche Exaltationen zeigen sich häufig bei der Salzbildung umlagerungsfähiger Stoffe, wie Brühl[3]) beim Acetessigester, P. Th. Muller und Bauer[4]) beim Isonitrosocyanessigester und Hantzsch und Meisenburg[5]) bei Nitrophenol und ähnlichen Verbindungen beobachteten, wo in einigen, aber nicht allen Fällen die abnormen Werte der Mol.-Refraktion von einer stark bathochromen Wirkung der Salzbildung begleitet sind.

XIII. Speziellere Farbverhältnisse bei Salzbildungen.

In diesem Kapitel sollen Farbänderungen bei vorwiegend komplizierteren Verbindungen besprochen werden, die genetisch mit dem Vorgang der Salzbildung verknüpft sind, und die sich meistens, jedoch nicht immer im sichtbaren Gebiete abspielen, da sich, wie des öfteren erwähnt, die beiden Spektralgebiete nicht scharf trennen lassen.

Ehe derartige Fälle abgehandelt werden, sind einige Bemerkungen über

a) Farbkonstanz bei koordinativ gesättigten salzartigen Verbindungen

am Platze.

Alle farbveränderlichen Stoffe, seien es anorganische wie Jod,

---

1) $M\alpha$ bedeutet die Mol.-Refraktion für die rote Wasserstofflinie.
2) Auxochrome S. 54; s. auch O. Schmidt, Zeitschr. phys. Chem. 58, 513.
3) Berl. Ber. 87, 3943; 88, 220.
4) Bull. soc. chim. (3) 27, 1015, 1902.
5) Berl. Ber. 48, 95.

farbige Salze wie Kupferchlorid, oder organische wie Azobenzol, Chinone, Nitroverbindungen, sind ungesättigte Stoffe mit Elementen oder Atomgruppen, die noch Restbeträge von Valenz enthalten, vermöge deren sie imstande sind, andere Verbindungen, z. B. Moleküle des Lösungsmittels, zu addieren oder mit gleichen Molekülen zu Autokomplexen sich zu vereinigen. Bei derartigen Vorgängen ändert sich aber erfahrungsgemäß die Farbe in geringerem oder stärkerem Grade:

$$CuSO_4 \longrightarrow Cu(4H_2O)SO_4$$
weiß blau

$$CuCl_2 2H_2O \qquad Cu(CuCl_4 2H_2O)$$
blau grün.

Im Gegensatz zu diesen ungesättigten Verbindungen sind, worauf Hantzsch[1]) hingewiesen hat, die im Sinne von A. Werners Theorie koordinativ gesättigten Verbindungen keiner oder nur sehr geringer Farbänderungen unterworfen und zwar bei allen Reaktionen und unter allen Umständen, bei denen der koordinativ gesättigte Komplex chemisch nicht verändert wird. So ist nach Ostwald die Farbe der Permanganate MnO_4Me unabhängig von der Natur des farblosen Metalls Me, desgleichen die der Chromate und Bichromate, die Lichtabsorption der Cuprammonsalze $Cu(4NH_3)X_2$ unabhängig von dem farblosen Anion X. Andererseits bringen häufig geringe Veränderungen innerhalb eines Komplexes sehr beträchtliche Farbänderungen hervor, wie besonders die Untersuchungen Jörgensens und Werners gezeigt haben:

$$Co(6NH_3)X_3 \qquad (Co5NH_3(H_2O))X_3$$
gelb rot.

Nach Hantzsch ist der optisch unveränderliche Bestandteil der farbigen Elektrolyte der Komplex, d. h. nach Werner das Metall samt seinen meist vier oder sechs durch Nebenvalenzen gebundenen Gruppen. Bei Unveränderlichkeit des entweder als Anion oder Kation fungierenden Komplexes und Farblosigkeit des anderen Ions wird, wie in mehreren Fällen durch Messung des Absorptionsspektrums sowie der Extinktion nachgewiesen wird, das Absorptionsspektrum weder durch Lösungsmittel, noch durch

---

1) Berl. Ber. **41**, 1216; vgl. besonders Donnan, Ztschr. phys. Chem. **58**, 317; siehe ferner Hantzsch u. Clark, Ztschr. f. phys. Chem. **68**, 367; Hantzsch u. Robertson, Berl. Ber. **42**, 2135.

Ionisierung, noch durch Temperaturveränderung und Salzbildung geändert. Optisch unveränderlich sind z. B. folgende Komplexe:

$$\begin{pmatrix} O\cdot & & \cdot O \\ & Mn & \\ O\cdot & & \cdot O \end{pmatrix}' \quad \begin{pmatrix} O\cdot & & \cdot O \\ & Cr & \\ O\cdot & & \cdot O \end{pmatrix}'' \quad \begin{pmatrix} O & & O \\ O\cdot\dot{C}r\cdot O\cdot\dot{C}r\cdot O \\ \dot{O} & & \dot{O} \end{pmatrix}''$$

$$\begin{pmatrix} & Cl & \\ Cl\cdot\dot{P}t\cdot Cl \\ Cl\cdot\dot{C}l\cdot Cl \end{pmatrix}'' \quad \begin{pmatrix} NH_3\cdot & & \cdot NH_3 \\ & Cu & \\ NH_3\cdot & & \cdot NH_3 \end{pmatrix}''$$

Aus diesen Untersuchungen folgt somit, daß die Farbe durch den bloßen Vorgang der Ionisation nicht geändert wird, worauf übrigens schon früher mit Nachdruck von Kayser[1]) hingewiesen und zu welchem Schluß neuerdings auch Stark bei seinen Untersuchungen gekommen ist[2]).

Spätere Messungen[3]) ergaben allerdings auch bei Verbindungen, die gewöhnlich als koordinativ gesättigt angesehen werden, keine völlige optische Konstanz, z. B. wurde bei Chlorplatinwasserstoffsäure, Kaliumferrocyanid und einigen Cuprisalzen starker Säuren die schon früher erwähnte Verschiebung des Absorptionsspektrums nach Rot beobachtet. Ob diese durch Temperatur- oder Lösungsmitteleinflüsse bedingten Inkonstanzen letzten Endes auch chemischen Ursprungs sind und sich durch Reaktionen, wie Hydrolysen, Komplexsalzbildungen usw. erklären oder aber physikalisch gedeutet werden müssen, d. h. im Absorptionsmechanismus selbst begründet sind, wird sich zurzeit kaum entscheiden lassen.

b) Farbveränderlichkeit.

Im Gegensatz zu den soeben kurz behandelten anorganischen koordinativ gesättigten Verbindungen dürfte die Mehrzahl der organischen Stoffe als ungesättigt zu betrachten sein, wobei allerdings zu berücksichtigen ist, daß wir noch durchaus keine Methode kennen, den Grad des Gesättigtseins mit Sicherheit zu ermitteln.

Wir werden deshalb bei chemischen Eingriffen auf organische Verbindungen, z. B. bei der Salzbildung, stets eine mehr oder weniger große Veränderung der Farbe erwarten. Hier werden im wesentlichen drei Fälle zu unterscheiden sein:

---

1) Handbuch III, 112 ff.
2) Phys. Ztschr. 9, 85; Jahrb. d. Radioakt. u. Elektronik 5, 124.
3) Hantzsch, Ztschr. phys. Chem. 72, 362.

1. Die Farbänderung findet ohne intramolekulare Umlagerung statt (bathochromer und hypsochromer Einfluß der Salzbildung).
2. Die Farbänderung ist durch eine bei der Salzbildung stattfindende Änderung des Solvatationsgrades (Hydratationsgrades) bedingt.
3. Die Farbänderung ist mit einer intramolekularen Umlagerung verbunden oder es spielen intramolekulare Betätigungen von Nebenvalenzen eine Rolle (in manchen Fällen werden beide Ursachen vorhanden sein).
4. Die Farbänderung des Salzes ist auf Autokomplexsalzbildung zurückzuführen.

1. Bathochrome und hypsochrome Einflüsse der Salzbildung

haben wir schon im Gebiete des Ultravioletten kennen gelernt und auch die möglichen Ursachen dafür diskutiert[1]). Auch im Sichtbaren sind neuerdings Farbänderungen, z. B. bei Salzbildungen bekannt geworden, die, worauf besonders von Kauffmann sowie von Baly und Schaefer hingewiesen wurde, ihren Ursprung einer feineren Veränderung in den Bindungsverhältnissen im Molekül verdanken, die nicht in die Kategorie der Umlagerungen eingereiht werden dürfen und die sich am besten im Sinne der Elektronentheorie plausibel machen lassen.

Im folgenden sollen einige Beispiele gegeben werden:

a) Oxyazobenzol, $HO \cdot C_6H_4 \cdot N = N \cdot C_6H_5$. Wie besonders Gorke[2]) nachwies (mit Hilfe der Extinktionsmethode), findet bei dem Übergange von Oxyazobenzol in sein Natriumsalz eine ziemlich beträchtliche Vertiefung der Farbe statt. Bei dieser Reaktion vermutete Hantzsch zuerst eine Umlagerung im Sinne der Bildung einer chinoid konstituierten Verbindung, jedoch ist eine solche nach neueren Untersuchungen, besonders den eingehenden Arbeiten von Auwers[3]), ausgeschlossen, so daß wir es hier mit einer auxochromen Wirkung von Salzbildung zu tun haben:

$$HO \cdot C_6H_4 \cdot N = N \cdot C_6H_5 \longrightarrow NaO \cdot C_6H_4 \cdot N = NC_6H_5,$$

was übrigens an sich wahrscheinlich ist, wenn man berücksichtigt,

---

1) Vgl. S. 86 ff.
2) Berl. Ber. **41**, 1157.
3) Lieb. Ann. **360**, 11. Die Arbeit enthält eine Geschichte der Konstitution der Oxyazokörper.

daß eine derartige auxochrome Wirkung schon beim Phenol ⟶ Phenolnatrium im Ultraviolett statthat (vgl. S. 88).

Eine eingehende spektroskopische Untersuchung der Oxyazokörper, die in neutraler saurer und alkalischer Lösung untersucht wurden, verdankt man Tuck[1]). Es wurden u. a. folgende Verbindungen studiert:

$$C_6H_5 \cdot N{=}N \cdot C_6H_4 \cdot OH \qquad C_6H_5 \cdot N{\overset{4}{=}}N \cdot C_6H_3 \cdot \overset{3}{C}H_3 \cdot \overset{1}{O}H$$

$$C_6H_5 \cdot N{=}N \cdot C_6H_4 \cdot OC_2H_5 \qquad C_6H_5 \cdot N{=}N \cdot C_6H_4 \cdot OC_6H_5$$

$$C_6H_5 \cdot N{\overset{2}{=}}\overset{}{N}{-}C_6H_3 \cdot \overset{4}{C}H_3 \cdot \overset{1}{O}H.$$

Die Schlußfolgerungen von Tuck werden allerdings von Auwers nicht anerkannt.

β) Ungesättigte Säure der Cinnamylidenreihe. Sehr charakteristische Farbänderungen, die nicht auf intramolekularer Umlagerung basieren, haben kürzlich Baly und K. Schaefer[2]) bei gewissen ungesättigten Säuren näher studiert. Cinnamylidenaceton (I) besitzt ein Absorptionsband bei ca. 3130, das durch einen Vorgang zustande kommt, der sich zwischen der Carbonylgruppe und dem System konjugierter Doppelbindungen:

$$C_6H_5 \cdot CH{:}CH \cdot CH{:}CH \cdot C{=}O \qquad C_6H_5 CH{:}CH \cdot CH{:}CH \cdot C{=}O$$
$$\qquad\qquad\qquad\qquad\qquad |\qquad\qquad\qquad\qquad\qquad\qquad\quad |$$
$$\qquad\qquad\qquad\qquad\qquad CH_3 \qquad\qquad\qquad\qquad\qquad\qquad OH$$
$$\quad I \qquad\qquad\qquad\qquad\qquad\qquad\qquad\qquad II$$

$$C_6H_5 CH{:}CH \cdot CH{:}C{<}^{COOH}_{COOH} .$$
$$III$$

$C_6H_5 CH{:}CH \cdot CH{:}CH{-}$ abspielt. Bei der Cinnamylidenessigsäure II ist das Absorptionsband weiter nach Ultraviolett verschoben, weil in diesem Fall ein Teil der Residualaffinität der Carbonylgruppe durch das Hydroxyl in Anspruch genommen wird; eine weitere Verschiebung in gleicher Richtung findet auf Zusatz von Natronlauge zur Säure statt, in diesem Falle ist der Betrag der Carbonylgruppe an freier Affinität noch geringer, da der Zustand dieser Gruppe auch durch den der Hydroxylgruppe (Dissoziation) bestimmt wird. Noch auffälliger tritt dies bei der Cinnamylidenmalonsäure (III) zutage, eine intensiv gelbe Säure, die aber völlig farblose Alkalisalze liefert. Die Säure besitzt ein Ab-

---

1) Journ. Chem. Soc. 91, 454, 1907; vgl. auch S. 157 dieses Buches.

2) Journ. Chem. Soc. 93, 1806.

sorptionsband bei ca. 3100, das durch Alkalizusatz bis ca. 3300 verschoben wird, ohne daß der Charakter der Kurve eine wesentliche Änderung erleidet. Je größer die Dissoziation infolge Salzbildung, desto größer ist die Affinität des Hydroxylsauerstoffatoms und desto größer ist der Betrag an Affinität der Carbonylgruppe, die von dem Hydroxylsauerstoffatom mit Beschlag belegt wird, so daß natürlich die Carbonylgruppe dem konjugierten System weniger Affinität zur Verfügung stellen kann. Ähnliche Resultate wurden bei Benzylidenmalonsäure

$$C_6H_5CH:C\diagup_{COOH}^{COOH} \text{ und Zimtsäure } C_6H_5CH:CHCOOH$$

erhalten.

γ) In die gleiche Kategorie scheinen auch die von Stobbe[1]) bzw. J. Schmidt[2]) beobachteten Farbänderungen bei Chrysoketoncarbonsäure bzw. Phenanthrenchinondioxim und Fluorenonoxim durch Salzbildung zu gehören, die in folgender Zusammenstellung enthalten sind:

Chrysoketoncarbonsäure, freie Säure: bordeauxrot; Na-Salz: gelborange[3]).

Auch die starken organischen Basen, wie Piperidin, wirken in gleicher Weise hypsochrom.

$C_6H_5 \cdot C{=}NOH$	$C_6H_5 \cdot C{=}NONa$	$C_6H_5C:O$
$C_6H_5 \cdot C{=}NOH$	$C_6H_5 \cdot C{=}NONa$	$C_6H_5C:O$
Phenanthrenchinondioxim, gelb	Dinatriumsalz, hellgelb	Phenanthrenchinon, rötlichbraun

Daß Salzbildung bei farbigen Aminoverbindungen,

$$\frac{R}{R}{>}NH \longrightarrow \frac{R}{R}{>}NH \cdot HX$$

---

1) Berl. Ber. 40, 2454.
2) Berl. Ber. 40, 3384.
3) Auch die Ester der Chrysoketoncarbonsäure sowie die Acetyl- und Benzoylverbindungen des Dioxims sind heller farbig als die freien Säuren.

hypsochrom wirkt, wurde schon S. 87 besprochen; es sei an dieser Stelle noch an das gelegentlich einer Fluoreszenzstudie spektroskopisch untersuchte Beispiel des gelben Aminophenylphentriazols [1]):

$$H_2N \quad \overset{N}{\underset{N}{\bigvee}} NC_6H_5$$

erinnert.

2. Eine Farbänderung beim Übergang salzbildender Stoffe in ihre Salze im Zustande der Lösung könnte auch darin ihre Ursache haben, daß mit der Salzbildung der Solvatationsgrad eine Änderung erfährt oder die aus dem gelösten Stoffe und dem Lösungsmittel gebildeten Verbindungen ihre Zusammensetzung ändern, wobei es sich somit um Gleichgewichte folgender Art handelt:

$$A + n \, Lm \rightleftarrows (A \cdot n \, Lm)$$

$$(A \, m \, Lm) \rightleftarrows (A \, n \, Lm) + p \, Lm$$

(A = gelöster Stoff, Lm = Lösungsmittel).

Ein sicherer Beweis für die Existenz derartiger Additionsprodukte in der Lösung dürfte jedoch in den meisten Fällen aus Mangel an exakten Methoden schwer zu erbringen sein.

XIV. Farbänderungen und chemische Umlagerungen. Farbige, isomere Salze.

Im Gegensatz zu den bisher besprochenen Erscheinungen stehen Farbänderungen, meist Farbvertiefungen, die häufig bei der Salzbildung umlagerungsfähiger, d. h. konstitutiv veränderlicher Stoffe beobachtet und besonders von Hantzsch [2]) im Anschluß an seine Untersuchungen über Pseudosäuren studiert worden sind.

Pseudosäuren sind bekanntlich Wasserstoffverbindungen, die bei der Salzbildung eine Umlagerung erleiden, deren Salze sich somit von einer anderen, stärker sauren Form (aci-Form) ableiten. In einigen Fällen, wie beim Phenylnitromethan, ist die echte Säure auch als solche isoliert, in anderen, wie bei gewissen aliphatischen Dinitrokohlenwasserstoffen, läßt sich ihre vorübergehende Existenz mit aller Schärfe nachweisen [3]). Phenylnitromethan, eine an sich

---

1) Ley u. v. Engelhardt, Berl. Ber. 41, 2509; vgl. Kehrmann, Berl. Ber. 25, 900.

2) Berl. Ber. 32, 575.

3) Hantzsch u. Veit, Berl. Ber. 88, 626; Ley u. Hantzsch, Berl. Ber. 89, 3149.

neutrale Verbindung wird durch Alkali in ein Salz verwandelt, aus dem sich durch Säuren ein isomeres Phenylnitromethan ausfällen läßt, das sich von dem ersteren durch deutlich saure Eigenschaften unterscheidet und von diesem natürlich auch konstitutiv verschieden sein muß. Wir haben also:

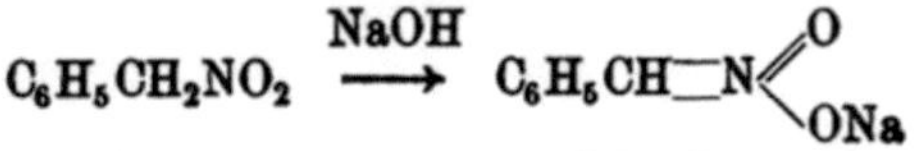

$$C_6H_5CH_2NO_2 \xrightarrow{NaOH} C_6H_5CH\!=\!N\!\!<^O_{ONa}$$

Phenylnitromethan, Na-Salz der echten
beständig, ψ-Säure, Säure,

$$\xrightarrow{HCl} C_6H_5CH\!=\!N\!\!<^O_{OH}$$

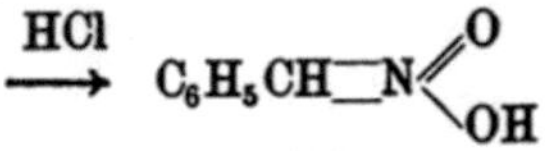

Aci-Phenylnitromethan,
unbeständig, echte Säure.

In einigen Fällen ist zugleich mit der unter Umlagerung verlaufenden Salzbildung Auftreten von Farbe verbunden, wie beim Dinitroäthan und anderen Dinitroverbindungen:

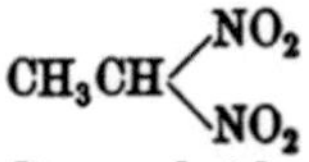

$$CH_3CH\!\!<^{NO_2}_{NO_2}$$

ψ-Säure, farblos,

$$CH_3C\!=\!N\!\!<^O_{ONa} \quad\quad CH_3C\!=\!N\!\!<^O_{OH}$$
$$\overset{|}{NO_2} \quad\quad\quad\quad\quad\quad \overset{|}{NO_2}$$

Na-Salz echte Säure

gelb.

Äußerst charakteristisch sind ferner die Erscheinungen bei Quecksilber-Nitroform[1]), das im festen Zustande sowie in indifferenten Lösungsmitteln (Äther) farblos, in anderen Lösungsmitteln (Alkoholen, Wasser) gelb ist, so daß hier zwei Zustände des Salzes unterschieden werden müssen:

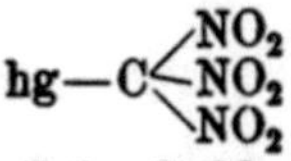

$$hg\!-\!C\!\!<^{NO_2}_{NO_2}\!\!\!\overset{\displaystyle NO_2}{} \quad\quad hg\!-\!O\!-\!NO\!:\!C\!:\!(NO_2)_2$$

ψ-Salz, farblos, echtes Salz, gelb
undissoziiert dissoziiert.

---

1) Ley und Kissel, Berl. Ber. **32**, 1357; Ley, Berl. Ber. **38**, 973.

Im Gegensatz zu den ψ-Säuren, die in der Reihe der aliphatischen Nitro- und Dinitroverbindungen an sich völlig neutrale Stoffe darstellen, sind die aci-Nitroverbindungen Elektrolyte, deren Alkalisalze, z. B. das oben formulierte Dinitroäthannatrium, in wäßriger Lösung normalerweise elektrolytisch dissoziiert sind. In wäßriger Lösung derartiger ψ-Säuren ist häufig ein deutlich nachweisbarer Gleichgewichtszustand vorhanden, wie besonders von Ley und Hantzsch[1]) am Beispiel des Dinitroäthans nachgewiesen wurde:

$$CH_3 CH(NO_2)_2 \underset{\longleftarrow}{\overset{I}{\longrightarrow}} CH_3 C(NO_2)NO \cdot OH$$

$$\overset{II}{\underset{\longleftarrow}{\longrightarrow}} CH_3 C(NO_2)NO \cdot O' + H^{\cdot},$$

der dadurch charakterisiert ist, daß I die Pseudosäure mit der echten Säure und II, letztere wieder mit den Ionen der echten Säure im Gleichgewicht ist.

Ähnliches ist bei den Nitrolsäuren der Fall, die als farblose Wasserstoffverbindungen rote Salze liefern; ferner bei gewissen Oximidoketonen: —CO—C(NOH)—, z. B. der Violursäure

$$R \cdot C \overset{NOH}{\underset{NO_2}{<}} \qquad CO \overset{NH-CO}{\underset{NH-CO}{<}} C:NOH,$$

Nitrolsäure   Violursäure

die hinsichtlich der Farbe der Salze äußerst komplizierte Verhältnisse aufweisen, wie S. 161 genauer zu untersuchen sein wird.

Die von Hantzsch aus diesen und ähnlichen Beobachtungen anfänglich gezogene Verallgemeinerung, daß jedes Auftreten oder jede Veränderung von Körperfarbe bei der Bildung von Salzen mit farblosen Metallatomen auf intramolekulare Umlagerung zurückzuführen sei, kann mit Rücksicht auf das im vorigen Abschnitt Behandelte nicht mehr aufrecht erhalten werden. Ob die Farbänderung bei der Salzbildung auf intramolekulare Umlagerung oder auf Vorgänge zurückzuführen ist, die im letzten Abschnitt soeben behandelt sind, wird sich in vielen Fällen — aber sicher auch nicht in allen Fällen — durch systematischen Vergleich der Absorptionskurven von Säure und Salz nachweisen lassen; in der Regel wird eine intramolekulare Umlagerung den Charakter der Absorptionskurve der Säure durch Salzbildung wesentlich ver-

---

1) Berl. Ber. **39**, 3150.

ändern; doch ist auch der umgekehrte Fall denkbar, daß einer wesentlichen chemischen Veränderung ein nicht sehr erheblicher optischer Effekt entspricht, was im Sinne der Elektronentheorie so zu deuten ist, daß die die Lichtabsorption bedingenden gelockerten Valenzelektronen nur wenig durch gewisse chemische Veränderungen im Molekül in ihren Lockerungs- und Schwingungsverhältnissen beeinflußt werden.

Diesen Tatsachen gegenüber befindet man sich natürlich bei der Deutung neuer Konstitutions- (und Isomerie-)Verhältnisse aus den Absorptionsspektren allein häufig in schwieriger Lage und es ist deshalb wünschenswert, daß diese Methoden mit den rein chemischen in innigem Kontakt bleiben.

1. Salze der Dinitroverbindungen.

Während die Salze der Mononitroparaffine: $R \cdot CH_2NO_2$ farblos sind, leiten sich von Dinitroverbindungen $RCH(NO_2)_2$, ähnlich den Nitrophenolen und Nitroketonen, farbige Salze ab. Wie bei den Mononitrokörpern geht der Salzbildung natürlich zunächst eine Isomerisation der farblosen Pseudosäure zur farbigen echten Säure voraus:

$$RCH\begin{smallmatrix}NO_2\\NO_2\end{smallmatrix} \longrightarrow RC\begin{smallmatrix}NO \cdot OH\\NO_2\end{smallmatrix}$$

Die farbigen Salze der Dinitroverbindungen können nach Hantzsch[1]) nicht den Salzen der Mononitrokörper analog konstituiert sein:

$$R \cdot CH\begin{smallmatrix}H\\NO \cdot ONa\end{smallmatrix} \longrightarrow RC\begin{smallmatrix}NO_2\\NO \cdot ONa\end{smallmatrix},$$

denn dann wäre es unverständlich, weshalb nicht auch andere negativ substituierte Mononitroparaffine farbige Alkalisalze lieferten, wie z. B. das genauer untersuchte Phenylcyannitromethan, das nur farblose Alkalisalze liefert:

$$C_6H_5 \cdot C\begin{smallmatrix}CN\\NO \cdot ONa\end{smallmatrix}$$

Es ist deshalb die Annahme nötig, daß bei der Salzbildung der an sich farblosen Dinitroparaffine auch die zweite Nitrogruppe

---

1) Berl. Ber. **40**, 1523.

in Mitleidenschaft gezogen wird, was allgemein durch die folgenden Formeln zum Ausdruck gebracht werden kann:

$$R \cdot C \Big\langle\begin{matrix} NO_2 \\ NO_2 \end{matrix} \Bigg\} \ Me \quad \text{oder} \quad R \cdot C \Big\langle\begin{matrix} NO_2 \cdots \\ NO \cdot OMe \end{matrix} \quad {}^{1)}.$$

Einige der Dinitroparaffinsalze existieren, wie schon Chancel[2]) fand, in zwei verschiedenen Formen; so geht das gewöhnliche gelbe Dinitroäthankalium im Licht in ein rotes Salz über, das sich in der Dunkelheit wieder in das gelbe Salz zurückverwandelt. Derartige Fälle von Chromoisomerie sind eingehend von Hantzsch untersucht worden. Wie diese chromoisomeren Formen konstitutiv zu deuten sind, konnte noch nicht mit Sicherheit entschieden werden; wahrscheinlich steht hier die Farbverschiedenheit mit einer Betätigung von Nebenvalenzen in Beziehung.

Nun sind bei einigen Dinitrokörpern fast farblose Salze erhalten worden, die offenbar den aci-Salzen der Mononitroparaffine durchaus analog sind und in denen die zweite Nitrogruppe intakt geblieben ist. Daß diese leuko-Salze, die in der Reihe der Nitroketone (s. S. 159) bisweilen völlig farblos, in der Reihe der Dinitroparaffine meist schwach gelblich sind, liegt jedenfalls daran, daß sie durch geringe Mengen der chromo-Salze angefärbt sind. Wir haben deshalb folgende Reihen von Salzen:

$$\text{Leukosalze:} \qquad R \cdot \overset{\displaystyle NO_2}{\underset{\displaystyle |}{C}} = NO \cdot OMe$$

$$\text{Chromosalze:} \quad R \cdot \overset{\displaystyle NO_2 \cdots}{\underset{\displaystyle |}{C}} = NO \cdot OMe \quad \text{bzw.} \quad R \cdot \overset{\displaystyle NO_2}{\underset{\displaystyle |}{C}} \cdot NO_2 \ \Bigg\} \ Me.$$

So existiert vom Piperonyldinitromethan

$$CH_2 \cdot O_2 \cdot C_6H_3 \cdot CH(NO_2)_2$$

ein licht strohgelbes Natriumsalz (leuko-Salz), das bei höherer Temperatur dunkelgelb wird (chromo-Salz); neben dem gelben Salze gibt es noch eine tief bordeauxrote Modifikation[3]). Sämtliche Salze geben identische gelbe Lösungen.

---

1) Die Formel soll andeuten, daß zwischen den Restaffinitäten der NO_2-Gruppen und dem Metall bzw. der Gruppe $NO \cdot ONa$ ein Austausch stattgefunden hat (vgl. S. 55).

2) Jahresber. d. Chem.

3) Vgl. Ponzio, Atti R. Accad. Linc. Roma (5) 15, II.

Durch eine von P. E. Hedley[1]) herrührende Untersuchung der Absorptionsspektren aliphatischer Mono- und Dinitroverbindungen, sowie der Alkalisalze im Sichtbaren und Ultravioletten wurden die von Hantzsch entwickelten Ansichten über die Konstitution dieser Verbindungen wesentlich gestützt.

Noch komplizierter wird die Salzbildung bei Dinitroverbindungen von asymmetrischer Struktur, d. h. mit zwei ungleichwertigen isomerisierbaren Nitrogruppen. So wurden bei den Nitrophenylnitromethanen $NO_2 \cdot C_6H_4 \cdot CH_2NO_2$ vier farbverschiedene chromo-Salze isoliert[2]): gelbe, rote, grüne und violette; auch die Existenz von leuko-Salzen ist angedeutet.

Für die Bildung und die gegenseitigen Übergänge der vier Salze kann folgendes Schema als typisch hingestellt werden:

p-Nitrophenylnitromethan.

bei gew. Temp. ⟋ direkte Salzbildung ⟍ bei tiefer Temp.
in H_2O-Lösung

aus H_2O kristallisiert

Gelbe Salze $(+H_2O)$ ⟵————— Grüne Salze $(+H_2O)$

mäßig | ganz oder z. T.   in festem ↑ hydrati-
erhitzt ↓ entwässert   Zustand | siert

über 100⁰

Rote Salze $(+ \tfrac{1}{n}H_2O)$ ————⟶ Violette Salze,

wobei allerdings zu beachten ist, daß die Natur des Metalls und des asymmetrischen Dinitrokörpers häufig auch die An- oder Abwesenheit von Kristallwasser einen Einfluß sowohl auf die Beständigkeit als auch auf die Existenzfähigkeit der vier Formen hat, die bisher nur in der p-Reihe und hier nur beim Kalium- und Cäsiumsalz sämtlich isoliert werden konnten.

Eine ähnliche Konstitution wird auch bei den Salzen gewisser Polynitrobenzolderivate angenommen[3]). Trinitrobenzol bildet mit Kaliumethylat eine intensiv farbige Verbindung, für die von Meisenheimer[4]) folgende Struktur sichergestellt wurde:

$$\begin{array}{c} H \diagdown \diagup OCH_3 \\ O_2N \diagup\!\!\diagdown\ NO_2 \\ | \quad | \\ \diagdown\!\!\diagup \\ O:\overset{\cdot\cdot}{N}\cdot OK. \end{array}$$

—————
1) Berl. Ber. **41**, 1195.
2) Berl. Ber. **40**, 1537.
3) Hantzsch u. Picton, Berl. Ber. **42**, 2119.
4) Lieb. Ann. **323**, 234.

Nach den spektroskopischen Untersuchungen von Hantzsch und Picton liegen in diesen Verbindungen Analoga der chromo-Salze aus Dinitroparaffinen vor:

$$CH_3C\diagdown^{NO_2}_{NO_2} \Big\} Me$$

chromo-Salz aus Dinitro-
äthan

$$NO_2 \diagdown\diagup^{H\diagdown OCH_3}_{NO_2} \Big\} Me$$
$$NO_2$$

chromo-Salz aus Trinitro-
benzol

Es wurden die Spektren folgender Verbindungen untersucht:
Trinitrobenzol in Äthylalkohol (kontinuierliche Absorption),
Trinitrophenylmalonsäureester in $CHCl_3$,
Na-Salz aus Trinitrobenzol in Alkohol,
K-Salz aus Dinitrophenylmalonsäureester in Alkohol,
K-Salz aus Trinitrophenylmalonsäureester in H_2O,
Trinitrophenylmalonsäureester in $CHCl_3$.

2. Salzbildung bei Nitrophenolen.

Die bei der Salzbildung der aliphatischen Dinitroverbindungen auftretenden Farberscheinungen erinnern auffällig an analoge Verhältnisse bei den Nitrophenolen[1]). Auch hier existieren poly-chrome Formen, außer den schon bekannten roten Salzen wurden isomere gelbe Salze aufgefunden, deren Konstitution mit Sicherheit noch nicht gedeutet werden kann.

Außer diesen auch kristallographisch verschiedenen isomeren Formen treten bei den Nitrophenolen häufig primär noch orange-farbige Alkalisalze auf, die als „Mischsalze", d. h. als Gemenge bzw. feste Lösungen, oder als lockere chemische Verbindungen der gelben und roten Formen anzusehen sind, und die auch bisweilen durch fraktionierte Kristallisation in die Komponenten zerlegt werden können.

Am eingehendsten ist die Salzbildung beim Tribrom-m-di-nitrophenol

$$Br\diagdown\diagup^{NO_2\ Br}_{NO_2\ Br}OH$$

---

1) Berl. Ber. **40**, 330.

untersucht. Dieser völlig farblose Nitrokörper bildet primär ein orangefarbiges Mischsalz, das sich auch bei tieferen Temperaturen bildet und durch wasserfreie Lösungsmittel in die Komponenten, das labile gelbe und das weniger labile rote Salz, zerlegen läßt. In den letzten beiden Salzen liegen tatsächlich labile Verbindungen vor, denn beide haben die Tendenz, in das orangefarbige Mischsalz überzugehen. Auch in der wäßrigen Lösung ist die Isomerie vorhanden; ein wichtiger Beweis dafür, daß die Verschiedenheit der Salze nicht als „physikalische Isomerie" gedeutet werden kann. Die frisch bereiteten wäßrigen Lösungen des gelben und roten Salzes zeigen ähnliche Farbunterschiede wie die festen Salze und streben dem Zustande des Mischsalzes zu: die Lösungen des rein gelben Salzes werden schon nach Verlauf einiger Stunden orange, während die Farbaufhellung der Lösungen des roten Salzes mehrere Wochen in Anspruch nahm [1]).

Bei den Nitrophenolen erstreckt sich die Isomerie nicht allein auf die Salze, sondern, wie Hantzsch und Gorke [2]) fanden, auch auf die Ester. Neben dem schon längst bekannten, im reinen Zustande fast farblosen existiert noch ein labiler roter Äther. Derartige labile Chromoäther sind bei der Pikrinsäure, 2,4-Dinitrophenol, o-Nitrophenol, sowie beim Trinitrophenylmalonsäureester [3]) aufgefunden und sind auch bei anderen Nitrophenolen sowie Nitronaphtolen angedeutet, sie sind als Verbindungen mit höherem Energiegehalt labil und haben die Tendenz, sich in die farblosen echten Nitrophenoläther umzulagern.

Was die Konstitution dieser Ester betrifft, so wurden zuerst von Hantzsch und Gorke die Isomeren im Sinne folgender Formeln gedeutet;

echter Nitrophenoläther,   chromo-Nitrophenoläther,
Benzolderivat,   Chinonderivat,
sehr schwach gelb,   tief rot.

---

1) Diese Beobachtungen stehen im Gegensatz zu solchen, die bei anderen chromotropen Formen gemacht wurden und bei denen die Isomeren in Lösung identisch sind.

2) Berl. Ber. **39**, 1073.

3) Berl. Ber. **40**, 330.

Über die Konstitution des längst bekannten farblosen Esters kann ein Zweifel nicht bestehen: dieser muß das echte Benzolderivat darstellen; in den farbigen Estern und analog in den farbigen (gelben und roten) Salzen erblickten die Autoren chinoid konstituierte Verbindungen. Nachdem aber eine rein chinoide Konstitution bei den Salzen zweifelhaft geworden ist[1]), bedarf es auch hinsichtlich der Konstitution der farbigen Ester einer erneuten Diskussion; vielleicht liegt auch hier eine Verbindung vor, bei der die Farbe durch Nebenvalenzwirkung zu erklären ist.

Auch die Farbe der freien festen Nitrophenole ist verschieden: in einigen Fällen wie beim p-Nitrophenol, 2,4-Dinitrophenol sind die Verbindungen farblos, in anderen Fällen wie beim o-Nitrophenol sind die Wasserstoffverbindungen gelb; hier nimmt Hantzsch ein Gleichgewicht oder eine homogene feste Lösung einer chromo-Form in der wahren farblosen Nitrophenolform an. Hiergegen kann man jedoch geltend machen, daß, wie Kauffmann[2]) besonders betont hat, die Stellung der auxochromen und chromophoren Gruppen von zweifellosem Einfluß auf die Farbe ist, wie das auch Untersuchungen im Ultraviolett gezeigt haben, bei denen keine Umlagerungen bzw. Beeinflussungen der Gruppen wie bei den Nitrophenolen möglich sind. Auch rein physikalische bzw. morphologische Verhältnisse, z. B. das eingangs[3]) erwähnte Reflexionsvermögen der festen Oberfläche mögen hier häufig eine bisher zu wenig beachtete Rolle spielen.

3. Salze von Oxyazokörpern.

Bei Oxyazokörpern sind ebenfalls gelbe und rote Formen aufgefunden, die den vorhin erwähnten chromotropen Formen analog sind. Die Mehrzahl der freien Oxyazokörper ist gelb bis orange, die der Alkalisalze und Silbersalze orange bis rot; die festen Lithiumsalze sind hellgelb. Die Silbersalze von $C_6H_5 \cdot N_2 \cdot C_6H_4OH$, $ClC_6H_4 \cdot N_2 \cdot C_6H_4OH$, $Br \cdot C_6H_4 \cdot N_2 \cdot C_6H_4OH$, existieren in einer gelben stabilen und einer roten labilen Form.

Die Lösungen von Oxyazobenzolsalzen enthalten nach Hantzsch und Robertson[4]) Gleichgewichte von gelben und roten Salzen,

---

1) Vergl. auch die S. 91 erwähnte Arbeit Balys.
2) Vergl. S. 49.
3) Vergl. S. 18.
4) Hantzsch und P. W. Robertson, Berl. Ber. 43, 106.

deren Lage wie bei den polychromen Lösungen der Violurate[1]) von
der Natur des Anions und Kations, sowie der Lösungsmittel und
der Temperatur beeinflußt wird; je stärker positiv das Kation,
je basischer das Lösungsmittel und je höher die Temperatur ist,
desto stärker ist im allgemeinen die Verschiebung nach Rot.

Die Schwingungskurve des Oxyazobenzols zeigt ein Band,
dessen Boden bei 2875 liegt, die Salze weisen eine Verschiebung
der Kurve nach Rot auf, die am geringsten ist beim Dipropyl-
ammoniumsalz (in CHCl$_3$); dann folgt das Lithiumsalz (in Äther),
dann das Rubidiumsalz (in Alkokol), schließlich das gleiche Salz
in Pyridinlösung; bei letzterem ist die Verschiebung nach Rot am
größten.

In diesem Zusammenhange können auch die Beobachtungen
von Hewitt und Mitchell[2]) bei Salzbildung gewisser Nitroazo-
phenole genannt werden. So sind die Alkalisalze des im freien
Zustande braunroten p-Nitroazobenzol-α-naphtol nach Bamberger[3])
violett, die Alkalisalze des rotbraunen p-Nitro-m-carboxylbenzol-
4-azo-α-naphtol indigoblau. Hewitt nimmt hier eine Umlagerung
im Sinne folgender Formeln an:

nach denen sich die tieffarbigen Salze von dem Willstätterschen[4])
p-Benzochinonazin:

ableiten würden.

Ähnliche Erscheinungen wie bei den Nitrophenolen treten bei der

4. Salzbildung von Nitroketonen [5])

mit der Gruppe CO·CH(NO$_2$)— auf. Durch Enolisierung geht
letztere in die Gruppe C(OH)C(NO$_2$) über, die auch in den o-Nitro-

---

1) Vergl. S.
2) Journ. Chem. Soc. **91**, 1251.
3) Berl. Ber. **28**, 848.
4) Willstätter und Benz, Berl. Ber. **39**, 3482, 1906.
5) Hantzsch, Berl. Ber. **40**, 1523.

phenolen vorhanden ist. Tatsächlich sind auch die Verhältnisse der Salzbildung vielfach analoge mit dem Unterschiede, daß in einigen Fällen neben gelben und roten Salzen (chromo-Salzen) noch farblose (leuko-Salze) auftreten.

Der Übergang der leuko-Salze in die chromo-Salze soll durch folgende allgemeine Formulierung angedeutet werden:

$$
\begin{array}{cc}
\text{C:O} & \text{C:O} \\
| \qquad \text{(leuko-Salze)} \longrightarrow & | \qquad \text{(Chromosalze).} \\
\text{C:NO·OMe} & \text{C:NO:OMe}
\end{array}
$$

Die spezielle Konstitution der gelben und roten Salze kann, wie bei den Nitrophenolen, noch nicht mit Sicherheit angegeben werden. Die Salze aus Nitromalonamid, Nitromalonester und Nitrobarbitursäure sind in festem Zustande farblos, doch bilden letztere beiden schon gelbe Ionen. Dimethylnitrobarbitursäure gibt überwiegend gelbe Salze, nur die NH_4-, Ag- und Hg-Salze sind noch farblos. Beim Phenylmethylnitropyrazolon sind nur

$$
\begin{array}{ll}
\diagup\text{COOC}_2\text{H}_5 & \diagup\text{NH·CO}\diagdown \\
\text{CH·NO}_2 & \text{OC} \qquad\qquad \text{CH·NO}_2 \\
\diagdown\text{COOC}_2\text{H}_5 & \diagdown\text{NH·CO}\diagup \\
\text{Nitromalonsäureester,} & \text{Nitrobarbitursäure,}
\end{array}
$$

$$
\begin{array}{c}
\text{C}_6\text{H}_5\cdot\text{N} \\
\text{N}\diagup\quad\diagdown\text{CO} \\
\text{CH}_3\cdot\text{C}\text{——}\text{CH·NO}_2 \\
\text{Phenylmethyl-nitropyrazolon}
\end{array}
$$

noch die Ag- und Hg-Salze farblos, neben den gelben treten aber hier bereits die isomeren roten Alkalisalze auf.

Auch die Natur des farblosen Metallatoms hat einen gewissen Einfluß auf die Farbe; im allgemeinen zeigen die positivsten Alkalimetalle eine stärkere Neigung zur Erzeugung farbiger Salze als das Ammonium und das schwächere Silber und Quecksilber.

5. Salzbildung bei Phenolaldehyden, Phenolketonen, Phenolcarbonsäuren und Derivaten.

Den Nitrophenolen sind in bezug auf die Salzbildung auch die Aldehydphenole zu vergleichen [1]. Die Alkyl- und Acylderivate dieser Verbindungen von eindeutiger Konstitution, z. B. $C_6H\cdot OCH_3\cdot$ ·CHO sind ohne Ausnahme farblos wie die entsprechenden Nitro-

---

1) Hantzsch, Berl. Ber. 89, 3092.

phenolkörper. Die freien Wasserstoffverbindungen sind auch meist farblos, in der o-Reihe tritt aber durch Einführung gewisser Radikale Farbe auf, wie bei $(4)RO \cdot C_6H_3 \cdot OH \cdot CHO$, die in festem Zustande gelb und dem o-Nitrophenol vergleichbar nach Hantzsch als teilweise isomerisierte chromo-Aldehydphenole, d. h. als Gemische bzw. feste Lösungen zweier Formen aufzufassen sind.

Die Salze der Oxyaldehyde leiten sich sowohl von den echten als auch isomerisierten Chromoaldehydphenolen ab und sind dementsprechend sowohl farblos als gelb. Sämtliche Salze und Ionen aus Paraoxybenzaldehyd sowie seinem Monobrom- und Dibromderivate sind farblos; die Salze aus m-Oxybenzaldehyd sind in festem und wasserfreiem Zustande ebenfalls sämtlich farblos, geben aber gelbe wäßrige Lösungen. Erst beim o-Oxybenzaldehyd, dem wie dem o-Nitrophenol die größte Neigung zu Isomerisation innewohnt, treten neben farblosen (z. B. NH_4-) auch gelbe (z. B. K-) Salze auf.

Ähnliche Verhältnisse liegen bei der Isomerisation von aromatischen Oxyketonen, Oxychromonen und Oxyxanthonen, sowie den Oxybenzoesäurederivaten vor, bei letzteren sind die beim

$$\begin{array}{c} COOC_2H_5 \\ | \\ C \\ CH \diagup \quad \diagdown C \cdot OH \\ HO \cdot C \diagdown \quad \diagup C \cdot H \\ C \\ | \\ COOC_2H_5 \end{array}$$

Hydrochinondicarbonsäureester erhaltenen Resultate am interessantesten[1]).

6. Pantochromie und Chromotropie bei Salzen der Violursäure und verwandten Oximinoketonen.

Eine besonders große Mannigfaltigkeit polychromer Formen wurden bei Salzen gewisser ringförmiger Oximinoketone von Hantzsch und seinen Mitarbeitern[2]) aufgefunden. Es gelang der

---

1) Hantzsch, Berl. Ber. **39**, 1392.
2) Berl. Ber. **42**, 966; vgl. ferner Hantzsch und Isherwood, ebenda S. 978; Hantzsch und Issaias, ebenda S. 1000, Hantzsch und Kemmerich, ebenda S. 1008.

Nachweis, daß manche farblose oder schwach farbige zyklische Oximinoketone mit farblosen Metall- und Ammoniumionen rote, orange, gelbe, grüne, blaue, violette Salze, sowie Salze mit komplizierten Mischfarben zu bilden vermögen; in einigen Fällen treten auch noch farblose Leukosalze (vgl. S. 159) auf. Der Komplex:

$$\text{Ring}\left.\begin{array}{c} \text{C} - \text{O} \\ | \\ \text{C} - \text{N} - \text{O} \end{array}\right\} \text{Me}_1 \cdot \text{Me}_2 \cdot \text{Me}_3 \cdots \text{Me}_n$$

kann je nach der Natur des farblosen oder schwachfarbigen Anions und der farblosen Kationen pantochrom auftreten. Die Erscheinungen wurden bei Violursäure[1]), Dimethyl- und Diphenylviolursäure sowie bei Oximinooxazolonen u. a. studiert:

$$\text{CO}\left\langle\begin{array}{c} \text{NH} \cdot \text{CO} \\ \text{NH} \cdot \text{CO} \end{array}\right\rangle \text{C:NOH}$$
Violursäure,

$$\text{CO}\left\langle\begin{array}{c} \text{NCH}_3 \cdot \text{CO} \\ \text{NCH}_3 \cdot \text{CO} \end{array}\right\rangle \text{C:NOH}$$
Dimethylviolursäure,

$$\text{CO}\left\langle\begin{array}{c} \text{NC}_6\text{H}_5 \cdot \text{CO} \\ \text{NC}_6\text{H}_5 \cdot \text{CO} \end{array}\right\rangle \text{C:NOH}$$
Diphenylviolursäure,

$$\begin{array}{c} \text{C}_6\text{H}_4 \cdot \text{Br} \\ \text{C} \\ \text{N} \diagup \diagdown \text{C:NOH} \\ | \qquad | \\ \text{O} - \text{CO} \end{array}$$
p-Bromphenyl-oximinooxazolon.

Als Beispiele seien aufgeführt:

1. Salze aus Violursäuren

> gelb: Dilithiumviolurat; saure Li · Na · K · Rb · Cs · NH₄ — Dimethylviolurate;

> rot: Mehrzahl der Monometall- und Dimetall-Violurate, saure K-, Rb-, Cs-, Ag-Violurate, Na- und Li-Dimethylviolurat;

> blau: K-, Rb-, Cs-, NH₄-Violurate, K-, Rb-, Cs-Mono- und Dimethylviolurat;

> grün: Mono- und Disilber-Violurat, Dithallium und saures Thalliumviolurat;

> farblos: Ag-Violurat + 2 Pyridin.

---

[1]) Eine Untersuchung über die Farbe der wäßrigen Violursäurelösungen verdankt man Donnan und Schneider. Journ. Chem. Soc. 85, 956.

2. Salze aus Oximino-phenyl-oxazolon
     gelb: saures K-, Rb-, Cs-, HN$_4$-Salz;
     rot: Py Salz: ziegelrot, Na-Salz: zinnoberrot, Piperidin,
      Li-Salz: karmoisinrot, NH$_4$-Salz: granatrot;
     violett: K-, Rb-Salz;
     blau: N(CH$_3$)$_4$-Salz, Ag-Salz + 2 NH$_3$;
     grün: Ag-Salz + AgNO$_3$.

Häufig existiert ein Metallsalz der zyklischen Oximinoketone
in mehreren farbigen Formen; diese Erscheinung wird als „Chromotropie" bezeichnet und ein in verschiedenfarbigen Modifikationen
existierendes Salz „variochrom" genannt. So existieren die K-,
Rb- und Cs-Violurate in blauen und in roten Formen, das Li-Violurat
als rotes und dunkelgelbes Salz. Von den Salzen aus p-Brom-
phenyl-oximinoxazolon sind variochrom:

     die K-Salze: rosa und violett (beide etwa gleich stabil);
     die Rb-Salze: rosa (labil), blauviolett (labil), violett (stabil);
     die Cs-Salze: rosa (stabil), blauviolett und violett (labil);
     die Ag-Salze: fleischfarben, blau.

Auch die Natur des Metalls bzw. Kations ist von spezifischem
Einfluß auf die Farbe des Salzes; im allgemeinen wirken die
Kationen optisch um so schwächer, je weniger positiv sie sind;
so sind gelb und manchmal kaum dunkler als die freien Oximinoketone, die Pyridin- und Chinolinsalze; von roten Alkalisalzen sind
am häufigsten und stabilsten die Natriumsalze, von blauen Alkalisalzen sind die des Kaliums, Rubidiums und Cäsiums am be-
ständigsten. Auch angelagerte Stoffe, wie Ammoniak und Pyridin,
haben einen Einfluß auf die Farbe.

Die variochromen Formen eines und desselben Salzes in
demselben Lösungsmittel sind stets identisch, also z. B. die verschiedenfarbigen Kaliumsalze in Wasser, Alkohol und Phenol.
Die Farbe verschiedener Alkalisalzlösungen in demselben Lösungsmittel vertieft sich vom Lithium bis zum Cäsium mit zunehmender
Stärke des Kations; auch verschiedene Lösungsmittel haben Einfluß
auf die Farbe.

Es konnte nun experimentell folgendes bewiesen werden:

     1. Alle polychromen Salzlösungen enthalten monomolekulare,
        also isomere und nicht polymere Salze;
     2. die Lösungsfarbe der Salze vertieft sich von gelb und
        orange über rot und violett zu blau mit Zunahme der

positiven Natur der Alkalimetalle in der Reihenfolge: Li, Na, K, Rb, Cs, und mit der Basizität der Lösungsmittel vom Phenol über Chloroform, Essigester, Aceton bis zum Pyridin.

3. die schwachfarbigen gelben Salzlösungen stehen zufolge ihrer Absorptionskurven den freien Oximinoketonen am nächsten, die blauen Salzlösungen erinnern nach Hantzsch hinsichtlich ihrer stark selektiven Absorption an die der blauen aliphatischen Nitrosokörper (s. Fig. 35), weshalb in den blauen Salzlösungen die Existenz von Nitrosoenolsalzen angenommen wird, die aus den Oximinoketonen durch Umlagerung hervorgehen:

$$\begin{array}{ccc} \cdot C:O & & C\cdot OMe \\ | & \longrightarrow & \| \\ \cdot C:NOH & & C\cdot NO \end{array}$$

Die anderen Farben (orange, rot, violett) werden durch Annahme von Mischfarben (von gelb und blau) erklärt.

Die Polychromie der festen Salze beruht im Prinzip auf denselben chemischen Ursachen wie die der Lösungen.

Die elektrochemische Natur des Kations übt bei den festen Salzen einen ähnlichen Einfluß aus wie bei den Lösungen, so zeigt die stabile Reihe der Diphenylviolurate[1] folgende Farberscheinungen:

Zn-salz: hellgelb   Na-salz: rot
Mg-salz: zitronengelb   NH$_4$-salz: violett
Li-salz: dunkelgelb   K-, Rb-, Cs-salze: blau

Bei den chromotropen Formen ein- und desselben Salzes, z. B. gelben und roten Lithiumsalzen, handelt es sich um Isomere von verschiedener Stabilität, die im festen Zustande nebeneinander bestehen können, durch den Lösungsvorgang aber sofort in Gleichgewichte der Isomeren übergehen. Gerade die Existenz chromotroper Formen spricht dafür, diesen bestimmte Formeln zuzuschreiben.

Zur Erklärung der Erscheinungen wird angenommen, daß bestimmte Hauptfarben, nämlich: gelb und blau, zu unterscheiden sind, denen bestimmte, durch eine Formel ausdrückbare Isomere entsprechen, die durch Mischung in verschiedenen Verhältnissen die andersfarbigen Formen erzeugen. Schwierigkeiten bereitet es jedoch vorläufig, diesen Hauptformen bestimmte Formeln zuzuerteilen. Die einfachste Lösung dieses Problems liegt darin,

---

1) Hantzsch und Robinson, Berl. Ber. 48, 45.

die Hauptformen als Nebenvalenzverbindungen und zwar als sog.
innere Komplexsalze aufzufassen, zumal nach den Untersuchungen von H. Ley, G. Bruni u. a.[1]) die Farbe gewisser Salze
durch Betätigung von Nebenvalenzen häufig in sehr auffälliger
Weise geändert wird. Man wird hiernach in den farblosen, nur
im festen Zustande bekannten Leukosalzen des Silbers und
Thalliums echte Oximidoketonsalze ohne Nebenvalenzbetätigung
erblicken. Die gelben Salze betrachtet Hantzsch als innere
Komplexsalze, in denen das Metall an Stelle des Wasserstoffs der
Oximidogruppe (:NOH) steht, die blauen Salze als innere Komplexsalze von echten Nitrosoverbindungen; letztere beiden Verbindungen,
deren Formeln:

sich nur durch einen Bindungswechsel zwischen Haupt- und Nebenvalenzen unterscheiden, sind somit im Sinne A. Werners[2]) als
valenzisomere Verbindungen zu bezeichnen. Die zwischen den
gelben und blauen Salzen stehenden farbigen Stoffe werden als
Mischsalze jener beiden Formen aufgefaßt.

Die pantochromen und chromotropen Salze aus Violursäure
und verwandten Oximidoketonen lassen sich somit folgendermaßen
darstellen:

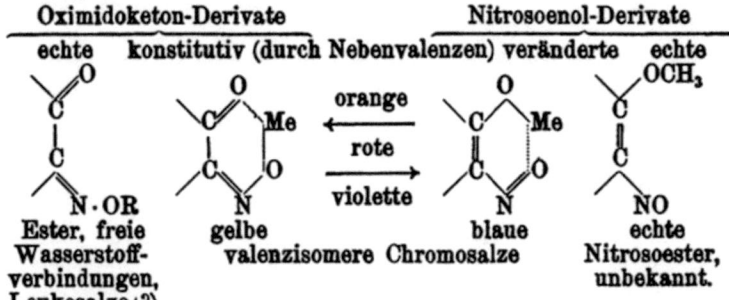

In Fig. 35 sind die Absorptionsverhältnisse des p-Bromphenyl-

1) s. S. 191 dieses Buches.
2) Neuere Anschauungen auf dem Gebiete der anorganischen Chemie,
2. Aufl., S. 290.

oximidooxazolons und seiner farbigen Salze wiedergegeben; die
Unterschiede zwischen Säure und Salzen sind im Ultraviolett gering,
treten aber im Sichtbaren deutlich hervor; zum Vergleich ist die
Schwingungskurve eines wahren Nitrosokörpers nach Baly und

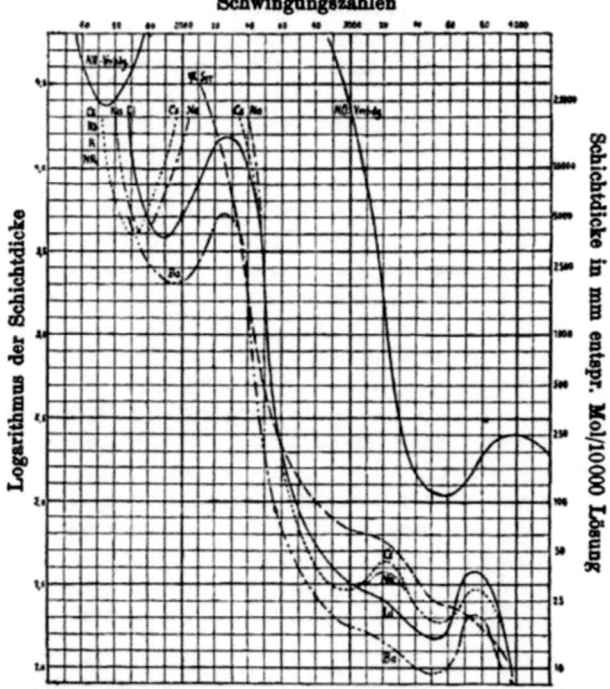

Strich-Kurve: Oximidooxazolon (Pseudosäure) in Chloroform, hellgelb
Strich-Punkt-Punkt-Kurve: Ba-Salz + 4H₂O in Äthylacetat und Aceton, hellrot
Untere volle Kurve: Lithiumsalz   „   „   „   „   rot
Strich-Punkt-Kurve: Natriumsalz   „   „   „   „   violett
Punkt-Kurve: K-, Rb-, Cs-, NR₄-Salz „   „   „   blau
Obere volle Kurve: CH₃ . CO . C (NO) (CH₃)₂ in Wasser, blau; nach
Baly und Desch).
Fig. 35.

Desch mit eingezeichnet, der sich die Kurven der blauen K-, Rb-
und Cs-Salze am meisten nähern.

Auf die weiteren Schwingungskurven der Dimethyl- und
Diphenylviolurate und Oximidooxazolone in den zitierten Arbeiten
sei hiermit erwiesen.

Salze der Violursäure mit organischen Basen sind kürzlich von Zerewitinoff[1]) untersucht worden.

Bei Phenyl-1-oximino-4-triazolon haben Dimroth und Dienstbach[2]) chromoisomere Salze aufgefunden.

7. Salzbildungen und Umlagerungen bei Aminoazoverbindungen.

Wie Thiele[3]) beobachtete, läßt sich außer dem normalen blauen Hydrochlorid des Aminoazobenzols noch ein hellfleischfarbiges Isomeres erhalten, das labiler Natur ist und im feuchten Zustande besonders bei Gegenwart überschüssiger Säure in das dunkle Salz übergeht.

Thieles Beobachtung wurde von Hantzsch und Hilscher[4]) zum Gegenstand einer größeren Untersuchung gemacht, die das Resultat ergab, daß die Salze aus Aminoazokörpern in zwei Isomeren existieren, die sich scharf durch ihre Farbe unterscheiden: außer orangegelben (hellfarbigen) Salzen existieren ebenfalls monomolekulare blauviolette (dunkelfarbige) Formen. Die Farben der Salze werden in erster Linie von der Natur des Aminoazokörpers, in zweiter Linie auch von der Natur der Säure bestimmt; in einigen Fällen läßt sich, wie Thiele bei der einfachsten Aminoazoverbindung fand, das Salz in den beiden verschiedenfarbigen Formen erhalten, alsdann ist das orangefarbige Salz labil und bildet sich bei der Reaktion zuerst, um sich dann mehr oder weniger leicht in das Isomere umzuwandeln. Folgende Tabelle gibt von den Farbverhältnissen einiger Aminoazokörper Auskunft; Einklammerung bedeutet, daß die betreffende Modifikation unbeständig ist:

	HCl	HBr	HJ	H_2SO_4	HNO_3	Cl_3CCO_2H
Aminoazobenzol	(hell) dunkel	dunkel	dunkel	hell (dunkel)	hell (dunkel)	dunkel
Dimethylaminoazo- benzol	dunkel	dunkel	dunkel	dunkel	dunkel	dunkel
Acetylaminoazo- benzol	dunkel	dunkel	—	hell und dunkel	—	—
p-Toluolazo-o- Toluidin	dunkel	—	—	hell und dunkel	dunkel	—

1) Berl. Ber. **42**, 4802.
2) Berl. Ber. **41**, 4055.
3) Berl. Ber. **36**, 3965.
4) Berl. Ber. **41**, 1171.

Die Konstitution der beiden Isomeren läßt sich befriedigend durch folgende Formelbilder wiedergeben:

1. Azoide Salze

$C_6H_5 \cdot N : N \cdot C_6H_4NR_2HX$

orangegelb,

2. Chinoide Salze

$C_6H_5 \cdot NH \cdot N : C_6H_4 : NR_2X$

violett.

Die orangegelben Salze sind, wie besonders der optische Vergleich durch die Absorptionsspektra ergab, die Analoga des Azobenzols und der ebenfalls ausschließlich gelben Azobenzoltrimethylammoniumsalze, die kein bewegliches Wasserstoffatom mehr enthalten. Die violetten Salze besitzen ein durchaus verschiedenes Absorptionsspektrum, für das eine Bande im Blaugrün bis Gelb charakteristisch ist. Durch die Umlagerung wird das Spektrum völlig verändert, während Substitution und Salzbildung die Absorption nur unwesentlich ändern. In Lösungen sind im allgemeinen beide Isomeren im Gleichgewicht vorhanden:

$$C_6H_5 \cdot N : N \cdot C_6H_4 \cdot NR_2HX \rightleftarrows C_6H_5 \cdot NH \cdot N : C_6H_4 : NR_2X.$$

Daß die intensiv violettrote Farbe der sauren Lösungen des Aminoazobenzols nicht lediglich auf Salzbildung, d. h. auf Bildung des Ions: $'(NH_3C_6H_4 \cdot N_2 \cdot C_6H_5)$ beruhen kann, ist übrigens schon früher von Vorländer[1]) bewiesen worden. Wäre nämlich diese Ansicht richtig, so sollte auch das Ion des Trimethylaminoazobenzols $'[(CH_3)_3N \cdot C_6H_4 \cdot N_2 \cdot C_6H_5]$, z. B. das Salz $Cl(CH_3)_3NC_6H_4 \cdot \cdot N_2 \cdot C_6H_5$ von ähnlicher intensiver Farbe sein. Tatsächlich sind aber die Salze des Trimethylammoniumazobenzols, wie schon Vorländer sah, kaum andersfarbig als Azobenzol; mit der Ionenbildung kann also die Farbe nicht in direktem Zusammenhang stehen, eine für die Theorie der Indikatoren wichtige Erkenntnis (vgl. S. 175).

In einer späteren Arbeit von Hantzsch[2]) werden die obigen Resultate bestätigt und ergänzt durch Messungen der Absorptionsspektren von Azobenzol, Amino- und (Oxy-)azobenzol, sowie deren Salzen. Nach diesen Untersuchungen kann man drei durch ihre Lichtabsorption unterschiedene Salztypen festlegen:

1. Gelbe Ammoniumsalze: $Ar \cdot N_2 \cdot C_6H_4 \cdot NR_2HX$, z. B. Azobenzoltrimethylammoniumjodid: $C_6H_5 \cdot N_2 \cdot C_6H_4N(CH_3)_3J$, die optisch dem freien Azobenzol durchaus ähnlich sind.

---

1) Berl. Ber. **86**, 1485, vgl. Lieb. Ann. **820**, 116.
2) Berl. Ber. **42**, 2129.

2. Dunkelgelbe Azosalze: $Ar \cdot N : N \cdot Ar \cdot HX$. Hierzu gehören die Lösungen von Azobenzol in konzentrierter Schwefelsäure, ferner auch die gelben (nicht violetten) Lösungen von Aminoazobenzolen in konzentrierten Mineralsäuren.

3. Violette chinoide Salze: $Ar \cdot NH \cdot N : C_6H_4 : NR_2X$, deren Absorptionsspektra von denen der beiden ersten Salze wieder stark abweichen und bei denen die selektive Absorption eine beträchtliche Verschiebung nach Rot erlitten hat; hierzu gehört u. a. das Hydrochlorid des Dimethylaminoazobenzols [1]).

Es wurden folgende Absorptionsspektren gemessen:

Azobenzol in $CHCl_3$, CH_3OH,
„   „   konz. H_2SO_4,
„   „   50proz. H_2SO_4,
„   „   rauchender Salzsäure,
Dimethylaminoazobenzol in rauchender Salzsäure,
Oxyazobenzol in konz. Schwefelsäure,
Azobenzoltrimethylammoniumjodid in Äthylalkohol,
Dimethylaminoazobenzolchlorhydrat in Äthylalkohol,
Dimethylaminoazobenzol in Alkohol,
„   (HCl) in Alkohol,
„   (Jodmethylat) in Alkohol.

8. Umlagerungen bei der Salzbildung der Triphenylmethanfarbstoffe. Die Farbstoffe vom Standpunkt der Pseudobasen betrachtet.

Von größtem Interesse für den Farbstoffchemiker sind die unzählige Male studierten Farberscheinungen bei den Triphenylmethanfarbstoffen, wo man bekanntlich nach dem Vorgange Nietzkis [2]) das Auftreten von Farbe zum erstenmal mit der Bildung chinoider Formen in Beziehung brachte, nachdem ähnliche Formeln für die Stoffe schon vorher von E. und O. Fischer [3]) vorgeschlagen worden sind.

Nach letzteren Forschern verläuft die Bildung des Farbsalzes aus dem (farblosen) Carbinol unter Abspaltung von einem Molekül Wasser und gleichzeitiger Umlagerung, wobei ein Benzolkern

---

1) Es ist vielleicht die Bemerkung am Platze, daß Salzbildung in diesem Falle bathochrom und damit der Regel entgegenwirkt (s. S. 86), was auf eine totale Veränderung, d. h. Umlagerung, hinweist.

2) Organische Farbstoffe, 1888.

3) Berl. Ber. **26**, 2223.

chinoid wird, was nach **Nietzkis** Formulierung folgendermaßen auszudrücken ist:

$$HO \cdot C \left\langle \begin{matrix} C_6H_4 \cdot NH_2 \\ C_6H_4 \cdot NH_2 \\ C_6H_4 \cdot NH_2 \end{matrix} \right. + HCl = H_2O + C \left\langle \begin{matrix} C_6H_4 : NH \cdot HCl \\ C_6H_4 \cdot NH_2 \\ C_6H_4 \cdot NH_2 \end{matrix} \right.$$

Carbinol;   Farbsalz (Fuchsin).

Die von **Rosenstiehl**[1]) für die Farbstoffe der Aminotriphenyl-methanreihe vorgeschlagene Formel, die in modifizierter Form kürzlich von **v. Baeyer** wieder zur Diskussion gestellt wurde (siehe S. 179) kann mit Rücksicht auf die nunmehr zu besprechenden Arbeiten als widerlegt betrachtet werden.

Fuchsin:

Chinoidformel	nach **Rosenstiehl**
$(NH_2C_6H_4)_2C : C_6H_4 : NH_2Cl,$	$(NH_2C_6H_4)_3CCl.$

Um noch ein weiteres Beispiel zu nennen, sei an die Bildung der roten Alkalisalze aus dem farblosen Phenolphtalein erinnert, die, worauf besonders **Stieglitz**[2]) mit Nachdruck verwies, im Sinne folgender Umlagerung zu deuten ist:

Phenolphtalein,   Na-Salz, chinoid,
Lakton, farblos,   farbig.

Der Beweis, daß den Salzen chinoide Konstitution zukommt, beruht auf der Existenz zweier verschiedener Äther. Neben dem farblosen laktoiden Dimethyläther existiert ein roter chinoider Äther, der zuerst von **Green** und **King**[3]) dargestellt und eingehend auch von **K. H. Meyer** und **Hantzsch**[4]) untersucht wurde:

laktoider Äther,   chinoider Äther,

Benzaurin.

---

1) Siehe u. a. Compt. rend. **120**, 192, 264, 331, 740.
2) Journ. Am. Chem. Soc. **25**, 1112.
3) Berl. Ber. **39**, 2365 (vgl. dazu H. Meyer, Berl. Ber. **40**, 2430), **40**.
4) Berl. Ber. **40**, 3479.

Wie letztere spektroskopisch nachweisen, liegt in dem chinoiden Äther des Phenolphtaleins durchaus ein Analogon des Benzaurins vor, er ist als der Carbonsäureäther des letzteren aufzufassen.

Hier sind auch die Versuche von R. Meyer und Marx[1]) zu erwähnen, die nach der Methode von Hantzsch und Gorke durch Alkylierung des Silbersalzes des Tetrabromphenolphtaleins einen chinoiden, intensiv gelben Diäthylester von der Konstitution I erhielten, der wie die Chromonitrophenoläther labil ist und sich in den laktoiden, farblosen Äther II umwandelt.

$$C_6H_4COOC_2H_5$$

Die Bildung der Triphenylmethanfarbstoffsalze ist schon früher eingehend von Hantzsch und Oßwald[2]) im Anschluß an die Studien über Pseudobasen studiert worden. An diese Untersuchungen soll mit Rücksicht auf die im nächsten Kapitel zu besprechenden Arbeiten Gombergs über die Konstitution der Triphenylmethanfarbstoffe erinnert werden. Pseudobasen sind bekanntlich elektrisch neutrale Hydroxylverbindungen, die aus den echten mit ihnen isomeren Ammoniumbasen durch eine intramolekulare Umlagerung hervorgehen, und zwar meist dadurch, daß ein Hydroxyl vom Stickstoff zum Kohlenstoff wandert. Eine gleiche Umlagerung erleiden die Pseudobasen bei der Salzbildung; wie die Pseudosäuren sind sie hierzu nicht direkt befähigt, sondern nur unter gleichzeitiger intramolekularer Umstellung. Eines der

1) Berl. Ber. **40**, 1414.
2) Berl. Ber. **38**, 278.

einfachsten Beispiele dieser Art bieten die Akridiniumverbindungen: aus den quaternären Salzen, z. B. dem Chlorid des Phenylmethyl-akridiniums I

$$
\begin{array}{ccc}
\underset{\text{I}}{\underset{\text{Salze der echten Base,}}{C_6H_4\!\!<\!\!\overset{\overset{\displaystyle C_6H_5}{|}}{\underset{\underset{CH_3\quad Cl}{|}}{C}}\!\!>\!\!C_6H_4}} &
\underset{\text{II}}{\underset{\text{echte Base,}}{C_6H_4\!\!<\!\!\overset{\overset{\displaystyle C_6H_5}{|}}{\underset{\underset{CH_3\quad OH}{|}}{C}}\!\!>\!\!C_6H_4}} &
\underset{\text{III}}{\underset{\psi\text{-Base}}{C_6H_4\!\!<\!\!\overset{\overset{\displaystyle CH_3\quad OH}{|}}{\underset{\underset{CH_3}{|}}{C}}\!\!>\!\!C_6H_4}}
\end{array}
$$

wird durch Kali primär die echte Ammoniumbase II in Freiheit gesetzt, die von der Stärke des Kalis ist. Ihre Existenz ist aber nur vorübergehend; sie hat die Tendenz, sich in die isomere Pseudobase III (Phenylmethylakridol) umzulagern, die ein elektrisch neutrales Derivat des dreiwertigen Stickstoffs darstellt.

Ähnliche Umwandlungen erleiden viele den Farbstoffsalzen entsprechende Farbbasen, wofür der Beweis in der Arbeit von Hantzsch und Oßwald erbracht ist. Das Farbstoffsalz (Kristallviolett, Pararosanilin, Brillantgrün) ist nach dieser Ansicht, die sich mit der von Nietzki u. a. vertretenen deckt, das Salz einer echten quaternären Ammoniumbase von chinoidem Typus, aus dem durch Basen primär die echte Farbbase vom Charakter der vollständig substituierten Ammoniumbasen in Freiheit gesetzt wird. Letztere isomerisiert sich aber in der Lösung mehr oder weniger rasch, indem das ursprünglich als Ion vorhandene Hydroxyl sich an dem in p-Stellung befindlichen Methankohlenstoffatom festsetzt, wobei gleichzeitig die chinoide Gruppierung in die benzoide übergeht. Das allgemeine Schema einer derartigen Umwandlung [1] ist folgendes:

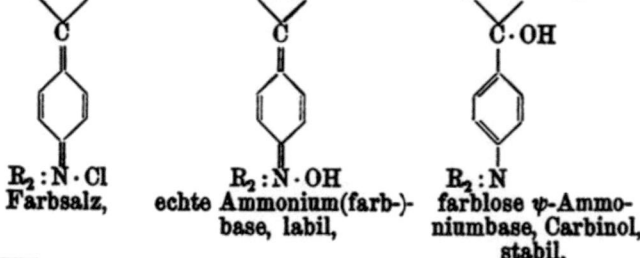

$R_2 : N \cdot Cl$ Farbsalz,	$R_2 : N \cdot OH$ echte Ammonium(farb-)-base, labil,	$R_2 : N$ farblose ψ-Ammoniumbase, Carbinol, stabil.

[1] Über die Dynamik derartiger Umlagerungen s. u. a. W. Müller, Berl. Ber. **43**, 2609.

Beim Kristallviolett, wo sich die Umwandlung am besten beobachten ließ, ist die Umlagerung der Farbbase in die ψ-Base
folgendermaßen zu formulieren:

$$[(CH_3)_2NC_6H_4]_2C{=}\langle\;\rangle{=}N(CH_3)_2OH \longrightarrow$$

$$[(CH_3)_2NC_6H_4]_2C(OH)\langle\;\rangle N(CH_3)_2.$$

Den bei den Triphenylmethanfarbstoffen beobachteten Umlagerungen in gewisser Weise verwandt sind die besonders von
Werner[1]) studierten Bildungen

9. farbiger Salze bei Carboxonium- und Carbothionium-verbindungen,

die mit den basischen Eigenschaften des Sauerstoffs in Zusammenhang stehen. Bekanntlich liegen in den salzartigen Verbindungen
des Dimethylpyrons nach Collie und Tickle, sowie nach Baeyer
Oxoniumverbindungen vor, die als Analoga der Ammoniumverbin-
dungen aufzufassen sind. Wie in

$$\begin{array}{c} CO \\ HC{\langle}\quad{\rangle}CH \\ CH_3\cdot C\quad\quad C\cdot CH_3 \\ O \\ H\quad Cl \end{array}$$

diesen der Stickstoff meist als fünfwertig angenommen wird, so
werden die Oxoniumverbindungen gewöhnlich mit sog. vierwertigem
Sauerstoff formuliert. Richtiger ist es aber, nach Werners[2])
Vorgange die Oxoniumsalze analog den Ammoniumsalzen als einfachste Komplexsalze anzusehen, bei denen die Ammoniak- bzw.
Sauerstoffverbindungen vom Wasserstoffatom der Säure HX durch
sog. Nebenvalenzen gebunden werden:

$$NH_4X \text{ Ammoniumsalze: } (H_3N\dots H)X$$
$$NH_3C_6H_5X \text{ Aniliniumsalze: } (C_6H_5H_2N\dots H)X$$

---

1) Berl. Ber. **34**, 3300, vgl. Kehrmann, **32**, 2601; **34**, 1623.
2) Lieb. Ann. **322**, 261; s. a. Werner, Neuere Anschauungen auf dem
Gebiete der anorg. Chemie, Braunschweig 1907.

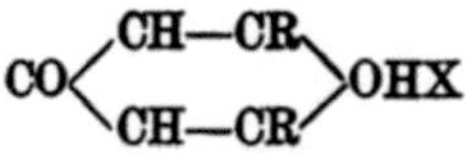

$$CO\Big\langle \begin{array}{c} CH—CR \\ CH—CR \end{array} \Big\rangle OHX \quad \text{Pyroniumsalz:}$$

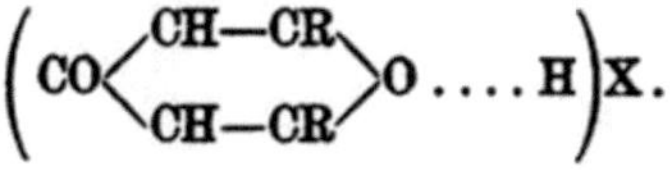

$$\left(CO\Big\langle \begin{array}{c} CH—CR \\ CH—CR \end{array} \Big\rangle O \ldots H \right) X.$$

Als Beispiel farbiger Carboxoniumverbindungen seien die Salze des Xanthydrols:

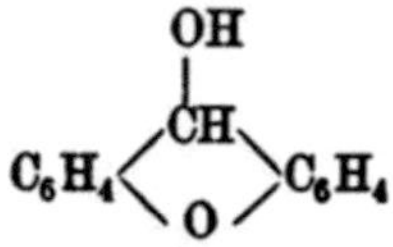

$$C_6H_4 \Big\langle \begin{array}{c} OH \\ CH \\ O \end{array} \Big\rangle C_6H_4$$

genannt; letztere farblose Verbindung ist als Pseudoxanthonium-base I aufzufassen, die den früher besprochenen Pseudobasen der stickstoffhaltigen Triphenylmethanfarbstoffe an die Seite zu stellen ist, und die sich in Mineralsäuren mit intensiv gelber Farbe zu einem Xanthoniumsalze II löst, das somit von der in freiem Zustande nicht existenzfähigen Xanthoniumbase III abzuleiten ist. Die Xanthoniumsalze konnten in Form beständiger Doppelsalze isoliert

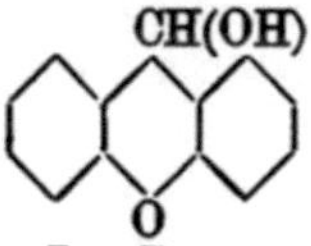

I ψ-Base, 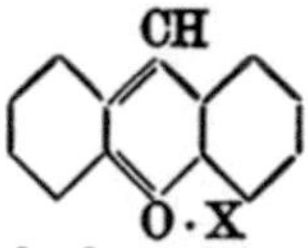   II Salz der echten Base, 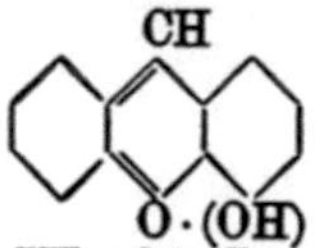   III echte Base

werden. Ähnlich ist die Bildung farbiger Salze beim Pheno-α-naphtoxanthydrol IV sowie beim Thioxanthydrol V zu erklären:

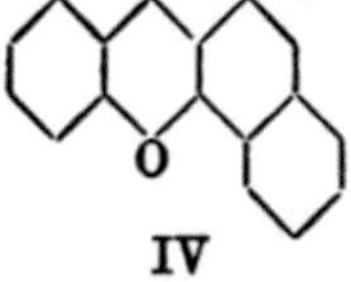

IV 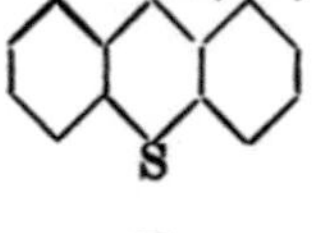   V

Das Auftreten von Farbe bei diesen Oxonium- bzw. Thionium-verbindungen ist so zu deuten, daß gleichzeitig mit der Bildung des Oxoniumsalzes eine orthochinoide Atomgruppierung geschaffen wird.

Durch die umfassenden Untersuchungen von Kehrmann[1]) ist

---

1) S. besonders Lieb. Ann. **372**, 287, woselbst die weitere Lit.

bewiesen worden, daß in den Oxazin- und Thiazinfarbstoffen ein durch vierwertigen Sauerstoff bedingter o-Chinonchromophor enthalten ist, z. B.:

wie der gleiche Autor auch im Phenylfluoron III

das Chromogen des Fluoresceins und der übrigen ringförmigen Phtaleine sieht[1]). Durch die von Kehrmann gemachte Beobachtung, daß das Chlorid des 3,6-Dimethoxy-phenyl-xanthoniumcarbonsäureesters, (IV)

einer stickstofffreien Verbindung, sich wie das Salz einer stärkeren Base verhält und ohne nennenswerte Hydrolyse in Wasser löslich ist, werden diese Ansichten wesentlich gestützt. Kehrmanns Arbeiten sind für die Beurteilung der Konstitution einer großen Zahl von Farbstoffen (Pyronine, Rosamine, Rhodamine, Phtaleine) fundamental, doch liegt ein näheres Eingehen auf diese Untersuchungen außerhalb des Rahmens dieses Buches.

---

1) l. c.

10. Chemische Theorie der Indikatoren.

Indikatoren sind nach Ostwalds[1]) Theorie farbige Stoffe bzw. Farbstoffe von sehr schwach saurem oder sehr schwach basischem Charakter, deren Ionen andere Farbe besitzen als die undissoziierten Moleküle.

Phenolphtalein ist als undissoziierte Wasserstoffverbindung farblos, sein Anion, das auf Zusatz von Alkali gebildet wird, ist intensiv rot.

Nun hat schon Stieglitz[2]) darauf hingewiesen, daß der Farbumschlag bei Indikatoren nicht auf bloße Ionenbildung zurückzuführen sei, sondern daß das diskontinuierliche Auftreten von Farbe mit intramolekularen Umlagerungen ursächlich zusammenhängen müsse. Den Farbumschlag bei Phenolphtalein formuliert Stieglitz in folgender Weise:

$$C_6H_4-C\begin{smallmatrix}C_6H_4\cdot OH\\ \\C_6H_4\cdot OH\end{smallmatrix} \longrightarrow O=C_6H_4=C\begin{smallmatrix}C_6H_4\cdot OH\\ \\C_6H_4CO_2Na\end{smallmatrix}$$
$$\begin{smallmatrix}|\\CO\!-\!-\!O\end{smallmatrix}$$

freies Phenolphtalein (farblos)   Na-Salz (rot).

Das Farbloswerden des Phenolphtaleinnatriums durch überschüssiges Alkali, das von K. H. Meyer und Hantzsch[3]) untersucht wurde, ist ein Zeitphänomen und beruht somit nach den letzten Autoren auf einer intramolekularen Umlagerung, die mit v. Baeyer[4]) in folgender Weise formuliert wird:

$$\begin{smallmatrix}NaOCO\cdot C_6H_4\\ \\NaO\cdot C_6H_4\end{smallmatrix}\!\!>\!\!C:C_6H_4:O + NaOH = NaO_2C\cdot C_6H_4\!\!\begin{smallmatrix}\\ \\ \end{smallmatrix}\!\!>\!\!C\!\!\begin{smallmatrix}C_6H_4ONa\\ \\OH\end{smallmatrix}$$
$$NaOC_6H_4$$

Damit ist eine gelegentlich geäußerte Ansicht widerlegt, daß die Entfärbung auf einer Zurückdrängung der Dissoziation und Bildung farblosen undissoziierten Phenolphtaleinnatriums beruhe.

Die gleichen Schlüsse zog Hantzsch aus seinen Versuchen über die Umlagerung bei Salzbildung der Nitrophenole (s. S. 156).

---

1) Die wissenschaftlichen Grundlagen der analytischen Chemie 1894, S. 104.

2) Journ. Amer. Chem. Soc. 25, 112, 1903; s. a. R. Kremann, Ztschr. f. anorg. Chem. 33, 87; Bredig, ebenda, 34, 202; Veley, Ztschr. phys. Chem. 57, 148.

3) l. c. *Ber. 40, 3479*

4) Ann. d. Chem. 202, 73, 1890.

Aus der Existenz farbiger und farbloser Nitrophenolester wurde
gefolgert, daß das Auftreten von Farbe bei Salzbildung des Nitro-
phenols (Farbumschlag des Indikators) sowie Dissoziation nicht in
genetischem Zusammenhange stehen; die Ionenbildung ist nicht die
primäre Ursache der Farbigkeit, sondern die mit der Einführung
des stark elektropositiven Alkalimetalles erfolgende und durch die
früheren Formulierungen zum Ausdruck gebrachte Umlagerung.
Durch diese Untersuchungen ist somit auch die rein chemische
Theorie der Indikatoren wieder in ihre Rechte eingesetzt[1]).

Eine ähnliche Auffassung ist auch von Vorländer[2]) bei Gelegenheit der Farbänderung des Aminoazobenzols durch Säuren
geltend gemacht worden.

Der schärfste Nachweis für die Gültigkeit der Umlagerungstheorie der Indikatoren wurde bei Dimethylamidoazobenzolsulfo-
säure (Helianthin) und seinem Natriumsalz (Methylorange) von
Hantzsch[3]) geführt; hier sind die Verhältnisse analog wie bei
den früher erwähnten Salzen der Aminoazokörper. Die freien
Aminoazobenzolsulfonsäuren, die in fester Form wohl innere sul-
fonsaure Salze sind, bestehen wie die echten Salze aus Aminoazobenzolen in zwei scharf gesonderten, orangen und violetten Formen:

Orange Reihe.	Violette Reihe.
A. Aminoazobenzol-Derivate.	
Alle freien Aminoazobenzole.	—
Einige Salze derselben, besonders Aminoazobenzol-Benzolsulfonat.	Die meisten Salze derselben, be- sonders Dimethylaminoazo- benzol-Benzolsulfonat.
B. Sogenannte Aminoazobenzolsulfon- und -carbonsäuren.	
Alle Alkalisalze derselben.	—
Aminoazobenzolsulfosäure. Dimethylaminoazobenzolcarbon- säure.	Monomethyl-, Dimethyl-, Diäthyl- aminoazobenzolsulfonsäure, Hydrochlorid der Dimethyl- aminoazobenzolcarbonsäure.

Danach ist somit die An- oder Abwesenheit von Alkylen bei
den festen Stoffen ohne Einfluß auf die Zugehörigkeit zu einer der

---

1) Hantzsch, Berl. Ber. **39**, 1089; s. a. Margosches, Zeitschr. f. angew.
Chem. 1907, woselbst auch weitere Lit. über die Indikatoren zu finden ist.
2) Berl. Ber. **36**, 1485; vgl. Lieb. Ann. **320**, 116.
3) Berl. Ber. **41**, 1187.

beiden Reihen. Durch einen genauen optischen Vergleich von Methylorange- und Helianthinlösungen wurde ferner bewiesen, daß das in fester Form als violettes chinoides Salz beständige Helianthin durch den Lösungsvorgang praktisch vollständig in die azoide Form verwandelt wird, die natürlich auch in der alkalischen Lösung vorhanden und als Methylorange fixiert ist. Die Verhältnisse werden durch folgendes Diagramm plausibel:

$$\begin{array}{cccc}
& \text{Helianthin} & & \text{Methylorange} \\
\text{fest} & \text{in wäßriger Lösung} & & \text{fest und in Lösung} \\
\text{violett} & \text{orange} & \text{orange} & \text{orange} \\
C_6H_4 \cdot SO_3 & C_6H_4 \cdot SO_3 & C_6H_4 \cdot SO_3H & C_6H_4 \cdot SO_3Na \\
\cdot & | & \cdot & \cdot \\
NH & \overset{H_2O}{\longrightarrow} \ N & N & N \\
\cdot & \cdot\cdot & \overset{NaOH}{\rightleftharpoons} \ \cdot\cdot & \overset{NaOH}{\longrightarrow} \ \cdot\cdot \\
N & N & N & N \\
\cdot\cdot & \cdot & \cdot & \cdot \\
C_6H_4 : N(CH_3)_2 & C_6H_4 \cdot N(CH_3)_2H & C_6H_4 \cdot N(CH_3)_2 & C_6H_4 \cdot N(CH_3)_2 \\
\text{Chinoides} & \text{Azoides} & \text{Dimethylamino-} & \text{sulfonsaures} \\
\text{inneres Salz.} & & \text{azobenzolsulfonsäure} & \text{Salz.}
\end{array}$$

Versuche, das orange azoide Helianthin auch in fester Form zu isolieren, scheiterten, jedenfalls infolge der großen Unbeständigkeit dieser Form.

Wird der Helianthinlösung sukzessive Salzsäure zugefügt, so geht, wie spektralphotometrisch nachgewiesen wurde, die azoide Form in die violette chinoide über. Da nun selbst bei Überschuß von Säure das Chlorhydrat des Helianthins größtenteils hydrolytisch gespalten ist, so beruht der „Farbenumschlag von Methylorange oder Helianthin beim Ansäuern der stark verdünnten Lösungen also auf einem Übergang von orangegelben azoiden Formen in violette, chinoide Formen und zwar im wesentlichen auf einer Isomerisation der orangefarbenen Dimethylaminoazobenzolsulfonsäuren zu dem violetten, chinoiden, inneren Salz":

$$(CH_3)_2N \cdot C_6H_4 \cdot N : N \cdot C_6H_4 \cdot SO_3H \xrightarrow{HCl} (CH_3)_2N : C_6H_4 : N \cdot NH \cdot C_6H_4 \cdot SO_3.$$

11. Salzbildungen bei Derivaten des Triphenylmethans, Dibenzalacetons und verwandten Verbindungen.

Halochromie[1]).

Die Ansichten über die Konstitution der Triphenylmethan-

---

1) Die Einreihung dieses und des folgenden Kapitels unter die „Um-

farbstoffe haben eine wesentliche Förderung durch das Studium eigenartiger Farberscheinungen bei den einfachst konstituierten Derivaten des Triphenylmethans erfahren; Farberscheinungen, für die v. Baeyer, der diese Untersuchungen inaugurierte, den Namen Halochromie einführte.

Bekanntlich bilden die an sich farblosen Chloride und Bromide $(C_6H_5)_3CCl$ und $(C_6H_5)_3CBr$ mit flüssigem Schwefeldioxyd intensiv gelbe Lösungen, Triphenylcarbinol $(C_6H_5)_3C(OH)$ sowie dessen Substitutionsprodukte lösen sich in konzentrierter Sshwefelsäure mit gelber bis tiefroter Farbe. Von großem Interesse für die Frage sind ferner die von A. v. Baeyer[1] eingehend untersuchten sauren Sulfate, z. B.:

$(Cl \cdot C_6H_4)_3C \cdot SO_4H \cdot H_2SO_4$: braun,

$(J \cdot C_6H_4)_3C \cdot SO_4H \cdot H_2SO_4$; braun mit grünem Metallglanz, sowie die Zinnchloridadditionsprodukte:

$(C_6H_5)_3C \cdot Cl \cdot SnCl_4$: gelb,

$(ClC_6H_4)_3C \cdot Cl \cdot SnCl_4$: rot.

Nach neueren Versuchen von Gomberg[2] sowie besonders von K. A. Hofmann[3] vermag die äußerst starke Überchlorsäure mit den Triphenylcarbinolen einfache farbige Salze z. B. $(C_6H_5)_3C \cdot ClO_4$ zu bilden, die im festen Zustand isoliert wurden.

Für die Beurteilung der Konstitution dieser Verbindungen ist weiter die von Walden[4] gemachte Beobachtung wichtig, daß die gelben Lösungen des $(C_6H_5)_3C \cdot X$ (X = Halogen) sowie die Substitutionsprodukte in flüssigem Schwefeldioxyd verhältnismäßig gute Leiter der Elektrizität sind, woraus auf die Existenz farbiger Ionen: $(C_6H_5)_3C \cdot$ bzw. $[(C_6H_5)_3C(SO_2)_n] \cdot$ geschlossen wird. Für die Lösung des $(C_6H_5)_3CCl$ in flüss. SO_2 wurden die folgenden immerhin beträchtlichen Werte der äquiv. Leitfähigkeit gefunden:

v	$\varLambda$	Temp. 0°
136	16,8	v Verdünnung in L
172	18,9	$\varLambda$ äquiv. Leitf.
284	23,0	

lagerungstheorie" ist nicht ganz korrekt und erfolgte mehr aus praktischen Gründen.

[1] Berl. Ber. 88, 569, 1156.

[2] Lieb. Ann. 370, 159.

[3] Berl. Ber. 42, 4856; 48, 178.

[4] Zeitschr. f. phys. Chem. 48, 385; Berl. Ber. 85, 2018; vergl. Gomberg, Berl. Ber. 85, 2307.

Auch das von Gomberg [1]) isolierte Triphenylmethyl $(C_6H_5)_3C$ gibt mit einigen Solventien intensiv gelbe, elektrolytisch leitende Lösungen.

Nach Hantzsch und K. H. Meyer [2]) soll Triphenylmethyl-bromid auch farblose Ionen liefern, da die im Sichtbaren nicht absorbierende Lösung in Pyridin die Elektrizität gut leitet.

Für die von Norris und Sanders entdeckten, von Kehrmann [3]) eingehender studierten farbigen, salzartigen Verbindungen des Triphenylcarbinols hielt letzterer eine chinoide (oder besser chinoloide) Struktur wahrscheinlich, z. B.

: Sulfat des Trianisylcarbinols,

entsprechend:

während v. Baeyer in späteren Arbeiten [4]) eine chinoide Gruppierung in Abrede stellt. Vielmehr macht v. Baeyer die Annahme, daß die salzartigen Verbindungen des Triphenylcarbinols in zwei verschiedenen Zuständen existieren können, einem farblosen, nicht ionisierten und einem farbigen ionisierten [z. B. $(C_6H_5)_3CCl$ in flüss. SO_2]; der Übergang des einen Zustandes in den anderen soll mit einer bis jetzt nicht genau zu definierenden Veränderung in der Natur des Triphenylmethyls verbunden sein. Das neue Moment in der Baeyerschen Spekulation ist somit die Vorstellung, daß bei gewissen Carboniumverbindungen durch Betätigung gewisser Valenzen, Carboniumvalenzen, die auch durch eine besondere Formulierung: $(C_6H_5)_3C\frown Cl$, $(C_6H_5)_3\frown SO_4H$ kenntlich gemacht werden, Dissoziation und gleichzeitig Farbe hervorgerufen werde. Wesentlich für diese Auffassung ist, daß der z. B. beim Lösen des Carbinols in konzentrierter Schwefelsäure sich zwischen dem Rest $(RC_6H_4)_3C$ und dem Radikal z. B. Cl abspielende Dissoziationsvorgang die Farbe bedingt, daß aber die Radikale $(RC_6H_4)_3C$ keine Änderung ihrer Funktionen erleiden.

---

1) Berl. Ber. **38**, 3150.
2) Berl. Ber. **43**, 336.
3) Berl. Ber. **34**, 3815.
4) Siehe z. B. Berl. Ber. **38**, 569.

Es hat somit den Anschein, als ob sich die genannten Salze von einer Base, Carboniumbase, dem Triphenylcarbinol $(C_6H_5)_3COH$ ableiten, in der das Triphenylmethyl die Rolle eines schwach elektropositiven Metalls spielt. Von weiterer Bedeutung für die Frage sind ferner v. Baeyers Untersuchungen über die methoxylierten Triphenylcarbinole. Durch Einführung der Methoxylgruppe erhöht sich nämlich die Basizität des Triphenylcarbinols, und zwar ist der Einfluß am stärksten in der p-, am schwächsten in der m-Stellung, was sich überzeugend dadurch nachweisen ließ, daß die Lösung des m-substituierten Carbinols in Eisessigschwefelsäure, die das farbige Sulfat enthält, durch geringere Mengen von wäßrigem Alkohol entfärbt, d. h. hydrolysiert wird, als die Lösung der p-Verbindung. Bemerkenswert ist ferner, daß die Basizität steigt mit der Zahl der eingeführten Methoxyle, und zwar im Verhältnis der Potenzen dieser Zahlen, wobei wieder die genannte Alkoholmenge als Maß für die Basizität angesehen wird. Auch für die methoxylsubstituierten Derivate des Dibenzalacetons C_6H_5CH : $:CHCOCH:CHC_6H_5$, die ebenfalls farbige Sulfate bilden, gilt das „Potenzengesetz". v. Baeyer nennt die Erscheinung, daß farblose oder schwach farbige Stoffe mit Säuren farbige salzartige Verbindungen liefern, ohne daß Umlagerung in eine chinoide Gruppierung vor sich geht, Halochromie.

Außer den Verbindungen der Triphenylcarbinolreihe zeigen auch Dibenzalaceton und analoge Verbindungen die Erscheinung der Halochromie[1]. Die Hydrochloride des Dibenzalacetons, Dibenzalcyklopentanons und ähnlicher Stoffe sind von Claisen[2]), Vorländer[3]), Thiele[4]), Straus[5]), sowie kürzlich von Stobbe[6]) untersucht, sie besitzen die Zusammensetzung: Keton + xHCl, wo x mit steigender Temperatur kleiner wird. Je nach den Substituenten wechselt die Farbe von rot bis blauviolett, was aus der folgenden Tabelle zu ersehen ist:

---

1) v. Baeyer und Villiger, Berl. Ber. **84**, 2695; **85**, 1190, 3013; **36**, 2774; **88**, 582.

2) Lieb. Ann. **228**, 142.

3) Berl. Ber. **86**, 1470; **86**, 3528; **87**, 1643; **87**, 3364; Lieb. Ann. **841**, 1; **845**, 155.

4) Berl. Ber. **86**, 2375.

5) Berl. Ber. **89**, 2978; **40**, 2689; **42**, 1804, 2168.

6) Lieb. Ann. **870**, 93; wo auch die Literatur eingehend berücksichtigt ist.

$$Ar \cdot CH : CH \cdot CO \cdot CH : CH \cdot Ar'$$

Ar	Ar'	Mole HCl bei 15°	−75°	Körperfarbe des Salzes bei 15°
C_6H_5	C_6H_5	2	:4	ziegelrot
$C_6H_4OCH_3$ (1·4)	$C_6H_4OCH_3$ (1·4	2	5	violettschwarz
$C_6H_4OC_2H_5$ 1·2	$C_6H_4OC_2H_5$ 1·2	2	4	violett
C_6H_5	$C_6H_4OCH_3$	1·5	4	rotviolett
$CH : CHC_6H_5$	$CH : CHC_6H_5$	2	4	violettschwarz
C_4H_3O	C_4H_3O	1	4	violett

Ähnliches gilt für die Dibenzalcyklopentanon-Salze, deren Farben durchwegs dunkler sind als die der Acetonreihe.

Nach Stobbe lagern sich auch andere Säuren, wie Tri-, Di- und Mono-chloressigsäure an die ungesättigten Ketone an, die Farben der Salze werden um so tiefer, je stärker die Säure ist.

Auch bestimmte Derivate des Ketofluorens und das Allochrysoketons zeigen nach Stobbe die Erscheinung der Halochromie, z. B.

Allochrysoketoncarbonsäure, Allochrysoketoncarbonsäureester, von denen die erste Verbindung bordeauxrot, letztere hellgelb ist.

Schließlich sind auch die Chinone[1]) zur Halochromie befähigt, so bildet Phenanthrenchinon ein rotes Monosulfat: $C_{14}H_8O_2H_2SO_4$, Benzochinon mit Zinnchlorid ein rotes benzolhaltiges Doppelsalz: $C_6H_4O_2 \cdot SnCl_4 \cdot C_6H_6$.

Was die Konstitution der farbigen Derivate des Triphenylcarbinols betrifft, so akzeptiert Gomberg[2]) die Kehrmannsche Ansicht und leitet auf Grund von hier nicht wiederzugebenden Versuchen die farbigen Salze von einer Chinocarboniumbase:

---

1) Kehrmann, Berl. Ber. **85**, 343; K. H. Meyer, Berl. Ber. **41**, 2569.
2) Berl. Ber. **40**, 1847.

d. i. von einem sekundären Chinol ab. Von den durch Tautomerisation entstehenden chinoloiden Formen leiten sich ferner die farbigen Doppelsalze der Carbinolchloride mit gewissen Metallhalogeniden ab, deren Formel somit durch folgendes Symbol dargestellt werden müßte:

$$R_2C:\underset{}{\overset{}{\langle\!\!\!\!\bigcirc\!\!\!\!\rangle}}C\!\!<_{X,\ ZnCl_2,\ SnCl_4,\ SbCl_3}^{H} \qquad X = Cl,\ Br$$

Ferner folgert Gomberg, daß auch die zahlreichen Diphenylmethanderivate, z. B. Benzophenonchlorid[1]), $C_6H_5\,CCl_2C_6H_5$, Dizinnamenyldichlormethan[2]) $(C_6H_5CH:CH)_2CCl_2$, das wiederholt genannte Dibenzalaceton $C_6H_5CH:CH\cdot CO\cdot CH:CHC_6H_5$, die sämtlich farbige Sulfate bzw. Doppelsalze liefern, ähnlich wie die Derivate des Triphenylcarbinols in zwei Zuständen, einem benzoiden farblosen und einem chinoiden, farbigen existieren müssen. Unter diesen Gesichtspunkten ist auch das Verhalten der interessanten von Schmidlin[3]) entdeckten Magnesiumverbindung des Triphenylchlormethans verständlich, die ebenfalls in zwei Formen, einer farbigen und farblosen, besteht.

Auch die Konstitution des von Gomberg entdeckten Triphenylmethyls ist hier kurz zu erörtern. Wahrscheinlich ist das feste, farblose Triphenylmethyl identisch mit Hexaphenyläthan; in den farbigen Lösungen der Verbindung wäre dann folgendes Gleichgewicht zwischen der farblosen benzoiden und farbigen chinoloiden Form anzunehmen:

$$C\!\!<_{\substack{C_6H_5\\C_6H_5\\C(C_6H_5)_3}}^{\substack{C_6H_5}} \quad\rightleftharpoons\quad C\!\!-\!\!C_6H_5\underset{C_6H_4<_{C(C_6H_5)_3}^{H}}{\overset{C_6H_5}{}}.$$

Die beträchtliche Leitfähigkeit, die dieser merkwürdige Kohlenwasserstoff in flüssigem Schwefeldioxyd aufweist[4]), würde durch die Annahme einer elektrolytischen Dissoziation nach dem Schema:

---

1) Berl. Ber. **35**, 2405.
2) Straus und Ecker, Berl. Ber. **39**, 2977.
3) Berl. Ber. **39**, 628; **41**, 83.
4) Walden, Zeitschr. f. phys. Chem. **43**, 443; Gomberg, Berl. Ber. **37**, 2851.

$$(C_6H_5)_2C:C_6H_4 \underset{C(C_6H_5)_3}{\overset{H}{\big<}} \quad \rightleftharpoons \quad \Big[(C_6H_5)_2C:$$

$$C_6H_4 \overset{H}{\big<} \Big]^+ + [(C_6H_5)_3C]^-$$

verständlich.

Eine andere wahrscheinlichere Auffassung vertritt Schlenck[1]). Danach ist das in Lösungen fast völlig bimolekulare, schwach farbige Triphenylmethyl vorwiegend als farbloses Hexaphenyläthan vorhanden, das sich im Gleichgewicht mit einer geringen Menge des monomolekularen, stark farbigen Triphenylmethyls (mit dreiwertigem Kohlenstoff) befindet:

$$[C_6H_5)_3C]_2 \rightleftharpoons 2(C_6H_5)_3C.$$

Denn das Analogon des Triphenylmethyls in der Diphenylreihe: $C(C_6H_4 \cdot C_6H_5)_3$ ist in Lösung tatsächlich monomolekular, gleichzeitig sind die Lösungen von intensiv violetter Farbe. Die Lichtabsorption dürfte bei diesen Kohlenwasserstoffen danach mit dem stark ungesättigten Charakter der Stoffe in Beziehung stehen.

Da v. Baeyer im Gegensatz zu Gomberg an der Ansicht festhält, daß die farbigen Salze und Komplexsalze des Triphenylcarbinols, z. B. die von ihm besonders eingehend untersuchten:

$$Br \cdot C(C_6H_4Cl)_3 \cdot FeCl_3 \quad und \quad Cl \cdot C(C_6H_4Br)_3 \cdot FeCl_3$$

nicht chinoid konstituiert sind, so muß man vorläufig annehmen, daß Farbigkeit bei den Triphenylmethanderivaten durch zwei Umstände bedingt sein kann, durch chinoide Umlagerung und Halochromie[2]).

————————

Durch eine eingehende Untersuchung der Oxy- und Aminoderivate des Triphenylcarbinols konnte v. Baeyer seine Ansichten über die Konstitution der Triphenylmethanfarbstoffe wesentlich präzisieren. Die wichtigsten Resultate dieser Untersuchungen[3])

1) Lieb. Ann. 872, 1; ferner Lieb. Ann. 868, 295; vergl. über die Triphenylmethylfragen, soweit sie das Problem der Farbe betreffen, die Arbeiten Schmidlins, z. B. Berl. Ber. 41, 2471.

2) Eine Kritik der verschiedenen Ansichten enthält die Arbeit Kehrmanns, Lieb. Ann. 872, 307.

3) Lieb. Ann. 854, 152; s. auch des Autors neueste Untersuchung Lieb. Ann. 872, 80, die hier leider nicht mehr berücksichtigt werden konnte.

sind folgende: Alle Oxy- und Aminotriphenylcarbinole sind farblos, Farbigkeit tritt erst durch intramolekulare Abspaltung von
Wasser auf. Von den monosubstituierten Derivaten sind nur die
p-ständigen imstande, Wasser abzuspalten; aus dem p-Oxytriphenyl-
carbinol entsteht so das orange Fuchson (I) aus p-Aminotriphenyl-
carbinolchlorhydrat das ebenso farbige Fuchsonimoniumchlorid (II).
Die singulären[1] Disubstitutionsprodukte verhalten sich in der
Sauerstoff- und Stickstoffreihe verschieden. Von den Sauerstoffverbindungen verlieren nur diejenigen ein Molekül Wasser, welche
mindestens eine Hydroxylgruppe in p-Stellung enthalten; es entstehen so p-, m- und o-Oxyfuchsone; in Alkalien sind alle drei
mit intensiver Farbe löslich, beständig ist aber nur die violette p-p'-
Form, die das charakteristische Benzaurinspektrum zeigt.

$$\text{I} \qquad \text{II}$$

Die salzsauren Salze der singulären Diaminotriphenylcar-
binole zeigen insofern ein den Oxyfuchsonen analoges Verhalten,
als nur die p-p'-Form (Döbners Violett) ein charakteristisches
Bandenspektrum gibt, das mit dem Benzaurinspektrum identisch
ist. Ähnliches gilt für die singulären Trisubstitutionsprodukte.
Nach allem müssen somit zwei Amino- bzw. Oxygruppen in p-
Stellung stehen, damit aus dem Carbinol der Farbstoff mit dem
charakteristischen Bandenspektrum entstehen soll. Diese Bedingungen werden an der Hand einer neuen Formulierung in folgender Weise diskutiert: „Bezeichnet man in dem Diaminotriphenyl-
carbinol die amidierten Benzole mit a und b, so ist es gleich-
gültig, ob a oder b in die chinoide Form übergeht, es kann
auch die chinoide Form a in die chinoide Form b übergehen, ohne
daß die Natur der Substanz sich ändert. Denkbar ist daher, daß
eine fortwährende Oszillation stattfindet, welche Veranlassung zu

---

[1) Unter singulären Substitutionsprodukten versteht der Autor solche,
die nur je einen Substituenten im Benzolkern enthalten.

rhythmischen Ätherschwingungen geben kann; dasselbe gilt auch für das Natriumsalz des Benzaurins".

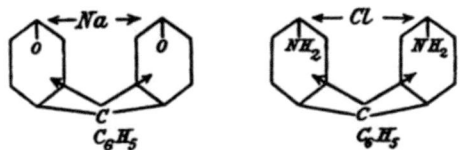

Diesen Rhythmus versucht v. Baeyer durch vorstehende Formulierungen plausibel zu machen, wobei die langen Pfeile die hin- und herpendelnde vierte Valenz des Zentralkohlenstoffatoms, die kurzen Pfeile die entsprechende Hin- und Herbewegung des Natrium- und Chlorions bzw. Elektrons bedeuten.

XV. Farberscheinungen bei (meist) indifferenten Verbindungen (Nebenvalenz-Äußerungen).

Merichinoide Stoffe. Chinhydronartige Verbindungen.

Zu anderen Ansichten über die Konstitution gewisser chinoider Verbindungen gelangt R. Willstätter[1]. Eine eingehende Untersuchung des sog. Wursterschen Rots, einer intensiv farbigen Verbindung, für die früher von Bernthsen bzw. Nietzki die Formel:

$$HN : C_6H_4 : N(CH_3)_2Cl$$

aufgestellt war, ergab, daß diese Verbindung eine andere Zusammensetzung besitzt, daß sie halbchinoid ist, während die ganzchinoide Verbindung wie die schon früher von Willstätter dargestellten Chinonimide (vgl. S. 37), farblos bzw. schwach farbig ist. Danach mußte das Wursterersche Rot ein Chinhydron, d. h. eine Verbindung eines Chinons mit einem Hydrochinon sein. Zu einer ähnlichen Auffassung der Konstitution stark farbiger chinoider Verbindungen ist übrigens vor Willstätter schon Kehrmann[2] gelangt. Die starke Farbigkeit der Chinhydrone erklärt Willstätter durch die Annahme, daß die Addition des Chinons und Hydrochinons durch gegenseitige Absättigung der Partialvalenzen beider Verbindungen erfolgt:

---

1) Willstätter u. Piccard, Berl. Ber. 41, 1465.
2) Vgl. Berl. Ber. 41, 2340.

$$\text{O} \cdots\cdots \text{OH}$$

Chinhydron
(stark farbig),

$$\text{O} \cdots\cdots \text{OH}$$

wonach dem Wursterschen Rot folgende Formel zu erteilen wäre:

$$\text{H}_2\text{Br}$$
$$\text{N} \cdots\cdots \text{NH}_2$$

Wurstersches Rot.

$$\text{N} \cdots\cdots \text{N(CH}_3)_2$$
$$(\text{CH}_3)_2\text{Br}$$

Den wesentlichen Unterschied zwischen den leicht in die Komponenten dissoziierbaren eigentlichen Chinhydronen und dem Wursterschen Rot, das sich ohne Spaltung tieffarbig in Wasser löst, versucht Willstätter durch die Annahme plausibel zu machen, daß im Wursterschen Salz die Komponenten zu einem Gesamtmolekül verbunden sind, daß sich aber zwischen ihnen noch eine Art von isorropischem Vorgang abspielt, wie ihn Baly und Desch bei einigen Verbindungen annehmen. Für diese teilweise chinoiden stark farbigen Verbindungen schlagen Willstätter und Piccard die Bezeichnung merichinoid vor; im Gegensatz zu den schwach farbigen holochinoiden (z. B. den schwach farbigen Imoniumsalzen aus p-Phenylendiamin).

(Infolge der Ähnlichkeit zwischen dem Rot von Wurster und dem Fuchsin hinsichtlich der starken Farbigkeit nehmen Willstätter und seine Mitarbeiter auch beim Fuchsin, beim Doebnerschen Violett und ähnlichen Farbsalzen eine merichinoide Konstitution an.)

In die gleiche Klasse wie die Chinhydrone [1]) gehören die neuerdings von K. H. Meyer untersuchten ebenfalls stark farbigen Phenochinone, z. B. $C_6H_4 : O_2(C_6H_5OH)_2$, sowie die Additionsprodukte des Fluorenons und Dibenzalacetons mit Phenolen, die wiederum

1) Über Chinhydrone siehe noch folgende Arbeiten: Urban, Wien, Monatsh. 1907, 2399; Siegmund, ebenda 1087; Willstätter, Berl. Ber. 41, 1464; Schlenk, Lieb. Ann. 368 277; K. H. Meyer, Berl. Ber. 42, 1149.

mit den Verbindungen der Ketone und Chinone mit Säuren, Metall-
chloriden und schwefliger Säure (s. S. 178) große Ähnlichkeit haben,
so daß folgende Typen vergleichbar sind:

$C_6H_4 \cdot OH \ldots O : C_6H_4 : O \ldots HO \cdot C_6H_5$ $O : C_6H_4 : O \ldots SnCl_4$

        Phenochinon,   Chinon-Zinnchlorid,

$\begin{matrix}(C_6H_4)_2C:O \\ (C_6H_4)_2C:O\end{matrix} > HO \cdot C_{10}H_7$ $(C_6H_4)_2C:O \ldots HO \cdot NO_2$

   Fluorenon-Naphtol,   Fluorenon-Nitrat.

In allen Fällen entstehen durch Addition dunklerfarbige Stoffe[1].

Chromoisomerie bei Nitranilinen sowie Organo-Komplex-verbindungen.

Den früher beschriebenen Fällen von Chromoisomerie bei
Salzen sind äußerlich gewisse bei indifferenten Verbindungen beobachtete Isomeriefälle ähnlich; so sei an dieser Stelle Gatter-
manns[2] Beobachtung registriert, daß sich 3-Nitro-4-Acettoluid in
zwei Formen, einer farblosen und einer gelben, erhalten läßt, die
sich durch Schmelzen und Impfen mit einem Kristall der gewünschten
Form ineinander überführen lassen.

Auch gewisse Derivate höher nitrierter Aniline sowie des Pikr-
amids sind neueren Untersuchungen von Sudborough[3] zufolge
in zwei Modifikationen, meist einer gelben und roten, erhalten
worden, z. B. das Di-α-naphtylamin-dinitrobenzol:

$$C_6H_2(NO_2)_2(NHC_{10}H_7)_2 .$$

Auch die Anlagerungsprodukte der Polynitrobenzole an Amine
treten nach Untersuchungen des letzten Autors in intensiv farbigen
Formen auf, z. B. Trinitrobenzol-Naphtylamin.

Die farbigen Nitraniline und verwandten Verbindungen sind
in neuester Zeit systematisch von Hantzsch und seinen Schülern[4]
untersucht worden. Danach existieren viele Mono-, Di- und Tri-
nitroaniline in verschiedenen gelben, orangen und roten Formen,
z. B.:

---

1) Näheres siehe K. H. Meyer, Berl. Ber. 48, 157; ferner Berl. Ber. 42,
1149 u. 41, 2568.
2) Berl. Ber. 18, 1438; siehe ferner Schaum, Ann. 300, 224; Berl. Ber.
81, 129.
3) Journ. Chem. Soc. 79, 522; 83, 1334; 89, 583.
4) Berl. Ber. 48, 1651, 1662.

1. Mononitroaniline.

3. $NO_2 \cdot C_6H_4 \cdot NH \cdot CH_3$ (1) gelb (labil), orange (stabil).

2a. 2,4-Dinitroaniline.

$(NO_2)_2 \cdot C_6H_3 \cdot NH \cdot CH_3$ gelb (labil), orange (stabil).

$(NO_2)_2 \cdot C_6H_2Br \cdot NH \cdot C_6H_5$, gelb und orange.

2b. Derivate des 2,6-Dinitro-p-toluidins.

$(NO_2)_2 \cdot C_7H_5 \cdot NH \cdot C_6H_5$, gelb (labil), orange (stabil).

3. Prikrylamine.

$(NO_2)_3 \cdot C_6H_2 \cdot N \cdot CH_3 \cdot C_6H_5$, 2 rote Formen.

$(NO_2)_3 \cdot C_6H_2 \cdot NH \cdot C_6H_4 \cdot CH_3$ (p) orange und rot.

Allerdings ist das Auftreten sämtlicher 3 Formen, der gelben, orangen und roten, bei ein und demselben Stoff mit Sicherheit nicht beobachtet, was aber nur der äußerst leichten Isomerisationsfähigkeit dieser Verbindungen zuzuschreiben ist. Die orangefarbigen Stoffe sind wahrscheinlich analog den orange Nitrophenolsalzen „Mischformen".

Außer diesen Chromoisomeren sind bei den Nitranilinen von Hantzsch noch andere Formen beobachtet, die gleiche Farbe wie die Chromoisomeren besitzen, sich aber von diesen durch den Schmelzpunkt und morphologisch unterscheiden; diese Formen werden als homochromisomere bezeichnet. Die Verknüpfung von Chromo- und Homochromisomerie läßt sich nach Hantzsch am besten beim o-Tolyl-Dinitranilin studieren, von dem folgende 4 Formen bekannt sind:

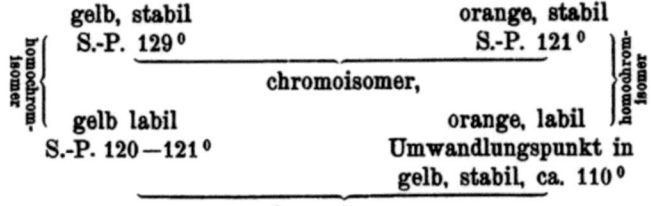

Diese vier Formen bestehen jedoch nur im festen Zustande als gesonderte Individuen, in Lösungen sind sie in allen Medien optisch völlig identisch; zwei dieser optisch identischen Lösungen sind jedoch chemisch verschieden, weil aus denselben zwei verschiedene feste Nitraniline hervorgehen. Es wurde ferner noch nachgewiesen, daß sämtliche Formen isomer nicht etwa polymer oder polymorph sind. Eine chemische Deutung dieser komplizierten Verhältnisse ist vorläufig noch nicht zu geben. Von Nitranilinen, deren Spektra in den vorhin genannten Arbeiten untersucht worden sind, seien folgende erwähnt:

1,3,5-Trinitrobenzol,
1,3-Dinitro-5-aminobenzol,
1-Nitro-3,5-diaminobenzol,
o- und m-Tolyl-2,4-dinitraniline,
p-Tolyl-2,4-dinitranilin,
Phenyl-2,4-dinitranilin,
Dimethyl-2,4-dinitranilin,
Diätbyl-2,4-dinitranilin,
Dimethyl-3,4-dinitranilin.
α- und β-Metbylphenylpikramid,
Methyl-p-tolyl-pikramid,
Methyl-o-tolyl-pikramid,
Phenylpikramid,
Phenyl-2,4-dinitranilin.

———

Daß gewisse Nitrokörper und Amine intensiv farbige Verbindungen bilden können, wurde schon S. 187 erwähnt. Mit der Untersuchung dieser Verbindungen hat sich neuerdings auch Werner [1]) beschäftigt, der wie Hantzsch der Ansicht ist, daß die Farbe mit der Betätigung von Nebenvalenzen zusammenhängt. Bekanntlich treten manche aromatische Kohlenwasserstoffe mit aromatischen Polynitrokörpern zu intensiv farbigen Molekülverbindungen zusammen, wie Naphtalin-Trinitrobenzol, Phenanthren-Pikrylchlorid, u. a.

Von Werner wurde nun die interessante Tatsache beobachtet, daß auch aliphatische Polynitroverbindungen sich ähnlich verhalten, so lösen sich verschiedene Kohlenwasserstoffe in farblosem Tetranitromethan farbig; z. B.:

Benzol: gelb,
Toluol: intensiv gelb,
m-Xylol: goldgelb,
Naphtalin: orange,
Anthracen: rötlichbraun.

———

1) Werner, Berl. Ber. 42.

Zweifellos steht hier die Farbe mit der Absättigung von Nebenvalenzen zwischen der Nitrogruppe und den ungesättigten Kohlenstoffatomen in genetischer Beziehung.

XVI. Farbänderung bei Salzen infolge von Polymerie.

Daß durch Polymerie bei Salzen Farbänderungen bewirkt werden können, ist auf anorganischem Gebiete in einigen Fällen konstatiert worden; so ist die auffällige Farbänderung bei Cupri- und Cobaltohalogeniden im wesentlichen auf Autokomplexsalzbildung zurückzuführen. Auf organischem Gebiete wurden kürzlich von Hantzsch[1]) gewisse Salze von Akridinbasen, z. B. die N-Methylphenylakridoniumhalogenide, genauer untersucht, bei denen die Farben der festen Salze vom Chlorid bis Jodid eine wesentliche Vertiefung aufweisen: das Chlorid ist gelb, das Bromid etwas dunkler, das Jodid braunschwarz. Auch in Lösungen wenig dissoziierender Medien, wie Alkohol und namentlich Chloroform, sind diese Unterschiede in der Farbe vorhanden; parallel damit konnte

$$C_6H_4 \diamondsuit \begin{array}{c} CC_6H_5 \\ \\ C_6H_4 \\ N \\ CH_3 \ (Cl \cdot Br \cdot J) \end{array}$$

nachgewiesen werden, daß in Chloroformlösung das gelbe Chlorid fast monomolekular, das dunkle Jodid hingegen trimolekular ist. Dissoziierende Lösungsmittel wie Wasser lösen das braune Jodid zu monomolekularem gelben Salz.

Das neutrale Methylphenylakridoniumsulfit entsteht in zwei gesonderten Modifikationen, einer tiefgrünen und braunen, von denen letztere nach Analogie mit dem Jodid trimer ist, während erstere bimolekular sein dürfte. Außer den intensiv farbigen Sulfiten existieren noch Doppelsulfite mit Alkalisulfit, z. B. $(C_{20}H_{16}N)_2SO_3 \cdot Me_2SO_3$, die aber sehr wahrscheinlich Pseudosulfite sind und sich von der farblosen Pseudoakridinbase ableiten (vgl. S. 170). Ähnlich verhalten sich die Salze des Methylakridoniums und des Akridoniums; auch das Jodmethylat des o-Phenylendiazosulfids:

---

1) Berl. Ber. 42, 68; vgl. H. Decker, Berl. Ber. 37, 2938.

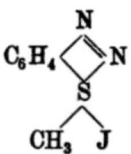

wurde in zwei Formen, einer stabilen goldgelben und einer labilen schwarzgrünen, erhalten, die zweifellos ebenfalls als polymere Formen anzusprechen sind. Die Lösungen der Salze wurden spektralphotometrisch untersucht.

Auch die Silbersalze des 2,4,6-Tribromphenols sind von H. A. Torrey und W. H. Hunter[1]) in zwei Formen erhalten worden, die die Verfasser als chinoid ansehen.

Nach Hantzsch und Scholtze[2]) geben auch einige Chlorphenole, z. B. 2,4,6-Trichlorphenol, gelbe Silbersalze, während die Jodphenole durchwegs farblose Salze liefern; beide Formen, farblose und farbige, sind lediglich bei den Silbersalzen der Bromphenole beobachtet. Letztere Autoren halten Polymerie als Ursache für die Farbverschiedenheiten für wahrscheinlicher.

XVII. Farbverhältnisse bei Organometallverbindungen, insbesondere bei inneren Komplexsalzen.

Neuerdings haben Farbänderungen bei gewissen Organometallverbindungen eine allgemeinere Bedeutung erlangt, die nach einem Vorschlag von H. Ley als innere Komplexsalze bezeichnet werden. Zur Charakterisierung dieser Verbindungsklasse[3]) sei folgendes angeführt:

Bei den normalen Salzen MeX_2, z. B. Kupferacetat $Cu(C_2H_3O_2)_2$ ist bekanntlich das Sättigungsbestreben des Metalls nicht befriedigt; das Salz ist imstande, noch weitere Moleküle, z. B. 2 Moleküle Ammoniak, aufzunehmen, wodurch dann eine vollständige Sättigung bzw. eine solche höheren Grades erreicht ist. Mit Werner machen wir nun die Annahme, daß in den komplexen Salzen wie

---

1) Berl. Ber. **40**, 4332.
2) Berl. Ber. **40**, 4876.
3) Bruni, Atti R. Accad. Lincei (5) **13**, II, 26; Ley. Ztschr. f. Elektrochem. 1904, S. 954; Berl. Ber. **40**, 699; Tschugaeff, Journ. prakt. Chem. **75**, 153; Werner, Berl. Ber. **41**, 1062; Neuere Anschauungen auf dem Gebiete der anorganischen Chemie, 2. Aufl.

$Cu(C_2H_3O_2)_2 \cdot 2NH_3$, das Metall mit dem Säurerest durch Hauptvalenzen, die addierten Ammoniakmoleküle durch sekundäre Affinitätskräfte festgehalten werden, die **Werner** Nebenvalenzen
nennt, was durch folgende Formulierung zum Ausdruck gebracht
werden soll:

$$O \cdot CO \cdot CH_3NH_3$$
$$\diagdown \quad \diagup$$
$$Cu$$
$$\diagup \quad \diagdown$$
$$O \cdot CO \cdot CH_3NH_3 \, .$$

Nun sind Metallverbindungen bekannt, die ihrer Zusammensetzung nach gewöhnliche Salze (z. B. binäre, ternäre usw.)
zu sein scheinen, die ihrem Verhalten nach jedoch unzweifelhaft undissoziierte Komplexsalze sind und zweckmäßig **innere Komplexsalze** genannt werden. Dem Kupferacetat-Ammoniak entspricht
als inneres Komplexsalz das Cuprisalz des Glyzins, dessen Formel:

$$O \cdot CO \cdot CH_2{-}NH_2$$
$$\diagdown \quad \diagup$$
$$Cu$$
$$\diagup \quad \diagdown$$
$$O \cdot CO \cdot CH_2{-}NH_2$$

ausdrücken soll, daß die Bindung des Metalls teils durch Neben-,
teils durch Hauptvalenzen bewirkt wird. Außer Aminogruppen
können auch noch andere Atomkomplexe wie NH, SH. NOH u. a.
mit dem Metallatom intramolekular in Beziehung stehen, so daß
sehr viele Variationen möglich sind. Innere Komplexsalze sind
demnach nicht dissoziierbare [1]) Metallverbindungen, bei denen dem
Säurerest angehörige Atome oder Atomgruppen mit dem Metallatom in einem Affinitätsaustausch stehen. Durch die gleichzeitige
Betätigung von Haupt- und Nebenvalenzen sind die Eigenschaften
der inneren Komplexsalze I in der Regel völlig abweichend von
denen der normalen Salze II,

1) Der Definition zufolge ist die Existenz innerer Komplexsalze stark
elektropositiver Metalle in wäßriger Lösung unwahrscheinlich. Aus diesem
Grunde erscheint mir auch die S. 110 mitgeteilte Formulierung der Alkalisalze
des Acetessigesters als innere Komplexsalze nicht plausibel.

vor allem hinsichtlich der Dissoziationsverhältnisse und der Farbe. Aus den umfangreichen Untersuchungen Jörgensens, Werners und Pfeiffers geht hervor, daß durch Komplexsalzbildung im gewöhnlichen Sinne, die dem Metallatom bzw. Metallion eigene Lichtabsorption häufig sehr erheblich geändert wird. Es sei hier nur an die Tatsache erinnert, daß das im festen Zustande rot-violette Chromchlorid Komplexsalze von fast allen Farben liefert, z. B.

$$[Cr(NH_3)_6]X_3, \qquad \left[Cr\begin{matrix}(NH_3)_5\\OH_2\end{matrix}\right]X_3, \qquad [Cr(OH_2)_6]X_3$$

gelb,   orange,   violett.

Das gleiche trifft auch für die inneren Komplexsalze zu. Wie die Messungen am Glyzin- und Alaninkupfer bewiesen haben, sind die Spektren der inneren Komplexsalze und der ihnen entsprechenden gewöhnlichen sehr ähnlich und analoges ist auch für die Nickel-salze gefunden worden [1]).

Wie schon aus der Formel I, S. 192 hervorgeht, ist durch die gleich-zeitige Betätigung von Haupt- und Nebenvalenzen eine zyklische Anordnung der Atome und Atomgruppen im Molekül des Salzes entstanden. Tschugaeff und Werner haben nun darauf hin-gewiesen, daß gerade diejenigen inneren Komplexsalze eine beson-ders große Beständigkeit aufweisen, in deren Molekül ein Fünf-oder Sechsring angenommen werden kann [Kupfersalz des Glyzins, des α-Alanins (5-Ring), des β-Alanins (6-Ring)].

Legen wir das in der Formel I ausgedrückte allgemeine Schema für ein inneres Komplexsalz zugrunde, so wird, abgesehen von der Fähigkeit zur Bildung spannungsfreier Ringsysteme, der Zustand des inneren Komplexsalzes noch abhängen von der Atom-affinität, die zwischen dem Schwermetall und dem an dieses ge-bundenen Atom bzw. Atomkomplex A tätig ist und die u. a. von dem elektrochemischen Charakter der Bestandteile des Salzes mit-bestimmt wird [2]). Ferner wird auch die Stärke der Anziehung Me......X von ausschlaggebender Bedeutung für den Zustand des inneren Komplexsalzes und damit für seine Farbe sein. Letztere Größe entspricht bei gewöhnlichen Komplexsalzen dem reziproken Wert der Zerfallskonstanten.

Nach Analogie mit den gewöhnlichen Komplexsalzen wird die Stärke der Bindung Me......X temperaturvariabel sein; wahr-

---

1) H. Ley, Berl Ber. 42, 362.
2) Vgl. u. a. H. Ley u. K. Schaefer, Ztschr. f. phys. Chem. 42, 690; Berl. Ber. 42, 366.

scheinlich erklärt sich manche durch Temperaturänderung bewirkte Farbänderung bei inneren Komplexsalzen durch einen Vorgang, den man als '„intramolekulare Dissoziation eines inneren Komplexsalzes" bezeichnen und durch folgende Formulierung plausibel machen könnte:

$$\underset{\text{X}}{\overset{\text{A}}{\text{Me}\quad(\text{B})_n}} \rightleftarrows \text{Me}-\text{A}-(\text{B})_n-\text{X}.$$

Die Zahl der Wasserstoffverbindungen, die mit Sicherheit innere Komplexsalze bilden, ist bereits als ziemlich groß erkannt worden; es seien in der folgenden kleinen Übersicht, die auf Vollständigkeit keinen Anspruch macht, besonders diejenigen Verbindungen hervorgehoben, die für das Farbproblem von Interesse sind.

1. Aminosäuren, $H_2N \cdot (R)_n \cdot COOH$, bieten die einfachsten Verhältnisse, da hier auch die den inneren Komplexsalzen entsprechenden gewöhnlichen Komplexsalze in der Regel gut untersucht sind.

Die Cuprisalze der aliphatischen α- und β-Aminosäuren, sowohl die an Stickstoff substituierten als auch nichtsubstituierten Verbindungen haben mit dem Glyzinkupfer hinsichtlich der Farbe die größte Ähnlichkeit, die in der folgenden Tabelle genannten Aminosäuren

$$NH_2 \cdot CH_2 \cdot COOH : NH_2 \cdot CH_2 \cdot CH_2 \cdot COOH,$$
$$R \cdot NH \cdot CH_2 \cdot COOH : CH_3NH \cdot CH_2 \cdot COOH; \; C_6H_5CH_2 \cdot NH \cdot CH_2COOH$$
$$NH_2C(CH_3)_2COOH; \; NH_2CH(C_6H_5)COOH$$
$$R_2N \cdot CH_2 \cdot COOH : (C_2H_5)_2N \cdot CH_2 \cdot COOH; \; (CH_2)_5N \cdot CH_2 \cdot COOH$$

bilden sämtlich Cuprisalze, die im festen Zustande blau und deren Lösungen tief violettblau sind. Die Substitution von Wasserstoffatomen der Methylengruppen durch Phenyle scheint keine wesentliche Veränderung der Farbe zu bewirken: die Aminophenylessigsäure $NH_2 \cdot CHC_6H_5 \cdot COOH$ bildet wie Aminoessigsäure ein im festen Zustande blaues Kupfersalz. Die Substitution eines Wasserstoffatoms der Aminogruppe durch aromatische Reste bewirkt hingegen eine wesentliche Änderung der Lichtabsorption: die Cuprisalze der Anilinoessigsäure $NHC_6H_5 \cdot CH_2 \cdot COOH$ sowie der Homologen sind im festen wie gelösten Zustande intensiv grün. Ihnen entsprechen als gewöhnliche Komplexsalze die ebenfalls intensiv grünen Verbindungen des Kupferacetats mit Anilin und den homologen Basen, so daß wir folgende Parallele haben:

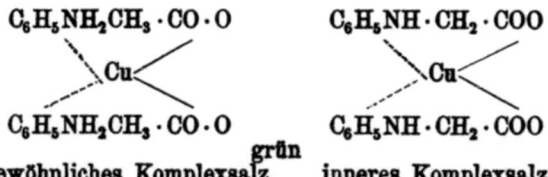

$C_6H_5NH_2CH_3 \cdot CO \cdot O$ ⟍
⟍Cu⟨
$C_6H_5NH_2CH_3 \cdot CO \cdot O$

grün
gewöhnliches Komplexsalz,

$C_6H_5NH \cdot CH_2 \cdot COO$ ⟍
⟍Cu⟨
$C_6H_5NH \cdot CH_2 \cdot COO$

inneres Komplexsalz.

Die Phenylgruppe beeinflußt die Farbe dieser Komplexe somit in ganz ähnlicher Weise wie die der Kupferalkalikomplexe der Oxysäuren[1]).

2. Dioxime, $R \cdot C(:NOH)C(:NOH)R'$. Ihre inneren Komplexsalze, Dioximine, sind wahrscheinlich im Sinne der Formel

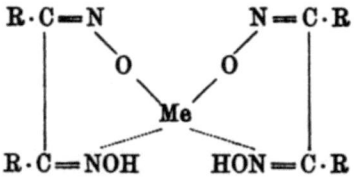

$R \cdot C = N \qquad N = C \cdot R$
$\quad |\qquad O \quad O$
$\qquad\qquad Me$
$R \cdot C = NOH \qquad HON = C \cdot R$

konstituiert. Von den eingehend von Tschugaeff[2]) untersuchten Dioximinen seien folgende genannt:

Dimethylglyoxim, $CH_3 C(:NOH)C(NOH)CH_3$: Nickelsalz hochrot.

Methyläthylglyoxim, $C_2H_5 C(:NOH)C(:NOH)CH_3$: Nickelsalz braunrot, Platosalz braunrot, Palladosalz gelb.

Diphenylglyoxim, $C_6H_5 C(:NOH)C(:NOH)C_6H_5$: Nickelsalz braunrot, Platosalz braunrot, Palladosalz orangegelb.

Den Glyoximen schließen sich gewisse Diamidoxime, z. B. Oxalendiamidoxim $NH_2 \cdot C(:NOH)C(:NOH)NH_2$, hinsichtlich der Bildung abnorm farbiger innerer Komplexsalze vollständig an[3]).

3. Gewisse Isonitrosoketone, $R \cdot CO \cdot C(:NOH)R$, deren inneren Komplexsalze wahrscheinlich nach dem Schema:

1) Vgl. H. Ley u. O. Erler, Ztschr. f. anorg. Chem. **56**, 401. Auch die Oxysäuren $HO \cdot R \cdot COOH$ (Glykolsäure, Milchsäure, Mandelsäure usw.), ferner die Alkoxysäuren $R'O \cdot R \cdot COOH$ (Äthoxyessigsäure, Phenoxyessigsäure) bilden Cuprisalze von anomalen Eigenschaften; so sind diese Verbindungen wesentlich geringer dissoziiert als die entsprechenden der Carbonsäuren $R \cdot COOH$, auch hinsichtlich der Farbe von diesen durchaus unterschieden. In den genannten Salzen liegen ebenfalls innere Komplexsalze, d. h. innere Hydrate bzw. Alkoholate vor.

2) Tschugaeff, Ztschr. f. anorg. Chem. **46**, 144; Berl. Ber. **39**, 2692; Berl. Ber. **38**, 2520 (Nickelglyoxim).

3) Tschugaeff u. Surenjanz, Berl. Ber. **40**, 181.

$$\overset{\displaystyle Me}{\underset{\underset{\displaystyle R}{\displaystyle C}}{\overset{\displaystyle O \qquad O}{R \cdot \overset{\displaystyle |}{C} \qquad \overset{\displaystyle |}{N}}}}$$

konstituiert sind, nach dem zwischen der Residualaffinität des Carbonylsauerstoffatoms und des Metallatoms ein Ausgleich stattgefunden hat; als Beispiel möge das analytisch-chemisch wichtige Cobaltisalz des Nitroso-β-Naphtols:

$$\begin{array}{c} C = NOH \\ C = O \\ CH \\ CH \end{array}$$

von intensiv roter Farbe genannt werden.

Auch aliphatische Isonitroketone bilden in der Regel abnorm farbige Schwermetallsalze, die nach allen Analogien innere Komplexsalze sind.

4. Acylhydroxylamine [1]; denen die Atomgruppierung:

$$\begin{array}{c} N- \\ X \\ N-OH \end{array}$$

gemeinsam ist; es mögen genannt werden:

a) Azohydroxyamide: $\quad N \overset{\displaystyle N \cdot R_1}{\underset{\displaystyle N < \overset{\displaystyle OH}{\displaystyle R_2}}{}}$,

b) Oxyamidine: $\quad R \cdot C \overset{\displaystyle NR_1}{\underset{\displaystyle N(OH)R_2}{}}$,

c) Oxyamidoxime: $\quad R \cdot C \overset{\displaystyle NOH}{\underset{\displaystyle N(OH)R_2}{}}$,

d) Oxyguanidine: $\quad R_2 N \cdot C \overset{\displaystyle NR_1}{\underset{\displaystyle N(OH)R_2}{}}$.

R bedeuten aliphatische oder aromatische Radikale.

1) Vgl. H. Ley u. P. Krafft, Berl. Ber. **40**, 697.

Die inneren Komplexsalze sind im Sinne der Formel:

$$X \begin{array}{c} \diagup NR_1 \cdots \\ \\ \diagdown N\!\!-\!\!O \diagup \\ R_2 \end{array} Me$$

konstituiert; unter ihnen sind die Cuprisalze am meisten charakteristisch, die übereinstimmend **braune bis rotbraune Farbe** und äußerst geringe Cupriionenkonzentration aufweisen.

4a. Den Acylhydroxylaminen sind in gewisser Beziehung ähnlich die Nitrosophenylhydroxylamine, die neuerdings eingehend von **Bamberger**[1]) untersucht sind und von denen sich durch enorm geringe Ionenkonzentrationen ausgezeichnete Ferrisalze ableiten, denen vielleicht folgende Konstitution zuzuschreiben ist:

$$R\!\!-\!\!N \begin{array}{c} \diagup N =\!\!= O \\ \\ \diagdown O\!\!-\!\!Fe \end{array}$$

5. Äußerst charakteristische innere Komplexsalze derivieren von Imidverbindungen, die man wegen ihrer Zugehörigkeit zum **Biguanid**, der bekanntesten Verbindung dieser Reihe, die Basen der **Biguanidklasse** nennen könnte und die aus den Säureimiden $R \cdot C : O \cdot NH \cdot C : O \cdot R$ dadurch hervorgehen, daß Kohlenwasserstoffreste R bzw. Sauerstoffatome sukzessive durch Amino- (NH_2-, NHR-, NR_2-) Gruppen bzw. Imino- (:NH, :NR) Gruppen ersetzt werden[2]). Die genetischen Beziehungen sind am besten an der Hand der folgenden Tabelle ersichtlich. Die Verbindungen der ersten Vertikalkolumne bilden entweder normal zusammengesetzte Verbindungen MeX_2 von normaler Farbe, wie **Dibenzamid** $C_6H_5 \cdot CO \cdot NH \cdot CO \cdot C_6H_5$, das ein blaues, leicht hydrolysierbares Cuprisalz entstehen läßt, in dem jedenfalls kein inneres Komplexsalz vorliegt, oder, wie **Biuret IIIa**, abnorm zusammengesetzte Schwermetall-Alkalisalze, z. B. ein rotes Kupferalkalisalz. Die Acylharnstoffe scheinen überhaupt nicht zur Salzbildung befähigt zu sein.

Schon der Eintritt einer Iminogruppe in das Molekül des Dibenzamids genügt, um anomale Salze, z. B. mit Cu, Ni, zu erzeugen. **Imidodibenzamid IIa** bildet ein hellgraubraunes Cupri- und ein hellgelbes Nickelsalz[3]).

1) **Bamberger** u. **Baudisch**, Berl. Ber. **42**, 3576.
2) H. **Ley** u. F. **Müller**, Berl. Ber. **40**, 2950.
3) F. **Werner**, Dissertation, Leipzig 1908.

Von sonstigen Vertretern dieser Imidoverbindungen sei das Triphenyl-guanyl-amidid (IIIb) [1])

$$C_6H_5 \cdot C:NH$$
$$|$$
$$NH$$
$$|$$
$$C_6H_5NH \cdot C:NC_6H_5$$

	I	II	III
a)	$R \cdot C:O$ $\|$ NH $\|$ $R \cdot C:O$ Säureimid,	$R \cdot C:O$ $\|$ NH $\|$ $R \cdot C:NH$ Imido-Säureimid,	$R \cdot C:NH$ $\|$ NH $\|$ $R \cdot C:NH$ Biamidid,

b)	$R \cdot C:O$ $\|$ NH $\|$ $NH_2 \cdot C:O$ Acylharnstoff,	$R \cdot C:O$ $\|$ NH $\|$ $NH_2 \cdot C:NH$ b′ Acylguanidin,	$NH_2 \cdot C:O$ $\|$ NH $\|$ $R \cdot C:NH$ b″ Amidyl- harnstoff,	$R \cdot C:NH$ $\|$ NH $\|$ $NH_2 \cdot C:NH$ Guanylamidid,

c)	$NH_2 \cdot C:O$ $\|$ NH $\|$ $NH_2 \cdot C:O$ Biuret,	$NH_2 \cdot C:O$ $\|$ NH $\|$ $NH_2 \cdot C:NH$ Guanylharnstoff,	$NH_2 \cdot C:NH$ $\|$ NH $\|$ $NH_2 \cdot C:NH$ Biguanid

genannt, das ein tiefgelbes Cobalt-, ein gelbbraunes Cupri- und gelbrotes Nickelsalz liefert, Salze, die sich auch mit ähnlichen Farben in indifferenten Medien, wie Benzol und Chloroform, lösen.

Die am meisten charakteristischen Metallverbindungen geht, wie schon seit langem bekannt[2]), das Biguanid IIIc ein, dessen hellrotes Cuprisalz die interessanteste Verbindung der ganzen Gruppe ist.

Was die Konstitution aller dieser inneren Komplexsalze betrifft, so ist das Metall wahrscheinlich an Stelle des Wasserstoffatoms der zentralen Imidgruppe eingetreten, während die anderen basischen Amino- und Iminogruppen durch Nebenvalenzen mit dem Metall in Verbindung stehen[3]).

---

1) H. Ley u. F. Müller, Berl. Ber. **40**, 2950.
2) Rathke, Berl. Ber. **12**, 777; Emich, Wiener Monatsh. **12**, 17.
3) Berl. Ber. **40**, 2953; ferner Tschugaeff, Berl. Ber. **39**, 3197.

Wie schon hervorgehoben wurde, bildet Biuret keine normal zusammengesetzten Salze MeX_2 wie Biguanid; das intensiv rote der bekannten Biuretreaktion zugrunde liegende und zuerst von Schiff[1]) analysierte Salz ist alkalihaltig und entspricht der Formel:

$$Cu[NH \cdot C:O \cdot NH \cdot CO \cdot NH]_2 K_2 \, .$$

Wahrscheinlich liegen hier gewissermaßen innere Komplexsalze höherer Ordnung vor, bei denen das Schwermetall (Cu, Ni) teils anionisch-komplex gebunden ist, wie in den Kupferalkalisalzen der Oxysäuren, Glykolsäure, Weinsäure (Fehlingsche Lösung), teils aber auch noch durch Nebenvalenzen mit bestimmten Gruppen des Anions, NH_2-, $NH=$, in Verbindung steht, was die auffällige Farbe dieser Verbindungen erklären würde. Es möge hier Erwähnung finden, daß sich gewisse Oxy- und Aminohydroximsäuren[2]):

$$R{<}{\overset{\text{OH}}{\underset{\text{C(OH)(:NOH)}}{}}} \qquad R{<}{\overset{\text{NH}_2}{\underset{\text{C(OH)(:NOH)}}{}}} \quad ,$$

z. B. Aminoacethydroximsäure $NH_2 \cdot CH_2 \cdot C(:NOH)OH$, hinsichtlich der Bildung roter Kupferalkaliverbindungen dem Biuret ganz analog verhalten.

Kompliziertere innere Komplexsalze liegen ferner in den von Werner[3]) untersuchten Platinchlorür-Acetylacetonaten vor, die folgendermaßen formuliert werden:

$$\begin{array}{c} CH_3 \cdot C = O \\ HC \qquad\qquad Pt \begin{array}{c} \cdot Cl \\ \cdot ClK \end{array} \\ CH_3 \cdot C - O \end{array} \, .$$

Farbverschiedene stereoisomere innere Komplexsalze.

Die Beziehungen zwischen gewöhnlichen und inneren Komplexsalzen haben eine wesentliche Vertiefung erfahren durch die Auffindung zweier isomerer Cobaltiglycine $Co(O \cdot CO \cdot CH_2 \cdot NH_2)_3$, die auch für das Farbproblem von Interesse sind[4]). Das Cobalti-

---

1) Lieb. Ann. 299, 236.
2) Kornagel, Dissertation, Leipzig 1907.
3) Berl. Ber. 84, 2586; 41, 1064.
4) H. Ley u. H. Winkler, Berl. Ber. 42, 3894.

salz des Glykokolls existiert in zwei Formen, einer violetten, $Co(O \cdot CO \cdot CH_2 \cdot NH_2)_3 \, 2H_2O$ und einer roten, $Co(O \cdot CO \cdot CH_2 \cdot NH_2)_3 \, H_2O$, die auch in Lösung isomer sind und deren Isomerie nur sterisch gedeutet werden kann. Dem Cobaltiglycin entsprechen als gewöhnliche Komplexsalze die Triammin-triacido-cobaltisalze:

$$Co \genfrac{}{}{0pt}{}{(NH_3)_3}{X_3} .$$

Unter Zugrundelegung des bekannten Wernerschen Oktaederschemas[1] für das komplexe Radikal (CoR_6) sind aber auch für die nicht dissoziierbaren, sogenannten nullwertigen Triammintriacidometallverbindungen zwei Isomere vorauszusehen, die als bi-cis- und

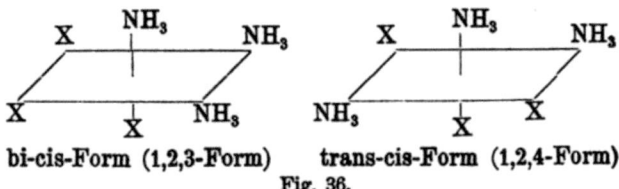

bi-cis-Form (1,2,3-Form)   trans-cis-Form (1,2,4-Form)
Fig. 36.

trans-cis- bzw. als 1,2,3- und 1,2,4-Formen anzusprechen sind (siehe Fig. 36). Im Falle der isomeren Komplexsalze ist der Glycinrest $CO_2-CH_2-NH_2$ dreimal um das Cobaltatom gruppiert zu denken. Die Absorptionsspektren der beiden Formen sind in Fig. 37 dargestellt; größere Unterschiede sind nur im Sichtbaren vorhanden. Die große Ähnlichkeit der Absorptionssepktren der Cobaltiglycine im Ultraviolett wird mit der Tatsache zusammenhängen, daß in dem Reste:

$$CO_2 \cdot CH_2 \cdot NH_2$$

keine gelockerten Valenzelektronen vorkommen, die die Elektronen des Metalls wesentlich beeinflussen.

Zum Vergleich wurden die Absorptionsspektren zweier stereoisomerer gewöhnlicher Komplexsalze, nämlich des Flavo- und Croceocobaltchlorids $[Co(NO_2)_2(NH_3)_4]Cl$ gemessen[2], von denen ersteres die cis-, letzteres die trans-Verbindung darstellt[3]. Beide Kurven zeigen

---

1) Siehe Werner, Stereochemie, S. 321.
2) Unveröffentlichte Beobachtungen.
3) Näheres siehe z. B. Werner, Stereochemie, S. 323.

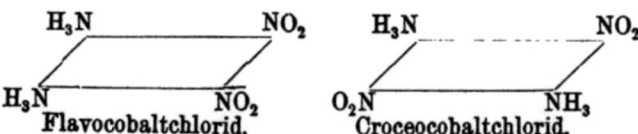

Flavocobaltchlorid,   Croceocobaltchlorid,

ebenfalls große Ähnlichkeit; nur im äußeren Ultraviolett (von 3700 ab) findet sich bei den Croceosalzen ein drittes Band, während die Flavosalze in dieser Spektralregion kontinuierliche Absorption besitzen. Im Falle der zuletzt genannten stereoisomeren Salze

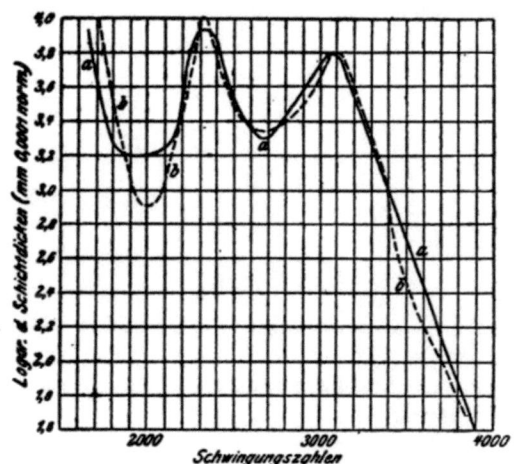

a) Violette Form Co(CO$_2$.CH$_3$.NH$_3$)$_3$ + 2 H$_2$O,
b) Rote Form Co(CO$_2$.CH$_3$.NH$_3$)$_3$ + H$_2$O.

Fig. 37.

haben wir zweifellos noch mit gelockerten Valenzelektronen der Nitrogruppen zu rechnen. Das Fehlen des dritten Bandes bei den Flavosalzen dürfte durch die Annahme zu erklären sein, daß infolge der Nähe der NO$_2$-Gruppen die Elektronenschwingungen nicht ungestört erfolgen können, während bei den Croceosalzen die räumliche Entfernung der Gruppen in der Transstellung eine ungestörte Ausbildung der Schwingungen und damit selektive Absorption ermöglicht [1]).

1) Eine experimentelle Prüfung dieser Gedanken wäre lohnend, da sich vielleicht auf Grund der Absorptionsspektren eine Methode zur Konstitutions-

Eine sehr interessante Anwendung der Theorie der inneren Komplexsalze ist unlängst von Werner gemacht worden[1]). Tschugaeff[2]) hat darauf hingewiesen, daß die beizenziehenden Eigenschaften der Isonitrosoketone mit der Bildung zyklischer salzartiger Verbindungen im Zusammenhange stehen. Werner hat nun an einem großen Material gezeigt, daß die Eigenschaften der Farblacke mit den wichtigsten Eigenschaften der inneren Komplexsalze übereinstimmen: das intensiv rote basische Aluminiumsalz des Alizarins (Farblack) formuliert Werner folgendermaßen als inneres Komplexsalz:

Ferner konnte er nachweisen, daß in vielen Fällen schwach acide Verbindungen, die innere Komplexsalze bilden (β-Diketone, Isonitrosoketone, Amidoxime, Hydroximsäuren), auch beizenziehende Eigenschaften haben.

___

Auch bei der Beurteilung der Konstitution des physiologisch wichtigen Blutfarbstoffs dürften die für die inneren Komplexsalze entwickelten Anschauungen Berücksichtigung finden[3]).

___

Atomaffinität und Farbe bei Metallverbindungen.

Den typischen inneren Komplexsalzen hinsichtlich ihrer Farbe und ihren Dissoziationsverhältnissen ähnlich sind gewisse orga-

___

bestimmung stereoisomerer Metallammoniake ausbilden ließe, wie denn überhaupt die stereoisomeren Metallkomplexsalze geeignetere Objekte zur Untersuchung der Beziehungen zwischen Lichtabsorption und Konfiguration darstellen dürften als die stereoisomeren organischen Verbindungen (H. Ley).

1) Berl. Ber. 41, 1062.
2) Journ. prakt. Chem. 75, 88.
3) Siehe z. B. Willstätter, Berl. Ber. 42, 3985.

nische Metallsalze, bei denen aber wahrscheinlich nicht eine Nebenvalenzbetätigung anzunehmen ist, sondern bei denen die abnormen Eigenschaften durch eine besonders starke Atomaffinität zwischen dem Metall und einem dem Säurerest angehörigen Atom bzw. Atomkomplex bedingt werden; es scheint eben, daß bei manchen Schwermetallatomen eine individuelle Vorliebe für andere metalloide Atome vorhanden ist. Bekanntlich weisen gewisse Atomgruppierungen, z. B. mit Eisen-Sauerstoff-, Quecksilber-Stickstoff-, Quecksilber-Kohlenstoffbindung, ferner gewisse Metallverbindungen mit schwefelhaltigen Säureresten häufig sehr beträchtliche Beständigkeit, geringe Metallionenkonzentration und häufig auch abnorme Farbe auf, die zweifellos mit der großen Atomaffinität[1]) in Beziehung steht. Es mögen hier folgende Beispiele genannt werden, die teilweise allerdings noch einer eingehenden Untersuchung harren.

1. Ferrisalze der Karbonsäuren: Essigsäure und Homologe, Oxysäuren usw.; die Verbindungen sind teilweise intensiv braun bis rotbraun. Schon W. Wislicenus[2]) machte darauf aufmerksam, daß hier die Eisen-Sauerstoffbindung einen Chromophor darstellt.

2. Das dreiwertige Eisen bildet ferner mit manchen schwefelhaltigen Radikalen sehr wenig dissoziierte Verbindungen, die, wie das bekannteste Beispiel, Ferrirhodanid $Fe(SCN)_3$, intensiv farbig sind.

3. Nickel und Kobalt bilden mit manchen schwefelhaltigen Resten intensiv farbige „Salze" von enorm geringer Ionenkonzentration; als Beispiele mögen die Nickel- und Kobaltverbindungen der Xanthogensäure $C_2H_5O \cdot C:S \cdot SH$ angeführt werden.

Quantitative Beobachtungen auf diesem Gebiete verdankt man A. Byk[3]), der die Absorptionsspektren einer großen Zahl von Kupfer-Alkaliverbindungen organischer Hydroxylkörper, mehrwertiger Alkohole (Glykol, Glyzerin, Adonit), Oxysäuren (Glykolsäure, Glyzerinsäure, Weinsäuren, Milchsäure, Mandelsäure), Oxyaldehyde und Oxyketone (Fruktose, Glukose usw.) untersuchte. Alle diese Verbindungen besitzen die undissoziierbare Kupfer-

Sauerstoffbindung: $Cu-O-C-$, die optisch dadurch charakterisiert ist, daß die Absorption dieser Stoffe, wie der Kupferalkaliverbindung der Weinsäure im Ultraviolett, sehr weit nach längeren

1) Vgl. H. Ley u. K. Schaefer, Ztschr. f. phys. Chem. **42**, 692.
2) Tautomerie; Sammlung Ahrens 1897.
3) Ztschr. phys. Chem. **61**, 1.

Wellen verschoben ist im Vergleich zu der Absorption der organischen Hydroxylverbindung sowie des Kupferions.

In sehr bemerkenswerter Weise äußert sich die Atomaffinität optisch bei den Halogenverbindungen des Quecksilbers[1]). Die im Ultraviolett liegende Absorption der Halogenverbindungen HgX_2 ist im Vergleich zu der Summe der Absorptionen, die den Ionen $Hg^{..}$ und $2X'$ zukommen, nach Rot verschoben, und zwar ist dieser Effekt beim Jodid am größten.

Offenbar wirken auch bei Metallverbindungen gewisse Bindungen auxochrom (bzw. bathochrom) und es liegt nahe, diese Wirkungen elektroatomistisch in analoger Weise zu erklären, wie bei den rein organischen Verbindungen (s. S. 74). Wahrscheinlich enthalten auch die Metallatome gelockerte Valenzelektronen, die in manchen undissoziierbaren Verbindungen eine wesentliche Vergrößerung ihres Lockerungskoeffizienten erfahren.

Das genauere Studium der farbigen Organometallverbindungen sowie der inneren Komplexsalze ist auch für das Farbproblem der rein organischen Verbindungen von einigem Nutzen. Es wurde schon darauf hingewiesen, daß die strukturchemischen Anschauungen auch in der organischen Chemie nicht ausreichen, um feinere Bindungsverhältnisse innerhalb des Moleküls zu erklären, die mit der Lichtabsorption desselben im Zusammenhang stehen. Auch den durch Valenzen gewöhnlicher Art gebundenen organischen Radikalen muß man ähnlich den Metallen Residualaffinitäten zuschreiben und die Art und Weise ihrer Betätigung spielt wie bei den inneren Komplexsalzen für die Farbigkeit des Moleküls eine wichtige Rolle. Bei letzteren Verbindungen werden aber alle Nebenvalenzbetätigungen am vorbildlichsten studiert werden können, da bei Gegenwart eines Metalls die Beziehungen zu anderen physikalischen Eigenschaften in vielen Fällen exakter durch Maß und Zahl ausdrückbar sind, als bei Gegenwart eines organischen Radikals. Schließlich sind die farbigen Metalle unsere einfachsten Chromophore, die schon aus diesem Grunde eines eingehenden Studiums wert sind.

Es ist zu erwarten, daß man für diese Valenzäußerungen und die damit in Verbindung stehenden Farbänderungen ebenfalls eine elektroatomistische Deutung finden wird.

---

[1]) Ley, unveröff. Beobachtungen.

Zweiter Teil.

Methodisches.

A. Spektroskope und Spektrographen.

In diesem zweiten Teile sollen die in Betracht kommenden wichtigsten Beobachtungsmethoden und die hierzu notwendigen Apparate, nämlich Spektroskope bzw. Spektrographen und Spektralphotometer kurz abgehandelt werden. Es soll hier weniger auf die Theorie der Apparate als auf eine Beschreibung der wichtigeren Typen sowie deren Anwendungen eingegangen werden, die sich für die vorliegenden Zwecke der Absorptionsspektralanalyse besonders eignen, bei der in der größeren Zahl der Fälle eine Genauigkeit, wie sie die Emissionsspektralanalyse erfordert, illusorisch ist. Den Bedürfnissen des chemischen Laboratoriums entsprechend wurden in erster Linie konstruktiv einfache Apparate, besonders Prismenspektroskope berücksichtigt. Etwas ausführlicher wurde die Methode der Spektroskopie im Ultraviolett beschrieben. Für die praktische Beschäftigung mit diesem Gegenstande sei besonders die Spektroskopie von E. C. C. Baly (übersetzt von Wachsmuth) empfohlen; in K. Schaums Photochemie findet man eine eingehende Berücksichtigung der Theorie der spektroskopischen Erscheinungen. Von anderen Büchern seien noch erwähnt: Kohlrausch, Praktische Physik; Wiedemann-Ebert, Physikalisches Praktikum, und Baur, Spektroskopie. Es ist selbstverständlich, daß jeder, der sich über die letzten Fragen auf diesen Gebieten orientieren will, auf das oft genannte Handbuch Kaysers zurückgreifen muß.

---

1. Einfacher Spektralapparat nach Kirchhoff-Bunsen.

Der Spektralapparat nach Kirchhoff-Bunsen, von dem nachstehend ein Modell aus der Werkstätte von Steinheil abgebildet ist, besteht im wesentlichen aus 4 Teilen: dem Prisma, dem Spaltrohr (Kollimatorrohr), dem Beobachtungsfernrohr und dem Skalenrohr. Fig. 39 erläutert den Strahlengang in dem Apparat. Das Licht der weißen Lichtquelle fällt auf den Spalt s,

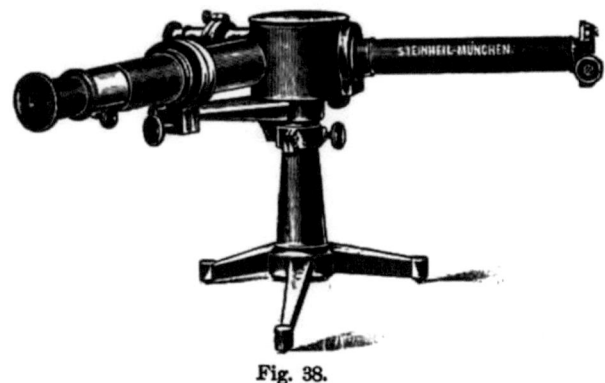

Fig. 38.

der im Brennpunkt einer Linse l steht, so daß ein paralleles Strahlenbündel auf das Prisma P fällt, durch das die Zerlegung in die farbigen Strahlenbündel r—v bewirkt wird. Die Linse l_1

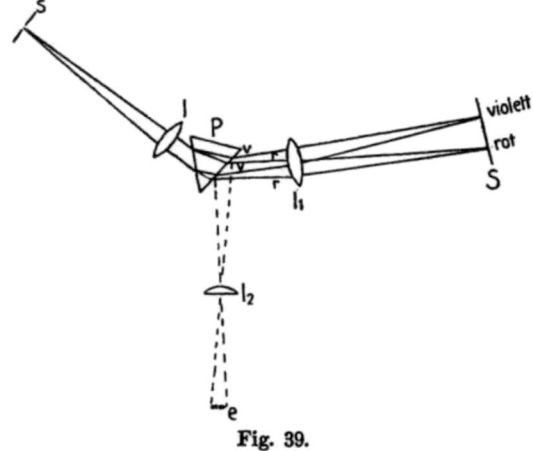

Fig. 39.

vereinigt die das Prisma verlassenden farbigen Strahlenbündel wieder zu farbigen Spaltbildern, deren Gesamtheit das Spektrum S

darstellt, das durch eine Lupe betrachtet wird [1]). Zur genaueren
Einstellung ist ein Fadenkreuz in der Brennebene der Linse angebracht. Um sich über die Lage der einzelnen Spektralregionen
zu orientieren, dient das Skalenrohr; im Brennpunkt der Linse l_2
befindet sich eine kleine, auf Glas photographierte Skale (photo-
graphisches Negativ einer gewöhnlichen Skale mit willkürlicher
Teilung), die durch eine Lichtquelle schwach erleuchtet wird; die
von der Skale ausgehenden und durch die Linse parallel ge-
machten Strahlen werden von der Prismenfläche reflektiert und
von der Linse zu einem Bilde der Skale vereinigt. Das durch
das Okular des Beobachtungsfernrohres blickende Auge sieht in
der Regel die Skale direkt über dem Spektrum. Zur Entfernung
fremden Lichtes wird das Prisma mit einem Tuch oder einer geeigneten Kappe bedeckt.

Falls es sich um einen besonders subtilen Vergleich zweier
Spektren handelt, z. B. des kontinuierlichen Spektrums der Licht-

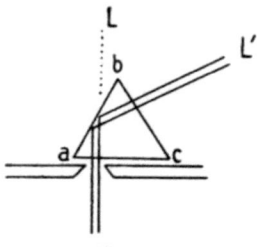

Fig. 40.

quelle und des Absorptionsspektrums oder zweier Absorptionsspektren, so ist es häufig wichtig, diese Spektren direkt übereinander beobachten zu können. Man erreicht dies in einfachster
Weise durch ein kleines gleichseitiges Glasprisma, das vor der
unteren Hälfte des Spaltes angebracht wird (s. Fig. 40). Die obere
Hälfte des Spaltes erhält dann Licht der Lichtquelle L in der
Richtung der optischen Achse, die untere, mit dem Prisma a b c
verdeckte, erhält lediglich Licht von der seitlich stehenden Lichtquelle L′, indem der senkrecht zu b c einfallende Strahl an der

---

1) Das Prisma hat eine solche Stellung, daß für Licht mittlerer Wellenlänge, z. B. gelbes Natriumlicht, die Ablenkung ein Minimum ist.

Fläche a b total reflektiert wird; im Fernrohr sieht man somit zwei Spektren, unten das von L, oben das von L' ausgehende.

2. Spektroskope mit größerer Dispersion.

Um eine größere Auflösung des Spektrums zu erzielen, verwendet man Apparate mit zwei oder mehreren Prismen. Bei dem Apparat von Krüß, mit automatischer Einstellung des Minimums der Ablenkung, der sich für Laboratoriumszwecke eignet[1]), sind zwei oder mehr Flintglasprismen vorhanden und das Fernrohr mit Fadenkreuz ist längs einer Teilung meß-

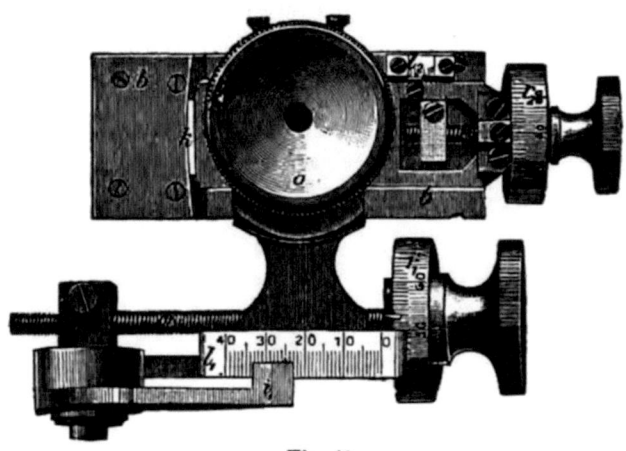

Fig. 41.

bar verschiebbar. Diese mit dem Fernrohr verbundene Meßvorrichtung ist in der obigen Skizze wiedergegeben (Fig. 41). Das Beobachtungsfernrohr O wird samt seinem Träger durch eine lange Mikrometerschraube m_1 um die vertikale Achse des Instrumentes bewegt. Die ganzen Umdrehungen der Schraube sind an einer Teilung l_1 mit Hilfe des Index i_1 abzulesen; diese Teilung befindet sich an der Stirnseite des Fernrohrträgers dicht unter dem Okular, so daß die Ablesung äußerst bequem zu bewerkstelligen ist. Um eine Spektrallinie zu fixieren, wird das Fadenkreuz auf diese gerichtet und die Stellung an der Teilung l_1 und

---

1) Zu beziehen von Krüß in Hamburg.

der Mikrometerschraube i_l abgelesen. (In der obigen Figur ist außerdem noch ein Okularspalt gezeichnet.) Die Apparate enthalten in der Regel noch ein Skalenrohr, doch ist dieses entbehrlich. Es empfiehlt sich, an Stelle der Skala eine Mattscheibe anzubringen, die durch ein davor gestelltes Flämmchen schwach erleuchtet werden kann. Bei lichtschwachen Linien ist das Fadenkreuz oft schwer erkennbar und die Einstellung schwierig. In diesem Falle wird die Metallscheibe schwach erleuchtet, wodurch das Fadenkreuz sichtbar wird; durch allmähliche Abschwächung der Beleuchtung gelingt es in der Regel leicht, Fadenkreuz und Linie zur Koinzidenz zu bringen.

Man kann sich in derartigen Fällen manchmal auch so helfen, daß man zunächst bei weiter gestelltem Spalt beobachtet, und die definitive Einstellung bei engem Spalt macht.

Handelt es sich um besonders lichtschwache Spektren, so sind die z. B. von Hilger konstruierten Okulare sehr bequem, bei denen sich an Stelle des Fadenkreuzes ein äußerst feiner und polierter Zeiger befindet, der von oben beleuchtet werden kann; außerdem kann seitlich eine Blende eingeschoben werden, wodurch störende Teile des Spektrums abgeblendet werden können[1].

3. Spektroskop mit festem Arm.

Für die Zwecke des Laboratoriums ist auch ein neuerdings von Hilger-London konstruiertes Spektroskop sehr geeignet, das direkte Ablesung auf Wellenlängen gestattet. Bei diesem Spektroskop mit „festem Arm" sind Spaltrohr und Fernrohr unter einem Winkel von 90^0 gegeneinander geneigt fest aufgestellt. Das Prisma, ein solches mit konstanter Ablenkung, kann als eine Kombination zweier 30^0 Prismen mit einem total reflektierenden 90^0 Prisma betrachtet werden. Fig. 42 zeigt den Strahlengang durch ein derartiges Prisma. Fällt ein Lichtstrahl unter dem Minimum der Ablenkung auf die Kante A B auf, mit dem Einfallswinkel i, so durchläuft er das Prisma parallel B C, wird an der Fläche A D total reflektiert, trifft senkrecht auf das Prisma B D E, durchläuft dieses parallel der Fläche D E und tritt aus der Fläche B E unter dem Winkel e mit dem Einfallslot aus. Man erkennt nun, daß die Winkel i und e gleich sein müssen, und daß der ein-

---

1) Zu beziehen von A. Hilger, London.

tretende und austretende Strahl einen Winkel von 90⁰ miteinander bilden, ferner haben die verschiedenen Strahlen, die bei der Drehung des Prismas in das Gesichtsfeld treten, das Prisma unter dem Minimum der Ablenkung durchlaufen. Das aus einem massiven Glasstück gefertigte Prisma mit den Winkeln von 90, 75, 135 und 60 Graden ist bei der Hilgerschen Anordnung auf einem Tisch montiert, der durch eine Schraube drehbar ist; mit dieser ist eine Trommel mit Schraubengang verbunden, auf dem die Wellenlängen vermittelst eines mit der Schraube in Verbindung stehenden Index abzulesen sind. Das Prisma wird durch eine Schraube auf dem Tischchen festgeklemmt. Zur Einstellung des Instrumentes läßt

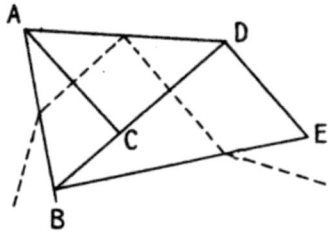

Fig. 42.

man homogenes, z. B. Na-Licht oder He-Licht auf den Spalt fallen, stellt die Trommel auf die betreffende Wellenlänge ein und bewegt das Prisma so lange auf dem Tischchen, bis die betreffende Linie im Fadenkreuz steht[1]).

4. Spektrographen.

Viel wichtiger als die subjektive Methode der Beobachtung ist die photographische Fixierung des Spektrums mit Hilfe des Spektrographen[2]), bei der man von mancherlei Fehlern des Auges frei ist. Fast jeder Spektralapparat läßt sich in einen Spektrographen umwandeln, indem man an Stelle des Okulars eine photographische Kamera ohne Objektiv setzt.

Einen sehr einfachen und für manche Zwecke, für die keine große Genauigkeit erforderlich ist, brauchbaren Apparat erhält man nach Vogels Vorschlag, indem man das Objektiv einer photo-

---

1) Genaueres ersieht man aus den Hilgerschen Katalogen.

2) Derartige Apparate werden geliefert von: Steinheil, München; Krüß, Hamburg; Fueß, Steglitz; Hilger, London usw.

graphischen Kamera durch ein geradsichtiges Spektroskop ersetzt und die Kassette verschiebbar macht, so daß es möglich ist, mehrere Aufnahmen (10—30) auf eine Platte zu bringen. Letzteres ist wichtig, da ja erst eine Reihe von Aufnahmen unter verschiedenen Bedingungen der Konzentration bzw. Schichtdicke über den Charakter des Spektrums einer Lösung unterrichten kann.

Auch bei den von Steinheil, Krüß, Fueß u. a. gebauten Prismenspektroskopen läßt sich in der Regel das Fernrohr leicht durch eine photographische Einrichtung ersetzen[1]).

5. Gitterapparate.

An Stelle der Prismen kann man in den Spektroskopen und Spektrographen auch Gitter (Plangitter oder Konkavgitter) benutzen[2]). Bekanntlich werden die Farben im Gitterspektrum proportional ihrer Wellenlänge abgelenkt. Die Gitter erzeugen Normalspektren im Gegensatz zu den von Prismen gelieferten Dispersionsspektren. Um eine Idee hiervon zu geben, ist das Spektrum der Sonne mit den Fraunhoferschen Linien A—H mit einem Gitter- und Prismenspektroskop von ungefähr gleicher Dispersion aufgenommen. Für jedes Spektrum ist die Abhängigkeit der Lage der Linien von der Wellenlänge nach dem S. 220 genannten einfachen Verfahren angegeben. Wie die Fig. 43 ohne weiteres erkennen läßt, sind im Prismenspektrum die weniger brechbaren Strahlen stark zusammengedrängt.

Ein Vorzug der Gitterspektroskope ist in der Regel ihre größere Dispersion, ein Nachteil ihre geringere Lichtstärke im Vergleich zu den Prismenspektroskopen.

6. Anforderungen an das Spektroskop.

An ein Spektroskop sind im allgemeinen zwei Anforderungen zu stellen. Die damit erzeugten Spektren sollen

1. möglichst große Helligkeit,

2. möglichst große Reinheit besitzen, wozu noch Strahlen aufgelöst werden sollen, die sehr kleine Unterschiede in ihren Wellenlängen haben.

Die Helligkeit hängt in erster Linie ab von der Dispersion, der Länge des Spektrums und ist dieser umgekehrt proportional.

---

1) Siehe die von den Firmen herausgegebenen Kataloge.
2) Über die Theorie der Gitter s. u. a. Baly, Spektroskopie.

Ferner hängt die Helligkeit von der Menge des eintretenden Lichtes, somit von der Breite des Spaltes, dem Durchmesser und der Brennweite der verwendeten Linsen ab.

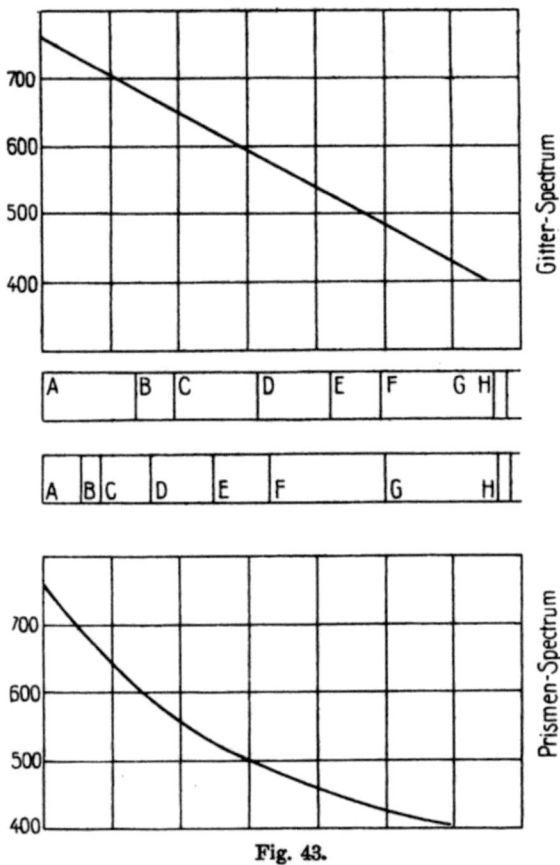

Fig. 43.

Da das Auge bei sehr kleinen und sehr großen Lichtintensitäten nicht mehr fähig ist, gewisse Intensitätsunterschiede wahrzunehmen, die bei einer mittleren Lichtstärke noch gut erkennbar sind, so kann es vorkommen, daß in einem lichtschwachen Apparat eine wenig ausgeprägte selektive Absorption völlig übersehen wird

Man könnte ferner daran denken, daß eine möglichst große Dispersion des Apparates wünschenswert sei; man hat zwar hierbei den Vorzug genauerer Ablesung, was bei Linienspektren ins Gewicht fällt, jedoch den Nachteil, daß wieder schwache Banden nicht deutlich erkannt werden können. Zur Untersuchung von Absorptionsspektren sind deshalb Apparate mit kleiner Dispersion (einem Prisma) vorzuziehen[1]).

7. Quarzspektrographen.

Für Messungen im Ultraviolett kommen nur Spektrographen in Frage, die sich von den früher beschriebenen dadurch unterscheiden, daß die notwendige Optik, Prisma und Linsen aus Quarz bestehen. Derartige Apparate werden von Steinheil, Fueß, Hilger u. a. gebaut. Letztere Firma bringt neuerdings einen Quarzspektrographen in den Handel, dessen Linsen derartig korrigiert sind, daß das gesamte sichtbare und ultraviolette Spektrum (ca. 200 mm lang) von 800—200 $\mu\mu$ scharf abgebildet wird.

Es sei hier der von Steinheil konstruierte Quarzspektrograph kurz beschrieben, mit dem die Spektralaufnahmen Tafel I gemacht sind und von dem Fig. 44 eine Abbildung gibt[2]). Das Prisma ist ein Cornuprisma (40 mm hoch), die Linsen sind einfach korrigierte Quarzlinsen von 40 mm Öffnung und 40 cm Brennweite, also einer Helligkeit von 1:10; die photographische Platte steht zur optischen Achse geneigt. Sämtliche drehbaren Teile des Apparates sind mit Teilungen versehen, wodurch die Einstellung des Spektrographen wesentlich erleichtert wird: der Spaltschlitten S, die Triebvorrichtung T am Kollimatorrohr B, das Kameraobjektiv T_1, der Prismentisch P, der Ablesekreis K der Kamera, ferner die Vorrichtung zum Schrägstellen der Kamera bei D, sowie die Längsverschiebung derselben bei S_1. Die Kassette ist meßbar verschiebbar, so daß ca. 22 Spektren von etwa 2 mm Höhe auf die Platte gebracht werden können. Außerdem enthält der Apparat noch ein Skalenrohr, das aber entbehrlich ist.

Die Einstellung und Justierung des Spektrographen ist eine ziemlich mühsame Arbeit. Zunächst werden wie bei jedem anderen Spektroskop bzw. Spektrographen die optischen Achsen des Kollimators und der Kamera mit dem durch das Prisma gelegten Hauptschnitt in eine Ebene gebracht, dann wird das Kollimatorrohr auf

---

1) Näheres siehe Kayser, Handb. III.
2) Genaueres s. Lehmann, Zeitschr. f. Instrumentenkunde 24, 230, 1904.

Unendlich und das Prisma auf das Minimum der Ablenkung für mittlere Strahlen im Ultraviolett eingestellt. Diese Einstellungen werden zunächst approximativ gemacht, sodann hat die Einstellung auf Schärfe auf photographischem Wege zu erfolgen, indem bei

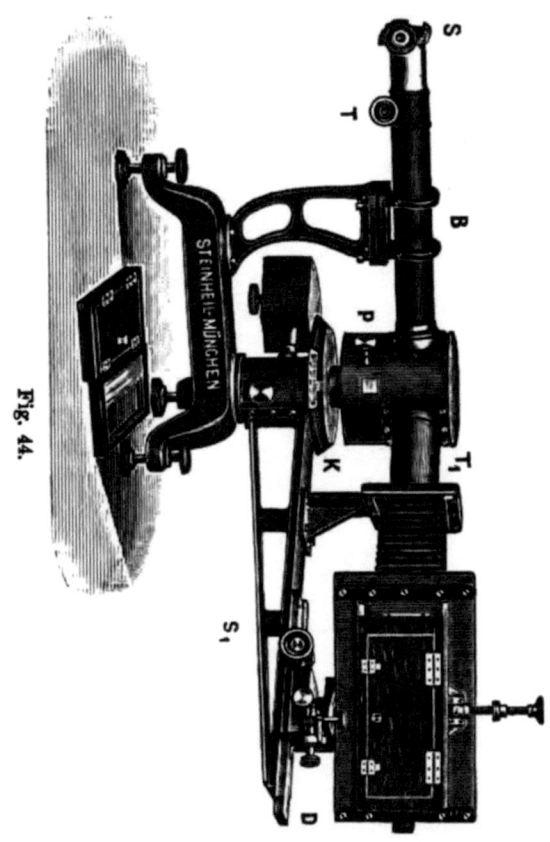

Fig. 44.

verschiedenen Stellungen des Prismas, des Kameraobjektivs sowie der Kamera (Armstellung, Längs- und Schrägstellung) Aufnahmen eines Linienspektrums (Fe-Bogen) gemacht werden. Man variiert systematisch so lange, bis die größte Schärfe erreicht ist[1]).

1) Über genauere Methoden s. die zitierte Abhandlung von Lehmann.

8. Eichung des Spektroskops.

Die Eichung der Skala nach Wellenlängen geschieht dadurch, daß man die Koinzidenz von Spektrallinien bekannter Wellenlänge mit den entsprechenden Stellen auf der Skala oder der anderen Meßvorrichtung ermittelt und die ganze Skala durch graphische Interpolation auswertet. Bei den Apparaten von Bunsen-Kirchhoff dreht man das Skalenrohr derartig, daß die durch eine geeignete Vorrichtung erzeugte Linie der Natriumflamme auf einem bestimmten Teilstrich, z. B. 50, steht und schraubt das Rohr in dieser Stellung fest. Bei schwachen Linien (Kaliumflammen) macht die Einstellung häufig Schwierigkeiten.

Als Eichungslinien eignen sich sehr gut die des Heliumspektrums. Die wichtigsten Linien sind folgende (A.-E.):

rot: 6678,
gelb: 5876 (sehr hell),
grün: 5048 (leicht verdeckt), 5016 (hell),
blau: 4713 (hell) 4922,
violett: 4472 (hell).

Auch Wasserstofflinien können mit Vorteil benutzt werden; besonders hervortretend sind Linien:

rot: 6563 A.-E. $H\alpha$ (C),
blaugrün: 4861 $H\beta$ (F),
blau: 4341 $H\gamma$,
violett: 4102 $H\delta$ (h).

Im Spektrum des elektrisch erregten Quecksilberdampfes, das sich ebenfalls für Eichungszwecke eignet, sind besonders folgende Linien zu beobachten:

violett: 4047, 4078 A.-E.,
blau: 4359, 4916,
grün: 5461,
gelb: 5769, 5790,
rot: 6152.

Von Salzen, die in der nichtleuchtenden Bunsenflamme verdampft werden, kommen für den vorliegenden Zweck besonders folgende in Betracht:

NaCl; gelb: 5893 (5890; 5896) A.-E.,
KCl; rot: 7702, blau: 4046,
LiCl; rot: 6708, 6102,

RbCl; rot: 6299,
CsCl; rot: 6219; blau 4597, 4560,
$SrCl_2$; blau: 4608,
TlCl; grün: 5351.

Statt der Chloride können auch die Nitrate oder Formiate benutzt werden. Es ist zu beachten, daß bei größerer Dispersion, z. B. bei dem S. 212 erwähnten Krüßschen Apparat die Natriumlinien doppelt erscheinen; die Entfernung der beiden Linien beträgt 6 A.-E.

Schließlich lassen sich zur Eichung auch vorteilhaft die Fraunhoferschen Linien des Sonnenspektrums verwenden. Die wichtigsten Linien sind folgende:

Im Rot	A	7594 A.-E.,		Im Grün	E	5270,
„	B	6867,		„ Blau	F	4861,
„	C	6563.		„ „	G	4308,
Im Gelb	$D_1(D_2)$	5896 (5890).		„ Violett	H	3969.

Was die Anstellung der Beobachtungen betrifft, so soll die Lichtquelle (Spektralrohr, Bunsenflamme usw.) in geeigneter Entfernung (5—10 cm) vom Spalt stehen, und zwar in der Verlängerung der optischen Achse. Um möglichst scharfe Linien zu erhalten, ist es nötig, bei engem Spalt zu beobachten; doch ist es in der Regel ratsam, zur Erzielung größerer Lichtstärken zuerst bei weiterem Spalt zu beobachten und die definitive Einstellung bei engem Spalt vorzunehmen.

Zur Beobachtung der Fraunhoferschen Linien läßt man das Licht der Sonne oder des hellen Himmels auf den eng gestellten Spalt fallen.

Hat man die Lage einer hinreichend großen Zahl von Linien im Spektroskop ermittelt, so werden die Resultate graphisch auf Koordinatenpapier dargestellt und als Abszissen die Teilstriche der Skala oder anderen Meßvorrichtung, als Ordinaten die den gemessenen Linien zukommenden Wellenlängen bzw. Schwingungszahlen aufgetragen (s. Fig. 43).

9. Beobachtung der Absorptionsspektren im Sichtbaren.
Absorptionsapparate.

Versuchsanordnung. Die zu untersuchende Lösung wird in einem geeigneten Gefäß zwischen Lichtquelle und Spektral-

apparat gestellt. Als Lichtquelle verwendet man Auerlicht oder
besser Nernstlicht. Um von dem direkten Licht möglichst wenig
gestört zu werden, ist es nötig, die Lichtquellen mit geeigneten
Schirmen zu umgeben; Fig. 45 zeigt die Anordnung. Als Absorp-

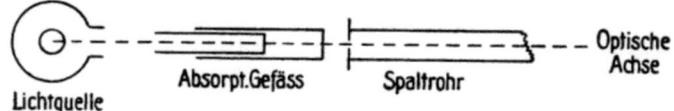

Fig. 45.

tionsgefäß benutzt man entweder Küvetten mit planparallelen
Wänden (Leybold, Köln), von denen man mehrere mit verschiedenen Schichtdicken haben muß oder zweckmäßiger das von
Baly und Desch empfohlene Absorptionsgefäß, das in Fig. 46
abgebildet ist und das in einem geeigneten Stativ befestigt wird.

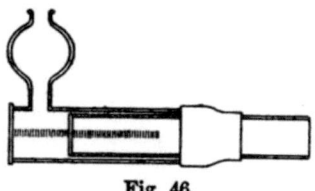

Fig. 46.

Das Gefäß[1]) besteht aus zwei ineinander verschiebbaren, mit
Glas- oder Quarzplatten[2]) verschließbaren Glasröhren, von
denen das weitere äußere Rohr noch ein Reservoir zur Aufnahme
der Flüssigkeit besitzt; die beiden Rohre werden durch ein Stück
Gummischlauch abgedichtet und ermöglichen es, mit Hilfe einer
am äußeren Rohr angebrachten Skala die Schichtdicke in kürzester
Zeit zu variieren[3]). Zur Vermeidung von Reflexen ist in das
innere Rohr eine Hülse von schwarzem Papier einzuschieben.

1) Von F. R. O. Goetze, Leipzig, zu beziehen.

2) Für die später zu besprechenden Absorptionen im Ultraviolett.

3) Man achte darauf, daß die mit den planparallelen Platten zu ver-
schließenden Enden der Rohre genau senkrecht zur Achse derselben geschliffen
sind. Je nach dem anzuwendenden Lösungsmittel müssen die Platten mit
anderen Kitten befestigt werden; als geeignet haben sich erwiesen: für Wasser:
Schellack (Siegellack); für Alkohol: Chloroform, Äther, Essigäther, Eisessig
usw.: Syndetikon; für Schwefelsäure (konz.) und Natronlauge: Mischung von
Wachs und Kolophonium oder Syndetikon mit Paraffinüberzug, so daß die
Flüssigkeiten nur mit dem Paraffin in Berührung kommen.

Lichtquelle sowie Absorptionstrog sollen in der Verlängerung der optischen Achse des Apparates liegen. Man stellt die Lichtquelle in passender Entfernung auf, bis bei geeigneter Spaltbreite das Spektrum rein erscheint und setzt dann das Absorptionsgefäß dazwischen.

Schwierigkeiten treten auf, wenn die Absorptionsbanden verwaschen sind oder die Absorption an Stellen für das betr. Auge geringer Empfindlichkeit liegt; in diesen Fällen macht man bei gut ausgeruhtem Auge mehrere Einstellungen sowohl von der roten als auch violetten Seite her und nimmt schließlich das Mittel aus allen Beobachtungen. Die Ergebnisse werden nach der von Hartley-Baly angegebenen Methode dargestellt (s. S. 12).

Die Messung der Absorptionsspektren mit Hilfe des Spektrographen unter Benutzung kontinuierlicher Lichtquellen (Nernstlampe) geschieht folgendermaßen: Zunächst überzeugt man sich, daß der Apparat richtig eingestellt ist, indem man auf der Mattscheibe der photographischen Einrichtung das Spektrum des Heliums oder Wasserstoffs beobachtet, die Linien sollen bei richtig eingestelltem Spalt völlig scharf erscheinen. Dann wird wie bei der vorigen Anordnung die Lichtquelle sowie das Absorptionsgefäß vor dem Spalt aufgestellt. Je nach der Lichtstärke des Apparates, Breite des Spaltes, Entfernung der Lichtquelle ist die Belichtungszeit zu wählen, die durch Vorversuche zu ermitteln und innerhalb der einzelnen Versuchsserien konstant zu halten ist. Die Belichtungszeit kann innerhalb weiter Grenzen variieren. Hat man viele Aufnahmen zu machen, so ist es zweckmäßig, die kontinuierliche Lichtquelle (Nernstlampe), sowie das Heliumrohr so aufzustellen, daß durch einfache Zwischenschaltung eines total reflektierenden Prismas (etwa wie bei der Neukonstruktion des Pulfrichschen Refraktometers) beide Lichtquellen bequem ausgewechselt werden können.

Bei Benutzung eines Spektrographen ist es erforderlich, außer der Serie von Absorptionsaufnahmen noch zwei Aufnahmen (oben und unten) eines Funkenspektrums (z. B. Helium) zu machen. Um die Absorptionsgrenzen auf derartigen Platten in Wellenlängen oder Schwingungszahlen festzustellen, verfährt man zweckmäßig folgendermaßen. Man zeichnet auf Koordinatenpapier die Heliumlinien in gleicher Weise auf, wie sie auf der Platte erscheinen, so daß durch Auflegen der Platte auf das Papier die Linien genau zur Deckung gebracht werden. Außerdem befindet sich auf dem

Koordinatenpapier die Kurve, die die Ablesung in Wellenlängen oder Schwingungszahlen gestattet (s. S. 214).

———

Mit Hilfe des Baly-Gefäßes lassen sich Schichtdicken bis zu 4 bis 5 mm gut untersuchen. Für sehr geringe Schichtdicken, die bisweilen zur Untersuchung konzentrierter Lösungen sowie homogener Flüssigkeiten notwendig sind, ist von K. Schaefer[1] ein sehr zweckmäßiges Absorptionsgefäß konstruiert worden, der auch geeignete Vorrichtungen zur Untersuchung der Absorption von Dämpfen angegeben hat[1]).

10. Messungen im Ultraviolett. Methode von Hartley-Baly.

Als Lichtquelle verwendet man für gewöhnliche Zwecke nach Baly Eisenlichtbogen (s. S. 239), der in einer Entfernung von ca. 0,5 m vom Spalt aufgestellt wird; letzterer ist eng (ca. 0,1 mm) zu wählen, damit möglichst scharfe Bilder erhalten werden. Die Belichtungszeit hängt natürlich von der Spaltweite, der Lichtstärke des Apparates und der Entfernung der Lichtquelle ab und ist durch Vorversuche auszuprobieren. Für den großen Steinheil-Apparat genügen bei 0,1 mm Spaltweite und 0,5 m Entfernung der S. 239 beschriebenen Lichtquelle ca. 20 Sekunden.

Man reguliert zunächst die Lichtquelle; die Höhe (Mitte der Elektroden) muß mit der Höhe der Spaltmitte übereinstimmen. Ob die Lichtquelle in der Verlängerung der optischen Achse steht, läßt sich angenähert feststellen, indem man über den Spalt und einen mittleren Punkt auf dem Spaltrohr visiert. Glaubt man die richtige Stellung gefunden zu haben, so macht man eine Aufnahme des Eisenbogens bei verschiedener seitlicher Stellung der Lichtquelle, die man längs einer Skala verschiebt und wird so bald die richtige Stellung der Lichtquelle gefunden haben. Zweckmäßig wird die Stellung durch eine Marke bezeichnet. Die richtige Aufstellung des Balygefäßes, das sich auf einem passenden Stativ befindet, erkennt man daran, daß sich die planparallelen Platten des Absorptionsgefäßes scharf auf dem Spalt abzeichnen.

Bei der Untersuchung einer Lösung beginnt man zweckmäßig mit der größten Konzentration (1,0 —, 0,1 —, 0,01-norm., je nach

———

1) Zeitschr. f. wiss. Photogr. 8, 223.

der Durchlässigkeit) und untersucht bei verschiedenen Schichtdicken, etwa den folgenden:

mm: 100, 80, 60, 50, 40, 35, 30, 25,
20, 17, 15, 12, 10, 8, 6, 5.

Man legt zunächst die Platte an die Kassette, bedeckt den
Spalt mit einem Stück Karton und setzt den Lichtbogen in Gang.
Bei vorgesetztem Absorptionsgefäß hebt man den Karton vom
Spalt, belichtet bestimmte Zeit und bedeckt dann wieder den Spalt.
Nachdem das Absorptionsgefäß auf eine andere Schichtdicke eingestellt ist, schiebt man die stets geöffnete Kassette um eine betreffende Anzahl Teilstriche weiter, belichtet wieder usf. Nach
Beendigung obiger Serie, Entwicklung und Fixierung der Platte
wird mit der verdünnteren Lösung begonnen. Man verdünnt hierzu die ursprüngliche Lösung auf das Zehnfache und macht eine
neue Serie bei ähnlichen Schichtdicken wie oben angegeben. Ge-
horcht die Substanz dem Beerschen Gesetz (s. S. 10), so sind die
Spektren bei

100, 80, 60 mm der 0,1 norm.

mit denjenigen bei

10, 8, 6 mm der 1,0 norm.

Lösung identisch.

Die Untersuchung ist natürlich beendet, wenn der Eisenbogen
vollständig auf der Platte erscheint. Ein wesentliches Erforder-
nis zur Erzielung untereinander vergleichbarer Resultate ist die
Gleichmäßigkeit der Lichtquelle. Ändert sich die Lichtintensität
des Eisenbogens zwischen mehreren Aufnahmen wesentlich [1]), so
kann dieser Umstand zu groben Täuschungen führen. Man achte
deshalb darauf, daß bei allen Aufnahmen die Intensität der Eisenlinien ungefähr gleich ist.

Zur Ausmessung des Spektrums muß man im Besitz einer
Standardplatte sein, bei der die Wellenlängen — oder mit Rücksicht auf die graphische Darstellung der Absorptionsspektren die
Schwingungszahlen — möglichst vieler Linien des Eisenbogens
angegeben sind. Zur Ausmessung des Spektrums wird die Standardplatte auf die photographische Platte gelegt, bis die Linien zur
Deckung gebracht sind und die letzten Linien, die die Grenzen
der Absorption bezeichnen, in r. A.-E. abgelesen. Diese ziemlich
ermüdende Operation soll möglichst unter gleichen Beleuchtungs-

---

1) Indem sich z. B. an den Elektroden Eisenoxyd ansetzt (s. S. 239).

verhältnissen vorgenommen werden. Entweder liest man derartig ab, daß man Platte und Standard gegen den bedeckten Himmel richtet oder besser, man legt diese auf eine von unten beleuchtete Milchglasscheibe (etwa eine Glühlampe mit weißem Schirm). Ist eine große Genauigkeit zur Ausmessung der Spektren am Platze, so genügt diese Methode des direkten Vergleichs mit einem Standard nicht mehr; man muß dann die Ausmessung mit Hilfe eines Komparators vornehmen[1]). Für die meisten Zwecke der Absorptions-Spektralanalyse, nämlich da, wo es sich um breite mehr oder weniger verwaschene Banden handelt, genügt es, die Eisenlinien bis auf einige A.-E. abzulesen, da eine genauere Ablesung. wie die späteren Ausführungen beweisen werden, bei den unvermeidlichen Fehlerquellen ganz illusorisch ist. Die Herstellung einer Standardplatte ist eine ziemlich mühsame Arbeit, da die Identifizierung der vielen Eisenlinien schwierig ist. Das Verfahren der Herstellung soll hier nur angedeutet und im übrigen auf die Angaben von Baly[2]) verwiesen werden. Zweckmäßig wird zunächst eine Platte hergestellt, auf der außer dem Eisenbogenspektrum noch linienärmere Spektren, z. B. die Funkenspektren von Cadmium, Aluminium, Blei usw., aufgenommen sind. Einzelheiten über Wellenlängenangaben findet man in folgenden Werken:

Eder und Valenta, Beiträge zur Photochemie und Spektralanalyse (1904).

Exner-Haschek, Wellenlängen-Tabellen.

Hagenbach und Konen, Atlas der Emissionsspektren (1905).

W. M. Watts, Index of Spectra.

Eine zweckmäßige und bequeme Methode zur Herstellung einer Standardplatte beschreibt K. Schaefer[3]); er stellt von dem Spektrum des Eisenbogens zunächst eine Vergrößerung her, so daß das Spektrum ungefähr die Länge von 1 m erhält; auf der Vergrößerung werden die Schwingungszahlen in 2 Kolumnen eingezeichnet, worauf wieder eine Verkleinerung auf den ursprünglichen Maßstab angefertigt wird.

11. Fehlerquellen der Methode von Hartley-Baly.

Die bisher besprochene Methode wird in den Fällen genügend genaue Messungen des Absorptionsspektrums zulassen, wo es sich

---

1) Näheres siehe Kayser, Handbuch II; Baly, Spektroskopie.
2) Spektroskopie.
3) Jahrbuch f. wiss. Photogr. 8, 223.

um relativ breite Absorptionsbanden handelt; aber auch hier werden infolge des Vorherrschens gewisser starker Linien im Spektrum des Eisenbogens häufig Banden vorgetäuscht werden, wo es sich in Wirklichkeit um kontinuierliche Absorption handelt. In diesen Fällen wird man häufig zum Ziele kommen, indem man statt des Eisenbogens Funkenspektren anwendet, deren Linien in der betreffenden Spektralregion eine bessere Intensitätsverteilung aufweisen; so benützt Hartley u. a. Funken, die zwischen Elektroden überschlagen, von denen die eine aus einer Legierung von Cadmium und Zinn, die andere aus einer solchen von Cadmium und Blei besteht, für manche Zwecke ist auch die von Eder empfohlene Legierung aus gleichen Teilen von Cadmium, Zink und Blei von Nutzen.

Relativ am weitesten ins Ultraviolett kommt man unter Anwendung von Nickel und Eisen als Elektrode.

Auf Tafel II sind die Photographien [1] einiger Funkenspektren wiedergegeben, die nach der später mitzuteilenden Anweisung erhalten sind. Über der Serie ist das Eisenbogenspektrum dargestellt, so daß man durch Vergleich die passende Kombination auswählen kann, die eine günstigere Linienverteilung aufweist als der Eisenbogen.

Hat man derartige Messungen auszuführen, so stellt man sich auf einer Reihe von Platten die wichtigsten Funkenspektren her; man benutzt etwa folgende Metalle:

Fe, Al, Cd, Sn, Pb, Cu, Ni,

sowie die Legierungen

Cd—Sn; Cd—Pb; Eders Legierung;

aus diesen werden die möglichen Kombinationen, z. B. Al-Elektrode gegen die Elektroden von

Fe, Cd, Sn, Pb, Cu, Ni usw.

zusammengestellt.

Um die Anwendung der Funkenspektren zu illustrieren, seien noch folgende Bemerkungen gemacht: das Eisenbogenspektrum weist u. a. zwischen 3760 und 3800 eine Lücke auf; in diesem Intervall liegen zwischen zwei starken lediglich schwache Linien; wählt man nun als Lichtquelle den Funken zwischen Aluminium- und (Cadmium-)Zinn-Elektroden, so erscheinen in dem genannten Inter-

---

1) Es gilt hier dieselbe Bemerkung auf S. 139.

vall mehrere stärkere Linien, vermöge deren die Feststellung'selektiver oder kontinuierlicher Absorption in dem fraglichen Gebiet wesentlich erleichtert wird.

Die Anwendung von Funkenspektren führt auch dann in der Regel nicht zum Ziel, wenn es sich um sehr bandenreiche Absorptionsspektren handelt, wie sie bei gewissen Dämpfen und Gasen auftreten (z. B. Benzoldampf). In diesem Falle muß man seine Zuflucht zu den im Ultraviolett kontinuierlichen Lichtquellen nehmen, deren Handhabung bis jetzt allerdings noch mit beträchtlichen Unbequemlichkeiten verknüpft ist (s. S. 240). Schließlich möge erwähnt werden, daß der Funke zwischen Kohleelektroden, die mit Uran- und Molybdänoxyden imprägniert sind, ein brauchbares Spektrum liefert, das sich in einigen Regionen des Ultraviolett als beinahe kontinuierlich erweist; einige Angaben darüber sollen später gemacht werden.

Auf Tafel I sind Reproduktionen einiger Absorptionsspektren gegeben, die nach Hartleys Methode unter Anwendung des Eisenbogens erhalten sind. Fig. 1 stellt die Absorptionsverhältnisse des Benzoesäureäthylesters in 0,001 norm. alkoholischer Lösung dar, die seitlichen Zahlen bezeichnen die Schichtdicken in mm. Der Ester besitzt lediglich ein breites Band von geringer Tiefe (zwischen 3500 und 3800), die Schwingungskurve ist ungefähr mit der der Benzoesäure identisch (vgl. Fig. 19). In der mit ⟷ bezeichneten Region ist keine selektive Absorption vorhanden, die hier bei den Schichtdicken 15—5 mm sichtbare Lücke ist lediglich durch die ungünstige Linienverteilung im Spektrum des Eisenbogens verursacht.

Fig. 2, Taf. I zeigt das Absorptionsspektrum des Benzols in alkoholischer Lösung (0,1 und 0,01 norm.). Sechs der schmalen und tiefen Bänder (mit | bezeichnet) sind verhältnismäßig leicht erkennbar; es möge übrigens bemerkt werden, daß sich die Originalplatten durch weit größere Schärfe auszeichnen; die Unschärfen in den Abbildungen sind durch das Reproduktionsverfahren (Autotypie) bedingt.

Über die graphische Darstellung der Versuchsergebnisse nach Hartley-Baly wurde das Wesentliche bereits S. 13 bemerkt.

12. Lösungsmittel und Reinigung derselben.

Bei Anwendung von Lösungen setzt sich die Absorption aus der vom gelösten Stoff und vom Lösungsmittel bewirkten zusammen.

Im allgemeinen wird man den von dem gelösten Stoff herrührenden Effekt möglichst rein beobachten wollen und hat deshalb ein möglichst durchlässiges Lösungsmittel zu wählen, was für das ultraviolette Gebiet unter Umständen gewisse Schwierigkeiten macht. Sehr durchlässig sind Wasser, die niederen Alkohole, CH_3OH und C_2H_5OH, konzentrierte Schwefelsäure, Hexan.

Weniger durchlässig sind Äther, Chloroform, Essigäther.

Aceton, Benzol, Schwefelkohlenstoff, die im Ultraviolett stark absorbieren, werden nur in den wenigsten Fällen als Lösungsmittel in der kurzwelligen Spektralregion Verwendung finden können.

Es ist für die Wahl des Lösungsmittels zu beachten, daß das Absorptionsgebiet desselben von dem des gelösten Stoffes weit entfernt liegt; so ist es unzulässig, bei einem Stoff, der bei großen Schichtdicken bei ca. 4000 r. A.-E. selektiv absorbiert, als Lösungsmittel Chloroform anzuwenden. In folgender Tabelle sind für verschiedene Lösungsmittel die Absorptionsgrenzen (in r. A.-E.) verzeichnet:

Lösungsmittel	Schichtdicken (mm)		
	100	50	25
Wasser	durchlässig		
Methylalkohol	ca. 4200	4400	
Äthylalkohol	ca. 4300	durchlässig	
Äther	4200	4290	durchlässig
Chloroform	3810	3920	4000
Amylalkohol	4000	4250	
Hexan	ca. 4200		
Konz. Schwefelsäure	ca. 4000		

Über die Reinigung der Lösungsmittel für optische Zwecke sei noch folgendes mitgeteilt. Der absolute Alkohol des Handels ist meist ohne weitere Reinigung verwendbar.

Methylalkohol und Äther enthalten häufig stark absorbierende Verunreinigungen; unreiner Äther wird zweckmäßig zuerst mit verdünnter Schwefelsäure, dann mit verdünnter Kalilauge und zuletzt mit reinem Wasser ausgeschüttelt, über metallischem Natrium getrocknet und mit Hilfe einer hohen Glaskolonne destilliert, wobei nur das mittlere Drittel des Destillats verwendet wird.

Chloroform wird zuerst mit konz. Schwefelsäure, dann wiederholt mit Wasser ausgeschüttelt, über Calciumchlorid getrocknet und fraktioniert; zweckmäßig überzeugt man sich vorher von der Durchlässigkeit des käuflichen Präparates; absorbiert dieses stark, so nützt in manchen Fällen auch das beschriebene Reinigungsverfahren nicht viel; das Kahlbaumsche Präparat liefert nach der Reinigung stets ein brauchbares Solvens. Man hat darauf Rücksicht zu nehmen, daß sich Chloroform beim Aufbewahren im Licht zersetzt.

Das käufliche Hexan aus Petroleum enthält stets ungesättigte sowie in der Regel Benzolkohlenwasserstoffe. Zur Reinigung wird dasselbe mehrere Stunden lang mit dem halben Volumen Nitrierungsgemisch (8 Vol. konz. Schwefelsäure und 7 Vol. konz. Salpetersäure, spez. Gew. 1,41) und später noch 2 bis 3 mal mit rauchender Schwefelsäure geschüttelt, mit Wasser gewaschen und nach dem Trocknen über Chlorcalcium oder Natriumsulfat mittelst einer Kolonne fraktioniert; nach diesem umständlichen und verlustreichen Reinigungsverfahren erhält man ein sehr durchlässiges Präparat. Statt des teuren Hexans kann man nach Baly[1]) auch leichtsiedenden Petroläther (Kahlbaum, Siedepunkt 30—50⁰), der für Fettbestimmungen verwendet wird, benutzen; natürlich muß auch dieser vorher mit rauchender Schwefelsäure behandelt werden.

Photographisches.

Je nach dem Absorptionsgebiete ist die photographische Platte zu wählen. Die gewöhnliche Bromsilbergelatine-Platte ist für Blau, Violett und Ultraviolett empfindlich.

Für sehr schwache Lichteindrücke kommen folgende Plattensorten in Frage:

Westendorp und Wehner, Momentplatte,
Lumière, Sigma-Platte,
Lumière, violett Etikett.

Von orthochromatischen Platten, die außer den genannten Farben noch für Grün und Gelb empfindlich sind, mögen genannt werden:

Color (Westendorp und Wehner, Hamburg),
Chromo-Isolarplatte (Agfa).

Letztere Platte wird zur Vermeidung von Lichthöfen angewendet, die durch starke Kontraste hervorgerufen werden (falls

---

1) Journ. Chem. Soc. 97, 592.

sich etwa sehr lichtstarke Linien neben sehr schwachen in einem Spektrum vorfinden).

Sind außer den genannten noch orange und rote Strahlen zu photographieren, so verwendet man die sog. panchromatische Platte von Wratten und Wainwright, St. Croyden (von der Neuen photogr. Gesellschaft vertrieben). Diese Platten müssen bei völligem Dunkel verarbeitet werden.

Von Entwicklern mögen folgende Rezepte gegeben werden:

Ortol-Entwickler:

Lösung I 1000 ccm Wasser,
7,5 g Kaliummetabisulfit,
15 g Ortol (Hauff).

Lösung II 1000 ccm Wasser,
120 g krist. Soda,
1—2 g Bromkalium.

Als Entwickler wird 1 Teil I mit 1 Teil II und 1 Teil Wasser verdünnt.

Glycin-Entwickler:

Lösung I 8 g Glycin,
5 g Pottasche,
40 g krist. Natriumsulfit,
200 ccm Wasser.

Lösung II 40 g Pottasche,
400 ccm Wasser.

Zum Gebrauche wird 1 Teil I mit 2 Teilen II gemischt.

Metol-Adurol-Entwickler (Hauff) ist in Lösung fertig käuflich; man verdünnt 1 Teil mit ca. 12 Teilen Wasser und setzt einige Tropfen 10 prozentiger Bromkaliumlösung hinzu.

Bromkaliumzusatz wirkt verzögernd auf die Entwicklung und gibt härtere Negative.

Es ist zu beachten, daß manche Entwickler sehr temperaturempfindlich sind; im allgemeinen soll die Temperatur des Entwicklungsbades nicht unter 18° betragen; bei niedrigerer Temperatur vollzieht sich der Entwicklungsprozeß äußerst langsam.

Fixierbäder:

200 g Natriumthiosulfat,
1000 ccm Wasser,

50—100 ccm saure Sulfitlauge
oder:
50 g krist. Natriumsulfit,
15 g Zitronensäure,
1000 ccm Wasser,

nach völliger Lösung werden 300 g Natriumthiosulfat hinzugefügt.
Nach dem Fixieren der Platte (mindestens 15 Minuten) wird
diese ca. 1 Stunde in fließendem Wasser gewaschen und zum
Trocknen beiseite gestellt.

B. Spektralphotometer.

Mit Hilfe des Spektralphotometers wird gemessen, wie stark
einfallendes Licht bestimmter Wellenlänge beim Durchgang durch
den absorbierenden Stoff abgeschwächt wird. Die Stärke der Absorption wird durch den Extinktionskoeffizienten k gemessen, der
für den Stoff (bzw. die Lösung des Stoffes in einem bestimmten
Medium) eine charakteristische Konstante ist (s. S. 9). Es sind für
diesen Zweck eine sehr große Zahl von Apparaten vorgeschlagen [1]).
Das bei den meisten derselben verwendete Prinzip läßt sich folgendermaßen darstellen. Man läßt zwei getrennte Lichtbündel gleicher Intensität (weißes Licht) einmal durch die Lösung (I), dann durch das
Lösungsmittel (II) (oder durch zwei verschieden dicke Schichten
der Lösung) fallen; (I) erleidet Schwächung, (II) geht fast unge-
schwächt hindurch. Wird nun nach der spektralen Zerlegung der
beiden Lichtbündel in bestimmter Spektralregion (II) meßbar geschwächt, so daß gleiche Helligkeit wie bei (I) entsteht, so ist dadurch die Stärke der Absorption in dem betreffenden Wellenlängen-
gebiet berechenbar.

Diese Schwächung der Lichtstärke wird erreicht:

1. durch meßbare Veränderung der Breite von Spalten (Vier-
ordts Doppelspaltmethode; symmetrischer Doppelspalt von Krüß);

2. durch polarisierende Vorrichtungen (Spektralphotometer von
Glan, König-Martens, Hüfner u. a.). Wir wollen die zuletzt
genannten beiden Apparate etwas genauer besprechen.

Der eigentlichen spektralphotometrischen Messung soll stets
eine Untersuchung des Absorptionsspektrums vorausgehen, damit

---

1) Siehe z. B. Krüß, Kolorimetrie und quantitative Spektralanalyse,
2. Aufl.

man über das Spektralgebiet maximaler Absorption, sowie über
den mehr oder weniger steilen Abfall der Absorption mit der
Wellenlänge orientiert ist. Bei den Absorptionskurven (s. Fig. 4)
entsprechen natürlich den tiefsten Punkten der Kurve, z. B. dem
Punkte a (Boden des Bandes) die Stellen stärkster Absorption und
damit die größten Extinktionskoeffizienten. Genaueres über den
Zusammenhang zwischen der Absorptions- und Extinktionskurve
soll S. 236 an einem Beispiele gegeben werden.

a) Spektralphotometer von Hüfner.

Konstruktiv am durchsichtigsten ist der Hüfnersche Apparat[1]),
von dem ein Teil in Fig. 49 schematisch abgebildet ist. Die beiden

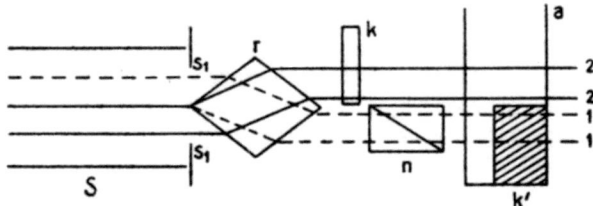

S Spaltrohr mit Spalt s_1
r Albrecht-Hüfnerscher Rhombus
n Nicol
k Rauchglaskeil
a Absorptionstrog mit Schulzschem Glaskörper K'.

Fig. 47.

von der weißen Lichtquelle ausgehenden Lichtbündel 1,1 und 2,2
durchsetzen das Absorptionsgefäß mit dem Schulzschen Körper,
treten hierauf durch das Nicol bzw. den Rauchglaskeil und
passieren den Albrecht-Hüfnerschen Rhombus, dessen zum Spalt S
hingewendete Kante eine scharfe Grenze zwischen den beiden
Lichtbündeln bildet, die in die Ebene des Kollimatorspaltes fällt.
Durch den Rhombus wird das polarisierte Lichtbündel nach oben,
das nichtpolarisierte nach unten gelenkt (die weiteren Teile des
Apparates, die mit denen eines Spektralapparates Ähnlichkeit
haben, sind nicht gezeichnet). Die beiden Lichtbündel werden
ferner durch ein Prisma zerlegt, wodurch zwei übereinander liegende

---

1) Derselbe wird u. a. von Krüß-Hamburg und Hilger-London geliefert.

Spektren gebildet werden, aus denen mit Hilfe einer im Okular des Beobachtungsfernrohrs befindlichen Blende bestimmte Bezirke herausgeschnitten werden können. Das obere Spektrum enthält polarisiertes Licht, dessen Intensität mittels eines im Okular befindlichen Nicols meßbar geschwächt wird; die Drehung des Nicols wird auf einen Teilkreis mit Nonius abgelesen.

Infolge des Lichtdurchgangs durch die Nicolschen Prismen erscheinen auch ohne Einschaltung einer absorbierenden Lösung die beiden Spektren ungleich hell; diese Helligkeitsdifferenz wird durch Vorschaltung des Rauchglaskeils kompensiert.

Bei der Nullstellung des Nicols ist im Gesichtsfelde größte Helligkeit vorhanden. Wird ein absorbierendes Medium vor den Spalt gestellt, so erscheint die eine Hälfte der abgeblendeten Spektralregion verdunkelt und es ist eine Drehung des Nicols um α Grade erforderlich, um gleiche Helligkeit zu erzielen; zur Berechnung des Extinktionskoeffizienten dient die Formel:

$$k = - 2 \log \cos \alpha \, ^1).$$

b) Spektralphotometer von König-Martens[2].

Der ursprünglich von König angegebene Apparat hat durch F. Martens wesentliche Verbesserungen erhalten und ist dadurch

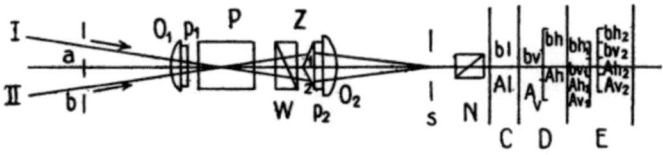

Fig. 48.

zu einem bequemen Laboratoriumsapparate geworden, der etwas genauer besprochen werden soll. Der Apparat stellt eine Verbesserung des Glanschen Photometers dar, bei dem das Prinzip des Maxwellschen Okularspaltes verwendet wird. Die wesentlichen Teile des Apparats (s. Fig. 48) sind: die beiden Spalte a und b, das dispergirende Prisma P, das Wollastonprisma W, das als Vergleichsvorrichtung dienende Zwillingsprisma Z, die Objektiv-

---

1) Genaueres über das Hüfnersche Spektralphotometer nach der Konstruktion von Hilger s. Mees Sheppard, Zeitschr. wiss. Photogr. **2**, 324.

2) Siehe Martens u. Grünbaum, Ann. d. Phys. **12**, 984 (1903).

und Okularlinsen O_1 und O_2, der Okularspalt s und das Nicolsche
Prisma N.

Die Wirkungsweise der optischen Teile dürfte aus Folgendem
verständlich werden. Treten durch die Spalte a und b Lichtbündel, die die absorbierenden Stoffe durchsetzt haben und wären
das Wollastonprisma und Zwillingsprisma nicht vorhanden, so
würden von dem Spalt zwei Bilder b und A (bei C) entworfen.
Das Wollastonprisma besteht aus zwei verkitteten Kalkspatprismen
und zerlegt einen auffallenden Strahl in zwei divergierende
Strahlen, von denen der eine aus vertikal, der andere aus horizontal polarisiertem Licht besteht. Wird dieses Prisma eingeschaltet, so entstehen 2 Paare von Bildern b_h und A_h, sowie b_v
und A_v (Fig. 48 D). Damit das in der Nähe des Okularspaltes

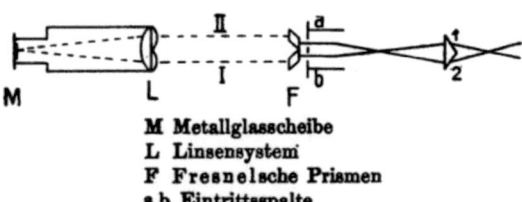

M Metallglasscheibe
L Linsensystem
F Fresnelsche Prismen
a b Eintrittsspalte
1 2 Flächen des Zwillingsprismas.

Fig. 49.

befindliche Auge gleichzeitig das Spaltbild mit horizontaler und
vertikaler Schwingungsrichtung sieht, muß das eine um ein gewisses Stück gesenkt, das andere um ein gewisses Stück gehoben
werden. Dies geschieht durch das Zwillingsprisma, dessen Kante 1
die Spaltbilderreihe b_{h1}, b_{v1}, A_{h1}, A_{v1}, dessen Kante 2 die Bilder
b_{h2}, b_{v2}, A_{h2}, A_{v2} entwirft (E). Der Okularspalt blendet alle bis
auf die mittleren Bilder b_{v1} und A_{h2} ab, das Auge sieht somit das
Feld 1 mit vertikal schwingendem, das Feld 2 mit horizontal
schwingendem polarisiertem Lichte beleuchtet. Zur meßbaren
Schwächung des Lichtes dient der Nicol N, vor dem sich das Auge
befindet. Damit dieses nicht durch Reflexbilder gestört wird, sind
an die beiden Objektive schwach dispergierende Prismen p_1 und p_2
angekittet. Von Martens ist eine sehr zweckmäßige Beleuchtungsvorrichtung konstruiert; von einer durch eine helle Lichtquelle
beleuchteten Mattglasscheibe werden vermittels dreier Linsen und
zweier Fresnelschen Prismen bei P (Fig. 49) zwei Bilder auf die

Spaltöffnungen a und b entworfen, so daß diese stets gleiche Licht-
mengen erhalten; Intensitätsänderungen der Lichtquelle werden
dadurch unschädlich gemacht.

Fig. 50 zeigt die Gesamtansicht des Photometers. Bei S_1 liegt
der horizontale in zwei Teile geteilte Eintrittsspalt, der durch die
darüber befindliche Mikrometerschraube bilateral verstellt werden
kann. In der Trommel T' befindet sich das Prisma; das Beob-
achtungsrohr B kann mit Hilfe der Mikrometerschraube M um die
horizontale Achse gedreht werden.

S_0, R, L, P ist die Beleuchtungsvorrichtung; bei S_0 befindet
sich die Mattglasscheibe. Die Rinnen bei A dienen zur Aufnahme
der Absorptionsgefäße.

Nach Justierung der einzelnen Teile des Apparates wird die
Lichtquelle so vor der Mattglasscheibe aufgestellt, daß diese gleichmäßig beleuchtet wird. Die Beleuchtungsvorrichtung S_0, R, L,
deren Prinzip in der Skizze (Fig. 49) erläutert ist, wird nun auf
dem Dreikant D so lange verschoben, bis bei P vor dem Fresnelschen Prisma zwei scharfe Bilder der Mattglasscheibe entstehen.
Man gibt dann dem Eintritts- und Okularspalt eine bestimmte
Weite (0,6—1,2 mm), je nach den Helligkeitsverhältnissen und dreht
die Mikrometerschraube M so lange, bis der Spalt (den Wellenlängen der angewendeten Lichtquellen entsprechend) gleichmäßig
beleuchtet erscheint; bei dieser Einstellung ersetzt man den Nicol
durch ein dem Apparat beigegebenes Okular. Bei der Stellung o
des Okularnicols erscheint dann die eine Hälfte des Gesichtsfeldes
völlig dunkel. Um den Einfluß der Lichtbrechung besonders bei
längeren Flüssigkeitsschichten zu eliminieren, soll man nach
Martens die von der Lösung bewirkte Lichtschwächung mit der
von dem reinen Lösungsmittel (gleicher Schichtdicke) hervor-
gerufenen vergleichen, wozu man folgendermaßer zu verfahren
hat: man legt das Rohr mit Lösung in den Strahlengang I,
das mit Lösungsmittel in Strahlengang II und beobachtet die
Einstellung des Okularnicols a_1, sodann vertauscht man die
Röhren (Lösung in II, Lösungsmittel in I) und beobachtet die
andere Einstellung a_2. Zur Berechnung von a_1 und a_2 hat man in
sämtlichen vier Quadranten auf gleiche Farbintensität einzustellen.
Aus den vier Ablesungen a', a'', a''', a'''' berechnet sich dann
in einfachster Weise (s. das Beispiel S. 336) a_1 bzw. a_2. Zur Ablesung der Nicolstellung dient die Lupe L; die Teilung wird zweck-

mäßig im Moment der Ablesung durch eine kleine Glühlampe
erleuchtet.

Fig. 50.

Als Beobachtungsröhren benutzt man nach Martens zweckmäßig weite Glasröhren von verschiedener Länge, die mittels geeigneter Verschraubungen mit planparallelen Glasplatten umschlossen werden können. Um kleine Schichtdicken verwenden zu können, werden in die Rohre massive, genau planparallele Glaszylinder gelegt, wodurch Schichtdicken von 10—1 mm zugänglich werden. Zwei gleich lange Beobachtungsröhren, von denen die eine das Lösungsmittel, die andere die Lösung enthält, werden in die Rinnen zwischen Spalt und Beleuchtungsvorrichtung eingelegt. Die Länge der Beobachtungsröhren richtet sich natürlich nach der Stärke der Absorption. Die Rohrlängen sind so zu wählen, daß sich passende Ablenkungswinkel ergeben.

Es ist ratsam, das Photometer nur bei Beleuchtung mit homogenem Licht zu verwenden, da nur in diesem Falle die Breite des Eintritts- und Okularspaltes ohne Einfluß auf das Resultat ist. Als Lichtquellen eignen sich Quecksilberbogenlicht (Uviollampe von Schott und Gen., Jena); Natrium-, Lithiumflamme, Thallium- und Strontiumlicht (Fulgurator[1])); Geißlersche Röhren mit Wasserstoff und Helium; es ist zu beachten, daß bei der geringen Lichtstärke des Photometers nur starke Lichtquellen in Frage kommen.

Um sich zu überzeugen, ob der Apparat richtig eingestellt ist, bestimmt man zweckmäßig nach Martens den Extinktionskoeffizienten einer Kaliumbichromatlösung von der Molarität 0,01698 (5 g $K_2Cr_2O_7$ im Liter Wasser). Für verschiedene Lichtarten sind die Extinktionskoeffizienten folgende:

λ: 535 $\mu\mu$ 0,157 Thalliumlicht,
λ: 546 $\mu\mu$ 0,06 Hg-Licht.

Der Gang einer Messung werde an folgendem Beispiel erläutert: es wurde der Extinktionskoeffizient einer Lösung von Jod in Benzol (0,1 g Jod in 100 ccm) für gelbes Quecksilberlicht gemessen. Im 2-cm-Rohr ergaben sich folgende Ablesungen[2]) (in Graden):

81	97,5	260,6	277,5
12,5	166,5	192	346.

---

1) Näheres s. S. 238.
2) Jede Zahl ist das Mittel aus 3 Ablesungen, die um höchstens 0,8 Grade voneinander differierten.

Die Berechnung von α_1 und α_2 geschieht zweckmäßig nach folgendem Schema [1]):

$$
\begin{array}{llll}
180 & 261 & 180 & 440{,}6 \\
\underline{81} & \underline{97{,}5} & \underline{260{,}6} & \underline{277{,}5} \\
261 & 163{,}5 & 440{,}6 & 163{,}1 \\
 & 163{,}1 & &
\end{array}
$$

$$163{,}3 : 2 = 81^0\ 40'\ (\alpha_1).$$

$$
\begin{array}{llll}
180 & 192{,}5 & 180 & 372 \\
\underline{12.5} & \underline{166{,}5} & \underline{192} & \underline{346} \\
192{,}5 & 26{,}0 & 372 & 26
\end{array}
$$

$$26{,}0 : 2 = 13^0\ 0'\ (\alpha_2)$$

$$\tan \alpha_1 - \tan \alpha_2 = 1{,}4708 = k \cdot d$$

$$0{,}735 = k.$$

Eine weitere Untersuchung mit einer verdünnteren Jodlösung (0,01 g Jod in 100 ccm Benzol) ergibt, daß das Beersche Gesetz erfüllt ist. Durch Ermittlung der k-Werte für eine größere Zahl von Wellenlängen erhält man exakten Aufschluß über die durch die Lösung bewirkte Lichtschwächung innerhalb des sichtbaren Spektrums. Fig. 51 zeigt bei A den Verlauf der k-Werte [2]); gleichzeitig ist bei B die Absorptionskurve gezeichnet, in dem die Abhängigkeit der Absorptionsgrenzen (ausgedrückt in Schwingungszahlen) von den in Millimetern angegebenen Schichtdicken dargestellt wurde. Letztere Kurve wurde nach der früher erwähnten spektrographischen Methode erhalten. Da das Beersche Gesetz gültig ist, müßte folgende Beziehung bestehen:

$$d_1 : d_2 = \frac{1}{k_1} : \frac{1}{k_2}.$$

Diese Formel gilt jedoch im vorliegenden Falle nur angenähert, da die Lage der Punkte der Kurve B noch abhängig ist von der Energieverteilung in der verwendeten Lichtquelle sowie von dem Schwellenwert der photographischen Platte, während die Extinktionskurve A die absolute Lichtschwächung in dem ganzen Spektralgebiet wiedergibt.

Schließlich möge noch darauf hingewiesen werden, daß auch Methoden der Spektralphotometrie im Ultraviolett bekannt sind,

---

1) Siehe Martens u. Grünbaum.
2) Statt dieser hätten natürlich auch die molekularen Extinktionskoeffizienten angegeben werden können.

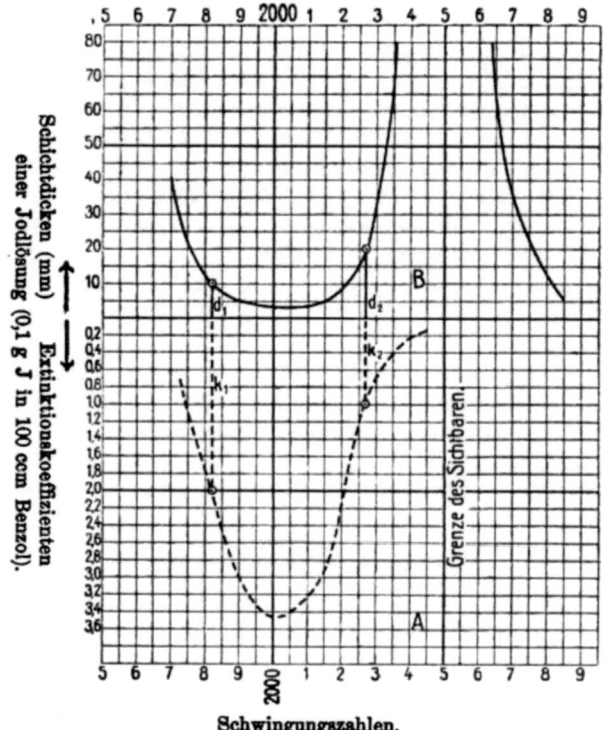

Schwingungszahlen.

Fig. 51.

so daß es möglich ist, auch die Extinktionskurve A über die Grenze des Sichtbaren hinaus fortzusetzen; die Anwendung dieser Methoden ist aber verhältnismäßig schwierig [1]).

C. Anhang. Einiges über Lichtquellen.

Weißes Licht. Wegen der günstigen Energieverteilung in den verschiedenen Spektralgebieten ist für spektroskopische und spektrographische Zwecke besonders das Nernstlicht geeignet. Die großen Lampen liefern ca. 200—300 Kerzenstärken.

---

1) Näheres über Spektralphotometrie im Ultraviolett nach **Simon**, **Pflüger** u. a. s. **Kayser**, Handbuch III.

Farbige Flammen.

Die gewöhnlich benutzte Methode, Salze mit Hilfe eines Platindrahts in die nichtleuchtende Bunsenflamme einzuführen, ist für länger dauernde Beobachtungen ungeeignet. Besser ist es, die Salze mittelst eines Platinlöffels oder Platinschiffchens in der Flamme eines großen Teclu-Brenners zu verdampfen; diese Methode gibt Flammen von großer Leuchtkraft, die gerade für spektrographische Zwecke erwünscht ist, um die Expositionszeit nach Möglichkeit abkürzen zu können [1]).

Sehr große Lichteffekte erhält man mit Hilfe der Leuchtgas-Sauerstoffflamme, in die die Salze in Form dünner Stifte eingeführt werden.

Für viele Zwecke reichen auch die in der Handhabung sehr bequemen Beckmannschen Spektrallampen [2]) aus, bei denen Lösungen von Salzen durch chemische Zerstäubung (Zn + HCl) in Form feiner Tröpfchen in die nichtleuchtende Bunsenflamme gebracht werden; in der Regel ist allerdings die Lichtstärke dieser Flammen geringer.

Elektrische Entladungen.

Zur Beobachtung der Metallspektren verwendet man dicke, vorn zugespitzte Metalldrähte (Fe, Al, Cd, Cu usw.), sowie die S. 224 genannten Legierungen, zwischen denen kräftige Induktionsfunken überspringen. Zur Vergrößerung der Intensität müssen mehrere Leidener Flaschen eingeschaltet werden. Die Metalldrähte werden in einem geeigneten Stativ isoliert befestigt, von ihnen gehen Leitungsdrähte zu den beiden Belegungen der Leidener Flaschen (bei mehreren Flaschen werden die gleichen Belegungen miteinander leitend verbunden, d. h. alle äußeren und alle inneren untereinander). Die Flaschen werden durch ein kräftiges Induktorium geladen. Je mehr man das Potential durch Einschaltung von Leidener Flaschen erniedrigt, desto kürzer und blendender werden die Funken. Als Induktorien werden solche mit größerer Schlagweite (20—25 cm) benutzt, die Platin- oder Deprez-Unterbrecher besitzen [3]).

---

1) Geeignete Formen derartiger Brenner siehe in den Katalogen von Köhler-Leipzig; Schmidt und Haensch-Berlin usw.
2) Zeitschr. f. phys. Chem. 57, 641.
3) Sehr geeignete Induktorien liefert Boas-Berlin.

Fulgurator. Salzlösungen werden durch elektrische Entladungen im Fulgurator verdampft und zum Leuchten gebracht. Der Apparat besteht aus einem Reagenzglase, in dessen Boden ein Platindraht eingeschmolzen ist, über den ein enges konisches Glasröhrchen gestülpt ist. Das Reagenzrohr enthält nur wenig Flüssigkeit, die infolge der Kapillarwirkung bis zur Spitze des unteren Platindrahtes gehoben wird; dem unteren Draht steht ein zweiter Platindraht gegenüber, der zweckmäßig bis auf die untere freie Spitze in ein Glasrohr eingeschmolzen ist, das mittels eines Korkes in das Reagenzglas gesteckt wird. Die beiden Platindrähte stehen mit den Polen eines Induktionsapparates in Verbindung. Wendet man Induktionsfunken von etwa 4 cm Länge (ohne Kondensator) an, so werden nur die Linien des Metalls emittiert. Andere Formen des Fulgurators siehe bei Formanek[1]).

Uran-Molybdän-Funke.

Läßt man stark kondensierte Induktionsfunken zwischen Kohleelektroden überschlagen, die mit den Oxyden des Urans und Molybdäns imprägniert sind, so erhält man ein fast kontinuierliches Spektrum im Ultraviolett[2]); es zeigen sich äußerst viele Linien auf einem fast kontinuierlichen Untergrund[3]).

Zur Darstellung der Kohlen benutzt man die dünnen Sorten (für die sog. Liliput-Bogenlampen); diese werden zunächst ausgeglüht, mit einer gesättigten Lösung von Uranylnitrat getränkt und dann ausgeglüht, darauf in eine konzentrierte Lösung von Ammoniummolybdat getaucht, wieder stark erhitzt und diese Operationen nochmals wiederholt; es soll so lange erhitzt werden, bis nur noch die Oxyde vorhanden sind. Durch Zusatz von Ammonium-Wolframat zum Molybdat kann man anscheinend das Spektrum noch etwas verbessern. Im übrigen verfährt man wie bei der Darstellung der Metall-Funkenspektren. Tafel II zeigt das Spektrum des Uran-Molybdän-Funkens zugleich mit dem Eisenbogenspektrum.

Geißlersche Röhren.

Sehr geeignet zum Eichen von Spektralapparaten sind mit Helium oder Wasserstoff gefüllte Spektralröhren, in denen das Gas

---

1) Spektralanalyse.
2) Vgl. H. C. Jones, Zeitschr. phys. Chem. 74, 355.
3) Dieses Licht wurde mit Erfolg zur Untersuchung des Absorptionsspektrums von Naphtalinverbindungen benutzt, die z. T. sehr schmale Banden enthalten.

elektrisch zum Leuchten gebracht wird. Um möglichste Lichtstärke zu erzielen, verwendet man am besten die von Goetze ge-
fertigten Spektralröhren für Längsdurchsicht[1]) mit Zylinderelek-
troden aus Aluminium, die mittels eines passenden Gestells vor
dem Spalt aufgestellt werden. Zum Betrieb der Spektralröhren
reicht ein kleines Induktorium von ca. 4 cm Schlagweite aus, das mit
2 bis 3 Akkumulatoren gespeist wird. Es empfiehlt sich häufig, eine
Funkenstrecke und Kapazität in den Stromkreis einzuschalten.

Eisenlichtbogen.

Eisenstifte von ungefähr 0,6 cm Durchmesser werden in einem
passenden Stativ befestigt, so daß mit Hilfe zweier Schrauben die
Entfernung der Stifte bequem reguliert werden kann. Als Strom-
quelle benutzt man die Lichtleitung und schaltet noch einen
passenden regulierbaren Widerstand ein, so daß der Stromver-
brauch der Lampe etwa 5 Amp. $\times$ 40 Volt beträgt. Um die Lampe
zu zünden, zieht man ein Metallstück zwischen den Elektroden
hindurch. Die Entfernung der Eisenstifte beträgt etwa 0,5 cm;
der Bogen soll möglichst ohne Entwicklung einer flackernden
Flamme brennen. Es ist darauf zu achten, daß sich nicht zu viel
Eisenoxyd auf den Elektroden absetzt und schirmartig das Licht
abhält; von Zeit zu Zeit ist das Eisenoxyd zu entfernen. Zum
Schutze der Augen wird vor dem Bogen ein farbiges Glas aufgestellt[2]).

Quecksilber-Dampflampen.

Werden große Lichtstärken benötigt, so benutzt man zweckmäßig die Quecksilber-Dampflampen. Für das Sichtbare und
Ultraviolette bis ca. 300 $\mu\mu$ dienen die Uviollampen von Schott und
Gen., Jena. Die von Heräus-Hanau konstruierten Quarz-Queck-
silberlampen liefern noch einige äußerst starke Linien im Ultraviolett; für spektroskopische Zwecke ist die neuerdings von
Heräus gebaute Stativlampe für 110 Volt (sowie niedrigere Span-
nung) geeignet[3]). Andere Formen der Quecksilberdampflampe sind
von Lummer[4]) angegeben.

---

1) Zu beziehen von F. R. O. Goetze-Leipzig.
2) Über sehr lichtstarke Bogen siehe bei Kayser, Handbuch I, 169;
Baly, Spektroskopie.
3) Siehe Ann. d. Phys. **20**, 563 (1906).
4) Zeitschr. f. Instrum. **15**, 294; **21**, 201. Weiteres über Quecksilber-
lampen siehe Hartmann, Zeitschr. wiss. Photogr. **1**, 259; Wood, Phil.
Mag. (6) **5**, 257.

Neuerdings werden von Heräus auch Amalgam-Lampen konstruiert, die ein weit linienreicheres Spektrum geben.

Kontinuierliche Lichtquelle im Ultraviolett.

Nach den Beobachtungen von Konen[1]) gibt der unter Wasser überspringende Aluminiumfunke ein weit ins Ultraviolett reichendes, kontinuierliches Spektrum. Nach Versuchen von Grebe und Mies hat sich folgende Anordnung als zweckmäßig erwiesen. Die leicht regulierbare Funkenstrecke wird aus zwei zugespitzten, ca. 2 mm dicken Aluminiumdrähten gebildet, die sich in einer mit Quarzfenster verschlossenen Flasche befinden. Die Flasche ist mit zwei Ansätzen versehen, so daß das Wasser kontinuierlich zu- und abströmt, da anderenfalls durch das zerstäubte Metall die Flüssigkeit allmählich undurchsichtig wird. Der Strom wird von einem Induktor von ca. 30 cm Schlagweite geliefert; in den Stromkreis sind zwei große Leidener Flaschen, sowie eine Funkenstrecke eingeschaltet. Bei einer Expositionszeit von $^3/_4$—1 Stunde erhält man einen vollkommen kontinuierlichen Grund, auf dem sich nur die Aluminiumlinien als umgekehrte Linien abheben.

---

1) Vgl. Grebe, Zeitschr. f. wiss. Phot. **8**, 376; Mies, ebenda **7**, 357.

Sachregister.

A. sp.: Absorptionsspektrum; Ext.: Extinktionskoeffizient.)

Druck von August Pries in Leipzig.

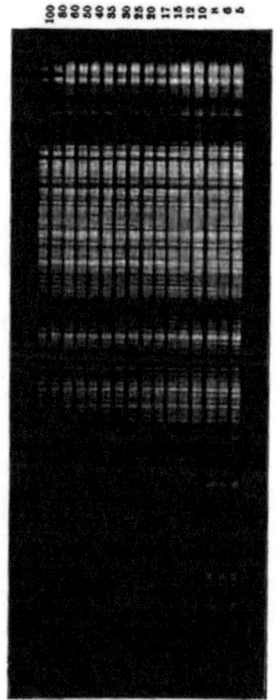

Absorptionsspektren: $C_6H_5COOC_2H_5$ (0,001 n in C_2H_5OH)

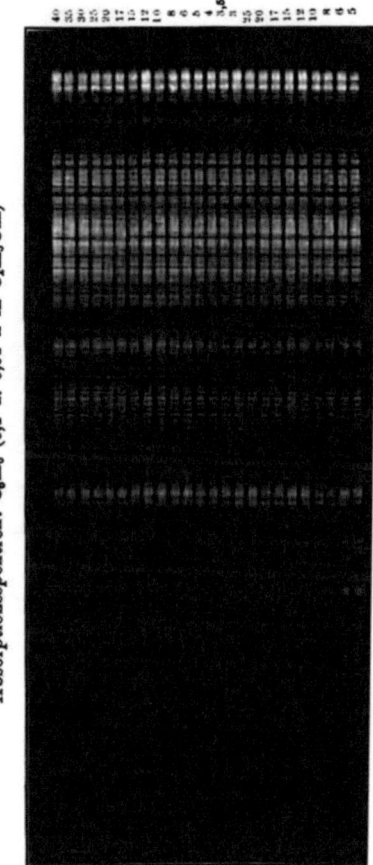

Absorptionsspektren: C_6H_6 (0,1 u. 0,01 n in C_2H_5OH)

Ley, Farbe und Konstitution.   Verlag von S. Hirzel in Le

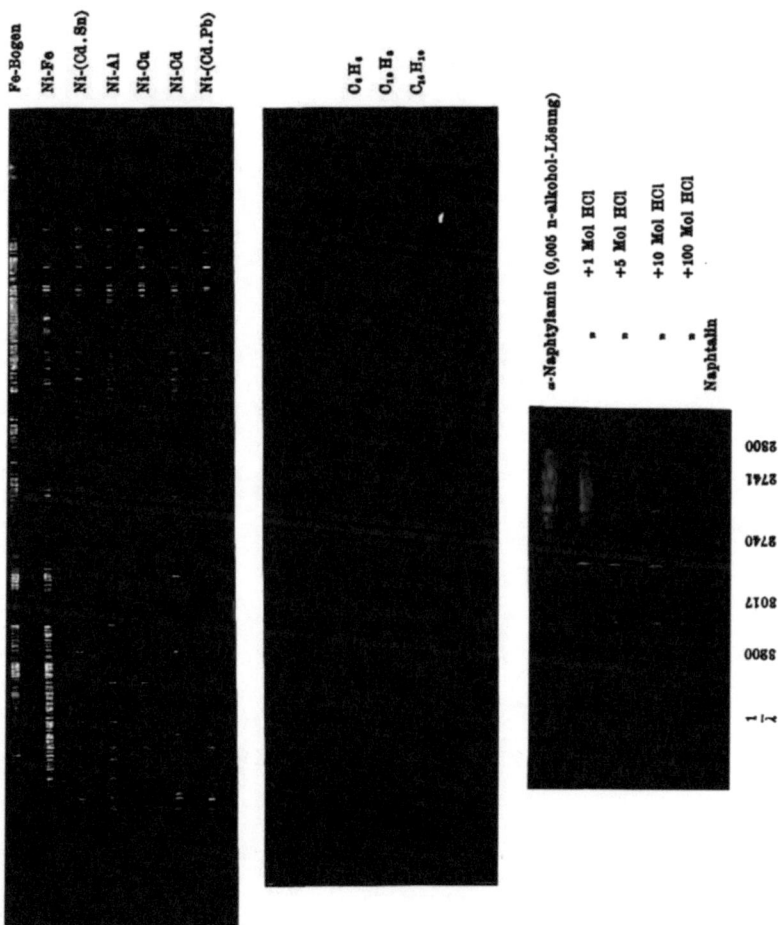

Funkenspektren

Fluoreszenzspektren

Ley, Farbe und Konstitution.

Verlag von S. Hirzel in Leipzig